大学生数学竞赛辅导教程

|基础与进阶|

段利霞　孔新雷　主编

钱　盛　钟　昱　王智慧　副主编

清华大学出版社

北　京

内 容 简 介

本书主要围绕近十年全国大学生数学竞赛初赛试题的考核侧重范围，将微积分的经典内容进行划分重组，最终以专题的形式呈现出来. 全书共包括九个专题，几乎覆盖了高等数学课程的所有经典内容. 每个专题又包括了知识框架、基础训练和能力进阶三个模块. 本书不仅对各专题涉及的知识点进行了简单梳理，而且总结了常见的题目类型和计算方法. 特别之处，能力进阶模块对近十年竞赛真题做了详细的思路分析并且给出了细致的求解过程. 储备知识，夯实基础，竞赛检验，能力进阶，这既是贯穿本书编写过程的主线，也是编者对本书读者的真挚祝愿.

本书可以作为参加全国大学生数学竞赛的辅导用书，也可以作为高等院校高等数学课程的参考用书.

图书在版编目（CIP）数据

大学生数学竞赛辅导教程：基础与进阶 / 段利霞，孔新雷主编.—北京：清华大学出版社，2023.8

ISBN 978-7-302-63871-1

Ⅰ. ①大…　Ⅱ. ①段…　②孔…　Ⅲ. ①高等数学-高等学校-教学参考资料　Ⅳ. ①O13

中国国家版本馆 CIP 数据核字（2023）第 111896 号

责任编辑： 刘　颖
封面设计： 傅瑞学
责任校对： 王淑云
责任印制： 沈　露

出版发行： 清华大学出版社
网　　址： http://www.tup.com.cn, http://www.wqbook.com
地　　址： 北京清华大学学研大厦 A 座　　**邮　　编：** 100084
社 总 机： 010-83470000　　**邮　　购：** 010-62786544
投稿与读者服务： 010-62776969，c-service@tup.tsinghua.edu.cn
质量反馈： 010-62772015，zhiliang@tup.tsinghua.edu.cn
印 装 者： 艺通印刷（天津）有限公司
经　　销： 全国新华书店
开　　本： 170mm×240mm　　**印　张：** 13　　**字　　数：** 239 千字
版　　次： 2023 年 8 月第 1 版　　**印　　次：** 2023 年 8 月第 1 次印刷
定　　价： 39.00 元

产品编号：100984-01

前言

全国大学生数学竞赛 (CMC) 自 2009 年首次举办, 至今已经走过了 14 个寒暑. 该竞赛为热爱数学的青年学子们提供了一个展示自己数学功底的平台, 为高校发现和选拔具有良好数学基础的后备人才提供了参考与借鉴, 此外还为高等学校数学课程建设的改革和发展积累了素材.

我校 (北方工业大学) 很早就认识到了数学竞赛对于高等数学教育的重大意义, 学校高度重视、老师倾心投入、学生积极参与, 这在北方工业大学已经成为优良的传统, 根深而蒂固. 我校为激发学生的参赛热情, 帮助那些优秀学子在竞赛中取得理想的成绩, 投入了大量的人力物力, 采取了一系列积极有力的措施, 比如在春季学期和秋季学期分别开设 "高等数学提高 I""高等数学提高 II" 等课程对学生进行系统的培训, 在每年 6 月份举办校内数学竞赛作为全国大学生数学竞赛的热身. 此外老师们还经常利用课余时间对优秀学生进行一对一式的针对性辅导. 经过数年如一日的努力, 我们的竞赛培训工作积累了不少经验, 同时也取得了令人欣慰的成绩, 比如最近几年我校在竞赛中的获奖总人数始终位于市属高校前列. 同时有不少工科学生通过参与竞赛提升了自己的数学能力, 从而有效地推动了专业课的学习, 有很多学生在升学深造中取得了优异的成绩, 被北大、清华、北航、浙大等知名高校录取.

成绩的取得促使我们产生了分享成功经验的想法, 我们想把这些年的培训资料、具体做法总结成书, 以便与程度相当的普通高校进行交流, 并为普通高校中有志于参加竞赛的学子提供一份可供参考的资料.

本书的结构是这样的：全书包括九个专题, 每章内容由知识框架、基础训练、能力进阶三个模块构成. 其中知识框架提纲挈领地罗列了本章的主要知识点. 考虑到这本教辅书的读者都有着比较扎实的数学基础, 所以框架部分的写法较为简洁, 我们追求的是线索清晰, 而非面面俱到. 基础训练模块, 我们选取的是一些与考研真题难度相当或者略低于考研难度的题目, 这部分题目在竞赛中属于中低难度的题型. 设置这个模块的目的是让青年读者对于数学竞赛中的常用方法和基本题型有初步的认识. 最后是能力进阶模块, 这个模块主要搜罗数学竞赛当中有一定难度的题目, 设置它的目的是使青年读者的解题能力得到有效的提升. 这部分题目均选自近些年的竞赛真题, 我们在每个题的题号之后都标注了真题的年份.

为了确保内容的时效性, 我们选取真题的时间下限为 2012 年. 当然为了与我校教学特点相适应, 同时也为了保证参赛选手的积极性, 有些难度过大的真题我们没有选入, 而且对于每个题的解法, 我们也是有所选择. 有些题目的解法不止一种, 我们尽可能地选取思路自然、步骤简明的解法呈现给读者, 同时在每个题的求解之前, 我们均简要地给出了该题的求解思路.

本书是由北方工业大学公共数学团队的段利霞、孔新雷、钱盛、钟昱、王智慧五位老师共同编写. 我们水平有限, 但是常年主讲高等数学提高系列课程, 积极参与校内竞赛的组织与全国大学生数学竞赛的培训工作, 在此过程中积累了一些教学经验, 本书可以算是我们这个团队近几年工作的一个总结. 本书是在北方工业大学公共数学团队的带头人邹杰涛教授的悉心指导和大力推动下完成的, 邹老师从教三十余年, 经验丰富, 在本书编写过程中为我们提出了非常多而且细致入微的宝贵建议. 此外本书在出版过程中得到了各级领导在政策、经济方面的支持. 在此, 对曾给予过我们大力支持和无私帮助的领导、校内外专家、同事表示衷心的感谢. 北方工业大学非常重视本科生教学工作, 在学校的支持下, 我们公共数学团队近年来与清华大学出版社合作出版了多部教材和教辅图书, 每一部书的出版都凝聚了出版社刘颖老师的心血. 刘颖老师为这些教材的编写工作提出了很多宝贵意见, 大幅提升了这些教材的质量. 本书编者代表北方工业大学公共数学团队对刘老师表示衷心的感谢.

本书编者是五位青年教师, 水平有限, 疏漏之处在所难免, 恳切希望读者指正. 如果读者发现错误, 可以通过企业微信和我们联系.

编　者
2023 年 2 月于北方工业大学

目录
CONTENTS

专题一　函数、极限与连续

模块一　知识框架

一、函数

1. 函数的定义
2. 函数的典型特性：有界性、单调性、奇偶性、周期性
3. 反函数, 基本初等函数, 复合函数, 初等函数

二、极限

1. 极限的定义：数列极限 $\lim\limits_{n\to\infty} a_n = a$, 函数极限 $\lim\limits_{x\to\Box} f(x) = A$
2. 极限的性质：收敛数列的性质、函数极限的性质
3. 计算极限的常用方法：

(1) 函数的连续性：代入法

(2) 极限的运算法则：四则运算法则、复合函数的极限运算法则

(3) 极限存在准则：夹逼准则、单调有界收敛准则

(4) 重要极限：$\lim\limits_{x\to 0}\dfrac{\sin x}{x} = 1, \lim\limits_{x\to\infty}\left(1+\dfrac{1}{x}\right)^x = \mathrm{e}$

(5) 等价无穷小替换：无穷小量, 常用等价无穷小关系

(6) 洛必达法则：$\lim\limits_{x\to\Box}\dfrac{f(x)}{g(x)} = \lim\limits_{x\to\Box}\dfrac{f'(x)}{g'(x)}$

(7) 泰勒公式或麦克劳林公式：常用初等函数的麦克劳林公式

(8) 导数的定义：增量比值的极限

(9) 定积分的定义：无穷和式的极限

(10) 数项级数收敛的必要条件：如果数项级数 $\sum\limits_{n=1}^{\infty} a_n$ 收敛, 则 $\lim\limits_{n\to\infty} a_n = 0$

(11) 幂级数的相关理论

三、连续

1. 连续函数的定义：$\lim\limits_{x\to x_0} f(x)=f(x_0)$
2. 函数的间断点及其分类
3. 连续函数的运算性质：四则运算，反函数和复合函数的连续性
4. 基本初等函数和初等函数的连续性
5. 闭区间上连续函数的性质：有界性定理、最值定理、零点存在定理、介值定理

模块二 基础训练

一、数列极限的计算

1. 利用运算法则

注 设 $\lim\limits_{n\to\infty} a_n=a$，$\lim\limits_{n\to\infty} b_n=b$ (a,b 为确定的数)，则

$$\lim_{n\to\infty}(a_n\pm b_n)=a\pm b,\qquad \lim_{n\to\infty}(a_n\cdot b_n)=a\cdot b,$$

$$\lim_{n\to\infty}\frac{a_n}{b_n}=\frac{a}{b}\ (b\neq 0),\qquad \lim_{n\to\infty}a_n^{b_n}=a^b\ (a>0).$$

例 1 设 $\lim\limits_{n\to\infty}\dfrac{a_n}{b_n}$ 存在，$\lim\limits_{n\to\infty} b_n=0$，证明：$\lim\limits_{n\to\infty} a_n=0$.

证明 设 $\lim\limits_{n\to\infty}\dfrac{a_n}{b_n}=A$，则根据极限的四则运算法则，得

$$\lim_{n\to\infty}a_n=\lim_{n\to\infty}\left(b_n\cdot\frac{a_n}{b_n}\right)=\lim_{n\to\infty}b_n\cdot\lim_{n\to\infty}\frac{a_n}{b_n}=0\cdot A=0.$$

注 函数极限也满足类似结论，即若 $\lim\limits_{x\to\square}\dfrac{f(x)}{g(x)}$ 存在，$\lim\limits_{x\to\square}g(x)=0$，则 $\lim\limits_{x\to\square}f(x)=0$.

例 2 求极限 $L=\lim\limits_{n\to\infty}\dfrac{n^3-n^2+5n}{3n^3+n-1}$.

解 根据极限的四则运算法则，得

$$L=\lim_{n\to\infty}\frac{1-1/n+5/n^2}{3+1/n^2-1/n^3}=\frac{\lim\limits_{n\to\infty}(1-1/n+5/n^2)}{\lim\limits_{n\to\infty}(3+1/n^2-1/n^3)}=\frac{1}{3}.$$

例 3 求极限 $L=\lim\limits_{n\to\infty}\sqrt[n]{3^n+5^n}$.

解 将表达式运算、变形, 得

$$L=\lim_{n\to\infty}(3^n+5^n)^{1/n}=\lim_{n\to\infty}5\left[1+\left(\frac{3}{5}\right)^n\right]^{1/n},$$

其中

$$\lim_{n\to\infty}\left[1+\left(\frac{3}{5}\right)^n\right]=1,$$

而 $\lim\limits_{n\to\infty}1/n=0$. 因此, $L=5\times1^0=5$.

2. 利用夹逼准则

通常, 表达式比较复杂时可能用夹逼准则.

例 4 设数列通项

$$a_n=\frac{1}{\sqrt{n^2+1}}+\frac{1}{\sqrt{n^2+2}}+\cdots+\frac{1}{\sqrt{n^2+n}},$$

求极限 $L=\lim\limits_{n\to\infty}a_n$.

解 易知

$$\frac{n}{\sqrt{n^2+n}}\leqslant a_n\leqslant\frac{n}{\sqrt{n^2+1}},$$

而

$$\lim_{n\to\infty}\frac{n}{\sqrt{n^2+1}}=\lim_{n\to\infty}\frac{n}{\sqrt{n^2+n}}=1.$$

因此, 由夹逼准则可得 $L=1$.

例 5 求极限 $L=\lim\limits_{n\to\infty}\sqrt[n]{3^n+5^n}$.

解 显然

$$5<\sqrt[n]{3^n+5^n}<\sqrt[n]{5^n+5^n}=5\sqrt[n]{2},$$

而 $\lim\limits_{n\to\infty}5\sqrt[n]{2}=5$, 因此, $L=5$.

练 1 求极限 $L=\lim\limits_{n\to\infty}\sqrt[n]{1+\dfrac{1}{2}+\dfrac{1}{3}+\cdots+\dfrac{1}{n}}$.

解 易知

$$1<\sqrt[n]{1+\frac{1}{2}+\frac{1}{3}+\cdots+\frac{1}{n}}<\sqrt[n]{n},$$

而 $\lim\limits_{n\to\infty}\sqrt[n]{n}=1$, 因此, 由夹逼准则可得 $L=1$.

3. 利用单调有界性

此类极限问题往往需要先证明极限存在, 然后通过解方程求极限.

例 6 若 $\lim\limits_{n\to\infty}\left|\frac{a_{n+1}}{a_n}\right|=l<1$, 求极限 $\lim\limits_{n\to\infty}a_n$.

解 因 $l<1$, 故 $\exists N\in\mathbf{Z}^+$, 使得当 $n>N$ 时, 有

$$\left|\frac{a_{n+1}}{a_n}\right|<1,\quad 即\ |a_{n+1}|<|a_n|.$$

于是自第 N 项后数列 $\{|a_n|\}$ 单调递减且有下界 0, 故收敛.

假设 $\lim\limits_{n\to\infty}|a_n|=a>0$, 则

$$\lim_{n\to\infty}\left|\frac{a_{n+1}}{a_n}\right|=1\neq l,$$

显然与已知条件矛盾. 因此, $\lim\limits_{n\to\infty}|a_n|=0$, 即 $\lim\limits_{n\to\infty}a_n=0$.

例 7 求极限 $L=\lim\limits_{n\to\infty}\frac{n^5}{3^n}$ 和 $K=\lim\limits_{n\to\infty}\frac{n!\,2^n}{n^n}$.

解 不妨记 $a_n=\frac{n^5}{3^n}$, 则

$$\lim_{n\to\infty}\frac{a_{n+1}}{a_n}=\lim_{n\to\infty}\frac{(n+1)^5}{3^{n+1}}\frac{3^n}{n^5}=\lim_{n\to\infty}\frac{1}{3}\left(\frac{n+1}{n}\right)^5=\frac{1}{3}<1.$$

由例 6 结论可知 $L=\lim\limits_{n\to\infty}a_n=0$. 类似的办法可求得 $K=0$.

注 除上述方法外, 还可以利用函数极限、微分和积分中值定理、定积分等求数列极限, 这些将在后面陆续介绍.

二、证明数列极限存在

主要思路: 1. 利用单调有界收敛准则　2. 证奇偶子列收敛于同一极限

例 8 设 $0<a_1<1$, $a_{n+1}=a_n(2-a_n), n=1,2,\cdots$. 证明: 数列 $\{a_n\}$ 收敛并求其极限.

解　已知 $0<a_1<1$, 设 $0<a_k<1$, 则

$$0<a_{k+1}=a_k(2-a_k)<\left[\frac{a_k+(2-a_k)}{2}\right]^2=1.$$

由归纳法可知 $0<a_n<1\ (n\geqslant 1)$, 即 $\{a_n\}$ 有界. 又因为

$$\frac{a_{n+1}}{a_n}=2-a_n>1,$$

所以 $\{a_n\}$ 单调递增. 因此, 根据单调有界收敛准则可知 $\{a_n\}$ 收敛.

设 $\lim\limits_{n\to\infty}a_n=a$, 由 $a_{n+1}=a_n(2-a_n)$ 两边取极限得 $a=a(2-a)$. 进一步根据极限的保序性得 $a\geqslant a_1>0$, 由此可知, $a=1$.

练 2　设 $0<x_1<\dfrac{\pi}{2}$, $x_{n+1}=\sin x_n\ (n\geqslant 1)$. 求 $\lim\limits_{n\to\infty}x_n$.

证明　当 $n>2$ 时, 易知

$$0<x_n=\sin x_{n-1}\leqslant 1.$$

因此, 数列 $\{x_n\}$ 有界. 又因为 $x_{n+1}=\sin x_n<x_n$, 所以 $\{x_n\}$ 单调递减. 因此, 根据单调有界收敛准则可知 $\{x_n\}$ 收敛.

设 $\lim\limits_{n\to\infty}x_n=a$, 对 $x_{n+1}=\sin x_n$ 两边取极限得 $a=\sin a$, 解得 $a=0$.

例 9　设 $0<a_0<b_0$, $a_n=\sqrt{a_{n-1}b_{n-1}}$, $b_n=\dfrac{a_{n-1}+b_{n-1}}{2}$. 证明：数列

$$a_1, b_1, a_2, b_2, \cdots, a_n, b_n, \cdots$$

收敛.

证明　由 $0<a_0<b_0$ 和均值不等式可得 $a_0<a_1<b_1<b_0$. 同理, 利用归纳法可知对一切 $n\in\mathbb{Z}^+$ 有

$$a_{n-1}<a_n<b_n<b_{n-1},$$

即数列 $\{a_n\}$ 单调递增有上界 b_0, 数列 $\{b_n\}$ 单调递减有下界 a_0. 因此, $\{a_n\}$, $\{b_n\}$ 均收敛.

设 $\lim\limits_{n\to\infty}a_n=a$, $\lim\limits_{n\to\infty}b_n=b$, 则由 $b_n=\dfrac{a_{n-1}+b_{n-1}}{2}$ 两边取极限可解得 $a=b$. 若记待证明数列为 $\{x_n\}$, 则 $x_{2k-1}=a_k$, $x_{2k}=b_k$. 因 $\{x_{2k-1}\}$ 与 $\{x_{2k}\}$ 收敛于同一极限, 故 $\{x_n\}$ 收敛.

三、无穷小的比较

当 $x \to 0$ 时, 常用的等价无穷小:

$$\sin x \sim x, \quad \arcsin x \sim x, \quad \tan x \sim x, \quad \arctan x \sim x,$$

$$e^x - 1 \sim x, \quad \ln(1+x) \sim x, \quad 1 - \cos x \sim \frac{x^2}{2}, \quad (1+x)^\alpha - 1 \sim \alpha x.$$

事实上, 若将上面等价关系中的 x 换成表达式 □, 则等价关系仍成立, 只要 $\square \to 0$. 例如

$$e^{\sin x} - 1 \sim \sin x, \ x \to 0,$$

$$e^{2x-1} - 1 \sim 2x - 1, \ x \to 1/2.$$

四、求函数极限

1. 利用等价无穷小替换

⋆ $\frac{0}{0}$ 型极限

例 10 求极限 $L = \lim\limits_{x \to 0} \frac{x \ln(1+x)}{\sqrt{1-x^2} - 1}$.

解 根据常用的等价无穷小可知, 当 $x \to 0$ 时, 有

$$\ln(1+x) \sim x, \quad \sqrt{1-x^2} - 1 = (1-x^2)^{1/2} - 1 \sim -\frac{x^2}{2}.$$

因此

$$L = \lim_{x \to 0} \frac{x^2}{-x^2/2} = -2.$$

注 分子、分母或其因子项可用其任意等价无穷小去替换. 非因子项不能随意替换. 例如下面的例子, 可以验证, $\tan x \sim x + 2x^3$, $\sin x \sim x - x^3$, 但若用这组等价无穷小分别替换分子中的 $\tan x$ 和 $\sin x$, 则会得到错误的结果.

例 11 求极限 $L = \lim\limits_{x \to 0} \frac{\tan x - \sin x}{x^3}$.

解 $L = \lim\limits_{x \to 0} \frac{\tan x\,(1 - \cos x)}{x^3} = \lim\limits_{x \to 0} \frac{x \cdot x^2/2}{x^3} = \frac{1}{2}$.

注 分子分母中含和差项时可提公因式将其变为乘积.

练 3 求极限 $L=\lim\limits_{x\to0}\dfrac{\mathrm{e}-\mathrm{e}^{\cos x}}{\sqrt[3]{1+x^2}-1}$.

解 利用等价无穷小替换, 得

$$L=\lim_{x\to0}\frac{\mathrm{e}^{\cos x}\left(\mathrm{e}^{1-\cos x}-1\right)}{x^2/3}=\mathrm{e}\cdot\lim_{x\to0}\frac{1-\cos x}{x^2/3}=\frac{3\,\mathrm{e}}{2}.$$

例 12 求极限 $L=\lim\limits_{x\to0}\dfrac{(1-\sin x)^x-1}{\tan^2 x}$.

解 将极限变形后利用等价无穷小替换可得

$$L=\lim_{x\to0}\frac{\mathrm{e}^{x\ln(1-\sin x)}-1}{x^2}=\lim_{x\to0}\frac{x\ln(1-\sin x)}{x^2}=\lim_{x\to0}\frac{-\sin x}{x}=-1.$$

练 4 求极限 $L=\lim\limits_{x\to0}\dfrac{6^{x^2}-2^{x^2}}{\arctan^2 x}$.

解 利用等价无穷小替换, 得

$$L=\lim_{x\to0}\frac{2^{x^2}\left(3^{x^2}-1\right)}{x^2}=\lim_{x\to0}\frac{2^{x^2}\left(\mathrm{e}^{x^2\ln3}-1\right)}{x^2}=\lim_{x\to0}\frac{x^2\ln3}{x^2}=\ln3.$$

例 13 设 $\lim\limits_{x\to\square}\dfrac{f(x)+g(x)}{h(x)}$ 为 $\dfrac{0}{0}$ 型极限, 如果用 $f_1(x)$ 替换 $f(x)$, 使得

$$\lim_{x\to\square}\frac{f_1(x)+g(x)}{h(x)}=\lim_{x\to\square}\frac{f(x)+g(x)}{h(x)},$$

那么 $f_1(x)$ 需满足什么条件?

解 由

$$\lim_{x\to\square}\frac{f(x)+g(x)}{h(x)}=\lim_{x\to\square}\frac{f_1(x)+g(x)}{h(x)}$$

可知

$$\lim_{x\to\square}\left[\frac{f(x)+g(x)}{h(x)}-\frac{f_1(x)+g(x)}{h(x)}\right]=\lim_{x\to\square}\frac{f(x)-f_1(x)}{h(x)}=0.$$

因此

$$f(x)-f_1(x)=o[h(x)],\quad x\to\square.$$

例 14 求极限 $L=\lim\limits_{x\to0}\dfrac{\left(\mathrm{e}^{x^2}-1\right)-\ln(1+x^2)}{x^4}$.

解 根据麦克劳林公式得

$$e^{x^2}-1=x^2+\frac{x^4}{2}+o(x^4),\quad \ln(1+x^2)=x^2-\frac{x^4}{2}+o(x^4),$$

那么, 由例 13 的讨论可知

$$L=\lim_{x\to 0}\frac{\left(x^2+\dfrac{x^4}{2}\right)-\left(x^2-\dfrac{x^4}{2}\right)}{x^4}=1.$$

练 5 求极限 $L=\lim\limits_{x\to 0}\dfrac{\sin x-\ln(1+x)}{x^2}$.

解 根据麦克劳林公式得

$$\sin x=x-\frac{x^3}{3!}+o(x^3)=x+o(x^2),\quad \ln(1+x)=x-\frac{x^2}{2}+o(x^2),$$

那么, 由例 13 的讨论可知

$$L=\lim_{x\to 0}\frac{x-\left(x-\dfrac{x^2}{2}\right)}{x^2}=\frac{1}{2}.$$

⋆ $f(x)^{g(x)}$ 型极限

基本解法是: $\lim\limits_{x\to\square}f(x)^{g(x)}=e^{\lim\limits_{x\to\square}g(x)\ln[f(x)]}$.

例 15 求极限 $L=\lim\limits_{x\to\infty}\left(\sin\dfrac{1}{x}+\cos\dfrac{1}{x}\right)^x$.

解 令 $t=1/x$, 则

$$L=\lim_{t\to 0}(\sin t+\cos t)^{1/t}=\lim_{t\to 0}e^{\frac{1}{t}\ln(\sin t+\cos t)}=e^{\lim\limits_{t\to 0}\frac{1}{t}\ln[1+(\sin t+\cos t-1)]},$$

而

$$\lim_{t\to 0}\frac{\ln[1+(\sin t+\cos t-1)]}{t}=\lim_{t\to 0}\frac{\sin t+\cos t-1}{t}=1,$$

因此, $L=e^1=e$.

练 6 求极限 $L=\lim\limits_{x\to\pi/2}(\sin x)^{\frac{1}{x-\pi/2}}$.

解 令 $t=x-\pi/2$, 则

$$L=\lim_{t\to 0}(\cos t)^{\frac{1}{t}}=e^{\lim\limits_{t\to 0}\frac{1}{t}\ln(\cos t)}=e^{\lim\limits_{t\to 0}\frac{\cos t-1}{t}}=e^0=1.$$

$\star$ $\infty-\infty$ 型极限

基本解法是: 通分, 将其化成 $\dfrac{0}{0}$ 型极限.

例 16 求极限 $L=\lim\limits_{x\to 0}\left(\dfrac{1}{x}-\dfrac{1}{\mathrm{e}^x-1}\right)$.

解 通分后可得

$$L=\lim_{x\to 0}\frac{\mathrm{e}^x-1-x}{x\left(\mathrm{e}^x-1\right)}=\lim_{x\to 0}\frac{\mathrm{e}^x-1-x}{x^2}.$$

进一步利用洛必达法则得

$$L=\lim_{x\to 0}\frac{\mathrm{e}^x-1}{2x}=\frac{1}{2}.$$

2. 利用四则运算法则

例 17 求极限 $L=\lim\limits_{x\to+\infty}\dfrac{3x^7-x^5+x^4}{x^7-x^6+\sin^4 x}$.

解 根据极限的四则运算法则, 有

$$L=\lim_{x\to+\infty}\frac{3-\dfrac{1}{x^2}+\dfrac{1}{x^3}}{1-\dfrac{1}{x}+\dfrac{\sin^4 x}{x^7}}=\frac{\lim\limits_{x\to+\infty}\left(3-\dfrac{1}{x^2}+\dfrac{1}{x^3}\right)}{\lim\limits_{x\to+\infty}\left(1-\dfrac{1}{x}+\dfrac{\sin^4 x}{x^7}\right)}=3.$$

练 7 求极限 $L=\lim\limits_{x\to+\infty}\dfrac{(2x+1)^2(x+2)^5}{(x+1)^3(x-2)^4}$.

解 根据极限的四则运算法则, 可得

$$L=\lim_{x\to+\infty}\frac{(2+1/x)^2(1+2/x)^5}{(1+1/x)^3(1-2/x)^4}=4.$$

3. 利用夹逼准则

例 18 求极限 $L=\lim\limits_{x\to+\infty}(\sin x+2\arctan x)^{\frac{1}{x}}$.

解 当 $x>\dfrac{\pi}{4}$ 时, 有 $1\leqslant\sin x+2\arctan x\leqslant\pi+1$, 进一步可知

$$1\leqslant(\sin x+2\arctan x)^{\frac{1}{x}}\leqslant(\pi+1)^{\frac{1}{x}}.$$

显然

$$\lim_{x\to+\infty}(\pi+1)^{\frac{1}{x}}=(\pi+1)^0=1,$$

因此, 根据夹逼准则, $L=1$.

练 8 求极限 $L=\lim\limits_{x\to0^+}\dfrac{x^3\cdot\left[\dfrac{1}{x}\right]}{\ln(1+x^2)}$.

解 当 $x>0$ 时, 有

$$\frac{1}{x}-1<\left[\frac{1}{x}\right]<\frac{1}{x},$$

因此

$$x^2-x^3<x^3\cdot\left[\frac{1}{x}\right]<x^2,$$

$$\frac{x^2-x^3}{\ln(1+x^2)}<\frac{x^3\cdot\left[\dfrac{1}{x}\right]}{\ln(1+x^2)}<\frac{x^2}{\ln(1+x^2)}.$$

由于

$$\lim_{x\to0^+}\frac{x^2-x^3}{\ln(1+x^2)}=\lim_{x\to0^+}\frac{x^2}{\ln(1+x^2)}=1,$$

因此, $L=1$.

五、利用函数极限求数列极限

例 19 求极限 $L=\lim\limits_{n\to\infty}n\,(\sqrt[n]{2}-1)$.

解 $L=\lim\limits_{x\to+\infty}x\,(2^{1/x}-1)=\lim\limits_{t\to0^+}\dfrac{2^{\,t}-1}{t}=\ln2$.

例 20 求极限 $L=\lim\limits_{n\to\infty}\dfrac{n}{\ln n}\,(\sqrt[n]{n}-1)$.

解 当 $n\to\infty$ 时, 有

$$\sqrt[n]{n}-1=\mathrm{e}^{\frac{1}{n}\ln n}-1\sim\frac{\ln n}{n},$$

因此

$$L=\lim_{n\to\infty}\left(\frac{n}{\ln n}\cdot\frac{\ln n}{n}\right)=1.$$

练 9 求极限 $L=\lim\limits_{n\to\infty}\dfrac{\ln(n+1)-\ln(n-1)}{\sqrt[n]{\mathrm{e}}-1}$.

解　当 $n \to \infty$ 时, 有

$$\ln(n+1) - \ln(n-1) = \ln\left(1 + \frac{2}{n-1}\right) \sim \frac{2}{n-1},$$

而 $\sqrt[n]{\mathrm{e}} - 1 = \mathrm{e}^{\frac{1}{n}} - 1 \sim \frac{1}{n}$, 所以

$$L = \lim_{n\to\infty} \frac{2/(n-1)}{1/n} = 2.$$

模块三　能力进阶

例 1 (2013)　求极限 $\lim\limits_{n\to\infty}\left[1+\sin\left(\pi\sqrt{1+4n^2}\right)\right]^n$.

【思路解析】　所求极限属于 1^∞ 型极限. 当然, 为了更加明确 $\sin\left(\pi\sqrt{1+4n^2}\right) \to 0$, 可以利用正弦函数的周期性对表达式进行变形. 计算幂指型极限, 通常利用等式 $\lim\limits_{x\to\square} f(x)^{g(x)} = \mathrm{e}^{\lim\limits_{x\to\square}(g(x)\ln[f(x)])}$ 转化为计算乘积的极限, 而对于本题转化之后的极限而言, 根据表达式比较容易找到对应的计算方法.

解　由于

$$\sin\left(\pi\sqrt{1+4n^2}\right) = \sin\left(\pi\sqrt{1+4n^2} - 2n\pi\right) = \sin\frac{\pi}{\sqrt{1+4n^2}+2n},$$

因此

$$\lim_{n\to\infty}\left[1+\sin\left(\pi\sqrt{1+4n^2}\right)\right]^n = \lim_{n\to\infty}\left[1+\sin\frac{\pi}{\sqrt{1+4n^2}+2n}\right]^n.$$

先考虑求过对数之后的极限

$$\begin{aligned}\lim_{n\to\infty} n\ln\left(1+\sin\frac{\pi}{\sqrt{1+4n^2}+2n}\right) &= \lim_{n\to\infty} n\sin\frac{\pi}{\sqrt{1+4n^2}+2n} \\ &= \lim_{n\to\infty} n\frac{\pi}{\sqrt{1+4n^2}+2n} = \frac{\pi}{4}.\end{aligned}$$

因此

$$\lim_{n\to\infty}\left[1+\sin\left(\pi\sqrt{1+4n^2}\right)\right]^n = \mathrm{e}^{\frac{\pi}{4}}.$$

例 2 (2014) 设 $x_n=\sum_{k=1}^{n}\frac{k}{(k+1)!}$, 求 $\lim_{n\to\infty}x_n$.

【思路解析】 所求极限属于无穷和式的极限. 通常, 计算无穷和式的极限有以下几种方法:

(1) 尝试将和式的和求出来, 进而转化为数列极限;

(2) 无法直接求和时, 尝试将和式做适度放缩后再求和, 结合夹逼准则确定极限;

(3) 将和式理解为积分和 (必要时也需进行适度放缩), 进而将极限表示成定积分;

(4) 利用幂级数的相关理论和方法.

方法 (1) 的适用范围非常有限, 只能处理比较特殊的和式极限, 例如, 等差数列或等比数列的前 n 项和. 当然, 本题中的求和式也是非常典型的情况, 借助一定的变换技巧, 和式的和也能够非常容易地求出来.

解 对 x_n 变形可得

$$x_n=\sum_{k=1}^{n}\frac{k+1-1}{(k+1)!}=\sum_{k=1}^{n}\left(\frac{1}{k!}-\frac{1}{(k+1)!}\right)=1-\frac{1}{(n+1)!}.$$

因此

$$\lim_{n\to\infty}x_n=\lim_{n\to\infty}\left[1-\frac{1}{(n+1)!}\right]=1.$$

例 3 (2014) 已知 $\lim_{x\to0}\left(1+x+\frac{f(x)}{x}\right)^{\frac{1}{x}}=\mathrm{e}^3$, 求 $\lim_{x\to0}\frac{f(x)}{x^2}$.

【思路解析】 计算所求极限首先需要明确 $\frac{f(x)}{x^2}$ 或 $\frac{f(x)}{x}$ 的表达式, 很明显要由已知条件解出, 因为条件中刚好包含 $\frac{f(x)}{x}$. 试想, 如果已知等式中没有极限运算, 那么, 通过简单的代数运算就可以从中解出 $\frac{f(x)}{x}$. 而根据熟知的结论, 去掉极限运算后, 左右两侧的表达式相差一个无穷小量 $o(1)$, 此时仍然可以得到一个严格的等式关系, 并且从中也能够解出 $\frac{f(x)}{x}$ 的表达式, 只不过其中包含着引入的无穷小量. 明确了 $\frac{f(x)}{x^2}$ 的表达式之后, 接下来就可以利用常规的方法计算所求极限, 而且会发现之前引入的无穷小量并没有给极限计算带来多大的挑战.

解 利用已知等式可得

$$\lim_{x\to 0}\frac{1}{x}\ln\left(1+x+\frac{f(x)}{x}\right)=3,$$

那么, 当 $x\to 0$ 时, 有

$$\frac{1}{x}\ln\left(1+x+\frac{f(x)}{x}\right)=3+o(1),\qquad \text{即 } \ln\left(1+x+\frac{f(x)}{x}\right)=3x+o(x).$$

由上式可得

$$\frac{f(x)}{x}=\mathrm{e}^{3x+o(x)}-x-1,$$

因此,

$$\begin{aligned}\lim_{x\to 0}\frac{f(x)}{x^2}&=\lim_{x\to 0}\frac{\mathrm{e}^{3x+o(x)}-x-1}{x}=\lim_{x\to 0}\frac{\mathrm{e}^{3x+o(x)}-1}{x}-1\\&=\lim_{x\to 0}\frac{3x+o(x)}{x}-1=2.\end{aligned}$$

例 4 (2015) 求极限 $\lim\limits_{n\to\infty} n\left[\dfrac{\sin\frac{\pi}{n}}{n^2+1}+\dfrac{\sin\frac{2\pi}{n}}{n^2+2}+\cdots+\dfrac{\sin\pi}{n^2+n}\right]$.

【思路解析】 本题与例 2 类似, 也属于计算无穷和式的极限. 根据例 2 中总结的方法, 首先可以尝试直接或者经适度放缩后将和式的和求出来, 显然这都无法实现. 另外, 注意到和式中每一项的分子刚好对应于函数 $\sin x$ 在闭区间 $[0,\pi]$ 的 n 等分点处的函数值, 这会使我们联想到定积分的定义. 当然, 为了能够凑出积分和的形式, 还需要进一步统一和式中每一项的分母, 这就涉及对和式进行适度放缩. 事实上, 分母的表达式也为放缩求和式提供了可行的思路和方法.

解 根据表达式分母的大小关系, 可以将表达式分别放缩为

$$\begin{aligned}n\left[\frac{\sin\frac{\pi}{n}}{n^2+1}+\frac{\sin\frac{2\pi}{n}}{n^2+2}+\cdots+\frac{\sin\pi}{n^2+n}\right]&\leqslant n\left[\frac{\sin\frac{\pi}{n}}{n^2}+\frac{\sin\frac{2\pi}{n}}{n^2}+\cdots+\frac{\sin\pi}{n^2}\right]\\&=\frac{1}{n}\sum_{i=1}^{n}\sin\frac{i\pi}{n},\end{aligned}$$

$$n\left[\frac{\sin\frac{\pi}{n}}{n^2+1}+\frac{\sin\frac{2\pi}{n}}{n^2+2}+\cdots+\frac{\sin\pi}{n^2+n}\right]\geqslant n\left[\frac{\sin\frac{\pi}{n}}{n^2+n}+\frac{\sin\frac{2\pi}{n}}{n^2+n}+\cdots+\frac{\sin\pi}{n^2+n}\right]$$

$$= \frac{1}{n+1}\sum_{i=1}^{n}\sin\frac{i\pi}{n}.$$

利用定积分的定义可得

$$\lim_{n\to\infty}\frac{1}{n}\sum_{i=1}^{n}\sin\frac{i\pi}{n} = \lim_{n\to\infty}\frac{1}{\pi}\sum_{i=1}^{n}\sin\frac{i\pi}{n}\cdot\frac{\pi}{n} = \frac{1}{\pi}\int_0^{\pi}\sin x\mathrm{d}x = \frac{2}{\pi},$$

$$\lim_{n\to\infty}\frac{1}{n+1}\sum_{i=1}^{n}\sin\frac{i\pi}{n} = \lim_{n\to\infty}\frac{n}{n+1}\cdot\frac{1}{n}\sum_{i=1}^{n}\sin\frac{i\pi}{n} = 1\cdot\frac{2}{\pi} = \frac{2}{\pi}.$$

因此, 由夹逼准则可得

$$\lim_{n\to\infty} n\left[\frac{\sin\dfrac{\pi}{n}}{n^2+1}+\frac{\sin\dfrac{2\pi}{n}}{n^2+2}+\cdots+\frac{\sin\pi}{n^2+n}\right] = \frac{2}{\pi}.$$

例 5 (2016) 若 $f(x)$ 在 $x=a$ 处可导, 且 $f(a)\neq 0$, 求 $\lim\limits_{n\to\infty}\left[\dfrac{f\left(a+\dfrac{1}{n}\right)}{f(a)}\right]^n$.

【思路解析】 所求极限属于 1^{∞} 型极限. 对于该幂指型极限, 如果也仿照例 1 进行变形处理, 那么会涉及复合函数 $\ln f(x)$ 有无定义的问题. 因此, 不宜再选用例 1 中的计算方法. 对于 1^{∞} 型极限, 还可以利用第二类重要极限来求, 那么就需要将 $f\left(a+\dfrac{1}{n}\right)$ 表示成 $f(a)$ 加上一个无穷小量的形式. 对照这一目标, 再结合 $f(x)$ 在 $x=a$ 处可导这一条件, 自然应当利用带皮亚诺余项的泰勒公式.

解 利用泰勒公式有

$$f\left(a+\frac{1}{n}\right) = f(a)+f'(a)\frac{1}{n}+o\left(\frac{1}{n}\right),$$

那么

$$\lim_{n\to\infty}\left[\frac{f\left(a+\dfrac{1}{n}\right)}{f(a)}\right]^n = \lim_{n\to\infty}\left[1+\frac{f'(a)\dfrac{1}{n}+o\left(\dfrac{1}{n}\right)}{f(a)}\right]^n$$

$$=\lim_{n\to\infty}\left[1+\frac{f'(a)\frac{1}{n}+o\left(\frac{1}{n}\right)}{f(a)}\right]^{\frac{f(a)}{f'(a)\frac{1}{n}+o\left(\frac{1}{n}\right)}\cdot\frac{n\left[f'(a)\frac{1}{n}+o\left(\frac{1}{n}\right)\right]}{f(a)}}$$

$$=\mathrm{e}^{\frac{f'(a)}{f(a)}}.$$

例 6 (2016) 若 $f(1)=0$, $f'(1)$ 存在, 求极限 $I=\lim\limits_{x\to0}\dfrac{f(\sin^2x+\cos x)\tan3x}{(\mathrm{e}^{x^2}-1)\sin x}$.

【思路解析】 很明显极限表达式中的部分因子可以根据熟知的结论进行等价无穷小替换, $\tan3x\sim3x$, $\mathrm{e}^{x^2}-1\sim x^2$, $\sin x\sim x$, 替换之后就演变为计算极限 $\lim\limits_{x\to0}\dfrac{f(\sin^2x+\cos x)}{x^2}$. 当 $x\to0$ 时, $f(\sin^2x+\cos x)\to f(1)=0$, 而已知条件中又明确了 $f'(1)$ 存在, 这些信息都提示要将所求极限与导数 $f'(1)$ 的定义建立起联系.

解 等价无穷小替换后可得

$$I=3\lim_{x\to0}\frac{f(\sin^2x+\cos x)}{x^2}.$$

利用 $f(1)=0$, 进一步可以将极限转化为

$$\begin{aligned}I&=3\lim_{x\to0}\frac{f(1+\sin^2x+\cos x-1)-f(1)}{x^2}\\&=3\lim_{x\to0}\frac{f(1+\sin^2x+\cos x-1)-f(1)}{\sin^2x+\cos x-1}\cdot\frac{\sin^2x+\cos x-1}{x^2},\end{aligned}$$

其中

$$\lim_{x\to0}\frac{f(1+\sin^2x+\cos x-1)-f(1)}{\sin^2x+\cos x-1}=f'(1),$$

而

$$\begin{aligned}\lim_{x\to0}\frac{\sin^2x+\cos x-1}{x^2}&=\lim_{x\to0}\frac{2\sin x\cos x-\sin x}{2x}\\&=\lim_{x\to0}\frac{\sin x(2\cos x-1)}{2x}=\frac{1}{2}.\end{aligned}$$

因此, 原极限 $I=\dfrac{3}{2}f'(1)$.

例 7 (2017) 求极限 $\lim\limits_{n\to\infty}\sin^2\left(\pi\sqrt{n^2+n}\right)$.

【思路解析】 本题的求解技巧与例 1 类似. 停留在给出的表达式上, 不易分析明确数列通项的变化趋势, 因而需要将其进行恒等变形. 注意到 $\sin^2 x$ 是以 $n\pi$ 为周期的周期函数, 因此, $\sin^2(\pi\sqrt{n^2+n})=\sin^2(\pi\sqrt{n^2+n}-n\pi)$, 进一步分子有理化之后便能够直观地确定出极限值.

解 $\sin x$ 是以 $2n\pi$ 为周期的周期函数, 易证 $\sin^2 x$ 是以 $n\pi$ 为周期的周期函数. 因此

$$\begin{aligned}\lim_{n\to\infty}\sin^2\left(\pi\sqrt{n^2+n}\right)&=\lim_{n\to\infty}\sin^2\left(\pi\sqrt{n^2+n}-n\pi\right)\\&=\lim_{n\to\infty}\sin^2\left(\frac{n\pi}{\sqrt{n^2+n}+n}\right)=1.\end{aligned}$$

例 8 (2017) 设 $f(x)$ 有二阶连续导数, 且 $f(0)=f'(0)=0$, $f''(0)=6$, 求极限

$$\lim_{x\to 0}\frac{f(\sin^2 x)}{x^4}.$$

【思路解析】 所求极限为 0/0 型, 且分子、分母均有二阶连续导数. 因此, 可以尝试利用洛必达法则计算极限. 除此之外, 已知条件给出了 $f(0)=f'(0)=0$ 以及 $f''(0)=6$, 这些信息提示也可以利用麦克劳林公式先将 $f(\sin^2 x)$ 展开再计算极限.

解法 1 根据洛必达法则, 有

$$\begin{aligned}\lim_{x\to 0}\frac{f(\sin^2 x)}{x^4}&=\lim_{x\to 0}\frac{f'(\sin^2 x)\cdot 2\sin x\cdot\cos x}{4x^3}\\&=\frac{1}{2}\lim_{x\to 0}\frac{f'(\sin^2 x)}{x^2}\\&=\frac{1}{2}\lim_{x\to 0}\frac{f''(\sin^2 x)\cdot 2\sin x\cdot\cos x}{2x}\\&=\frac{1}{2}f''(0)=3.\end{aligned}$$

解法 2 由麦克劳林公式有

$$f(x)=f(0)+f'(0)x+\frac{1}{2}f''(\xi_1)x^2\quad(\xi_1\text{ 在 }0\text{ 与 }x\text{ 之间})$$

再由已知条件 $f(0)=f'(0)=0$ 可得

$$f(\sin^2 x)=\frac{1}{2}f''(\xi_2)\sin^4 x,\qquad\text{其中 }\xi_2\in(0,\sin^2 x).$$

因此

$$\lim_{x\to0}\frac{f(\sin^2 x)}{x^4}=\lim_{x\to0}\frac{f''(\xi_2)}{2}\frac{\sin^4 x}{x^4}=\lim_{\xi_2\to0}\frac{f''(\xi_2)}{2}\cdot\lim_{x\to0}\frac{\sin^4 x}{x^4}=3.$$

例 9 (2017)　设 $\{a_n\}$ 为一个数列, p 为固定的正整数, 若 $\lim\limits_{n\to\infty}(a_{n+p}-a_n)=\lambda$, 证明： $\lim\limits_{n\to\infty}\frac{a_n}{n}=\frac{\lambda}{p}$.

【思路解析】　本题具有一定的难度, 完整的证明过程需要用到数列极限的 $\varepsilon-N$ 定义以及数列极限和数列子列极限之间的逻辑关系等深入细致的理论内容, 而这些内容在某种程度上似乎已经超出了高等数学的范畴. 另外, 本题在 2011 年大学生数学竞赛中就考核过, 而且略带提示地被设置成了两小问. 第一小问证明结论：如果数列 $\{a_n\}$ 满足 $\lim\limits_{n\to\infty}a_n=a$, 则

$$\lim_{n\to\infty}\frac{a_1+a_2+\cdots+a_n}{n}=a.$$

第二小问就是证明本题的结论, 当然, 其证明过程需要利用到第一小问的结论.

证明　令

$$b_n^i=a_{(n+1)p+i}-a_{np+i},\quad i=0,1,\cdots,p-1,$$

则由已知条件可得 $\lim\limits_{n\to\infty}b_n^i=\lambda$. 利用思路解析中的结论进一步可得

$$\lim_{n\to\infty}\frac{b_1^i+b_2^i+\cdots+b_n^i}{n}=\lambda,$$

而其中

$$\begin{aligned}b_1^i+b_2^i+\cdots+b_n^i&=a_{2p+i}-a_{p+i}+a_{3p+i}-a_{2p+i}+\cdots+a_{(n+1)p+i}-a_{np+i}\\&=a_{(n+1)p+i}-a_{p+i},\end{aligned}$$

因此

$$\begin{aligned}\lambda&=\lim_{n\to\infty}\frac{a_{(n+1)p+i}-a_{p+i}}{n}=\lim_{n\to\infty}\frac{a_{(n+1)p+i}}{n}\\&=\lim_{n\to\infty}\frac{a_{(n+1)p+i}}{(n+1)p+i}\cdot\frac{(n+1)p+i}{n}=p\lim_{n\to\infty}\frac{a_{(n+1)p+i}}{(n+1)p+i}.\end{aligned}$$

由上式可得, 对于任意的 $i=0,1,\cdots,p-1$, 有

$$\lim_{n\to\infty}\frac{a_{(n+1)p+i}}{(n+1)p+i}=\frac{\lambda}{p},$$

即根据 i 的取值从数列 $\{a_m\}$ 中选取的所有 p 个子列极限都等于 λ/p. 因此

$$\lim_{n\to\infty}\frac{a_n}{n}=\lim_{m\to\infty}\frac{a_m}{m}=\frac{\lambda}{p}.$$

例 10 (2018) 设 $\alpha\in(0,1)$, 求 $\lim\limits_{n\to\infty}[(n+1)^\alpha-n^\alpha]$.

【思路解析】 本题在竞赛真题中实际上是一个填空题, 显然如果只是写出正确答案的话, 有一个取巧的方法, 那就是特殊地选取 $\alpha=1/2$. 对于一般的 $\alpha\in(0,1)$, $\dfrac{(n+1)^\alpha}{n^\alpha}=\left(1+\dfrac{1}{n}\right)^\alpha<1+\dfrac{1}{n}$, 因此, $(n+1)^\alpha<n^\alpha+n^{\alpha-1}$. 另外, 显然 $(n+1)^\alpha-n^\alpha>0$. 两组不等式结合在一起就是对原数列通项的一种合理放缩, 再根据夹逼准则就可以确定出极限.

解 当 $\alpha\in(0,1)$ 时, 有

$$\frac{(n+1)^\alpha}{n^\alpha}=\left(1+\frac{1}{n}\right)^\alpha<1+\frac{1}{n},$$

因此

$$(n+1)^\alpha<n^\alpha+n^{\alpha-1},$$

即

$$0<(n+1)^\alpha-n^\alpha<n^{\alpha-1}.$$

当 $\alpha\in(0,1)$ 时, 易知 $\lim\limits_{n\to\infty}n^{\alpha-1}=0$, 那么根据夹逼准则得 $\lim\limits_{n\to\infty}[(n+1)^\alpha-n^\alpha]=0$.

例 11 (2018) 求极限 $\lim\limits_{x\to0}\dfrac{1-\cos x\cdot\sqrt{\cos 2x}\cdot\sqrt[3]{\cos 3x}}{x^2}$.

【思路解析】 所求极限虽然属于 $0/0$ 型, 但是显然利用洛必达法则计算极限不太现实, 因为对分子中三个函数的乘积求导过于复杂. 当然, 这也提示我们为了求出极限需要将 $\cos x$, $\sqrt{\cos 2x}$ 和 $\sqrt[3]{\cos 3x}$ 这三个函数实现分离. 根据熟知的结论, 当 $x\to0$ 时, $1-\cos x\sim x^2/2$, 那么在分子中减去一个 $\cos x$ 再加上一个 $\cos x$, 就可以利用极限的四则运算法则将所求极限进行拆分计算进而实现化简. 化简后的极限就不再包含函数 $\cos x$, 而是分子演变成了 $1-\sqrt{\cos 2x}\cdot\sqrt[3]{\cos 3x}$. 利用类似的方法可以进一步实现 $\sqrt{\cos 2x}$ 和 $\sqrt[3]{\cos 3x}$ 分离. 对于拆分后的每一个极限, 常规的计算方法就可以应对.

解 根据极限运算满足的四则运算法则, 有

$$\lim_{x\to0}\frac{1-\cos x\cdot\sqrt{\cos 2x}\cdot\sqrt[3]{\cos 3x}}{x^2}$$

$$=\lim_{x\to0}\frac{1-\cos x}{x^2}+\lim_{x\to0}\frac{\cos x\left(1-\sqrt{\cos 2x}\cdot\sqrt[3]{\cos 3x}\right)}{x^2}$$

$$=\frac{1}{2}+\lim_{x\to0}\frac{1-\sqrt{\cos 2x}\cdot\sqrt[3]{\cos 3x}}{x^2},$$

其中

$$\lim_{x\to0}\frac{1-\sqrt{\cos 2x}\cdot\sqrt[3]{\cos 3x}}{x^2}$$

$$=\lim_{x\to0}\frac{1-\sqrt{\cos 2x}}{x^2}+\lim_{x\to0}\frac{\sqrt{\cos 2x}(1-\sqrt[3]{\cos 3x})}{x^2}$$

$$=\lim_{x\to0}\frac{1-\sqrt{\cos 2x}}{x^2}+\lim_{x\to0}\frac{1-\sqrt[3]{\cos 3x}}{x^2}$$

$$=\lim_{x\to0}\frac{\sin 2x}{2x\sqrt{\cos 2x}}+\lim_{x\to0}\frac{\sin 3x}{2x\sqrt[3]{\cos^2 3x}}\quad(\text{洛必达法则})$$

$$=1+\frac{3}{2}=\frac{5}{2}.$$

因此, 原极限

$$\lim_{x\to0}\frac{1-\cos x\cdot\sqrt{\cos 2x}\cdot\sqrt[3]{\cos 3x}}{x^2}=3.$$

例 12 (2019) 求极限 $\lim\limits_{x\to0}\dfrac{\ln\left(\mathrm{e}^{\sin x}+\sqrt[3]{1-\cos x}\right)-\sin x}{\arctan\left(4\sqrt[3]{1-\cos x}\right)}$.

【思路解析】 首先, 分母中有明显的等价无穷小替换 $\arctan x\sim x$. 其次, 分子中为减法运算, 而相减的两项中又分别包含了 $\ln\mathrm{e}^{\sin x}$ 和 $\sin x$. 显然, 如果将后面的 $\sin x$ 等价地变形为 $\ln\mathrm{e}^{\sin x}$, 那么分子中的减法运算就可以演变为乘法运算, 而且刚好凑成了 $\ln(1+x)$ 的形式, 因而可以进一步进行等价无穷小替换. 事实上, 当不满足极限四则运算法则时, 尽可能地将表达式中的加减法运算转化为乘除法运算是计算极限的一个通用且有效的做法. 这一点在其他题目中也有所体现.

解 利用等价无穷小替换, 可得

$$\lim_{x\to0}\frac{\ln\left(\mathrm{e}^{\sin x}+\sqrt[3]{1-\cos x}\right)-\sin x}{\arctan\left(4\sqrt[3]{1-\cos x}\right)}=\lim_{x\to0}\frac{\ln\left(\mathrm{e}^{\sin x}+\sqrt[3]{1-\cos x}\right)-\ln\mathrm{e}^{\sin x}}{4\sqrt[3]{1-\cos x}}$$

$$=\lim_{x\to0}\frac{\ln\left(1+\dfrac{\sqrt[3]{1-\cos x}}{\mathrm{e}^{\sin x}}\right)}{4\sqrt[3]{1-\cos x}}$$

$$=\lim_{x\to 0}\frac{\sqrt[3]{1-\cos x}}{4\mathrm{e}^{\sin x}\sqrt[3]{1-\cos x}}=\frac{1}{4}.$$

例 13 (2020) 求极限 $\lim\limits_{x\to 0}\dfrac{(x-\sin x)\mathrm{e}^{-x^2}}{\sqrt{1-x^3}-1}$.

【思路解析】 显然, 当 $x\to 0$ 时, $\mathrm{e}^{-x^2}\to 1$, 而 $\sqrt{1-x^3}-1\sim -\dfrac{1}{2}x^3$, 那么将这两项代入或替换后, 计算所求极限就简化为计算 $\lim\limits_{x\to 0}\dfrac{x-\sin x}{x^3}$, 这样就演变成了一个常规性的基础题目, 接下来无论是利用洛必达法则还是利用泰勒公式都非常容易求得结果.

解 根据极限运算满足的四则运算法则, 得

$$\begin{aligned}\lim_{x\to 0}\frac{(x-\sin x)\mathrm{e}^{-x^2}}{\sqrt{1-x^3}-1}&=\lim_{x\to 0}\frac{x-\sin x}{\sqrt{1-x^3}-1}=-2\lim_{x\to 0}\frac{x-\sin x}{x^3}\\&=-2\lim_{x\to 0}\frac{1-\cos x}{3x^2}=-\lim_{x\to 0}\frac{x^2}{3x^2}=-\frac{1}{3},\end{aligned}$$

其中后面的计算过程用到了洛必达法则和等价无穷小替换等方法.

例 14 (2020) 设 $f(x)$, $g(x)$ 在 $x=0$ 的某一邻域 U 内有定义, 对任意 $x\in U$, $f(x)\neq g(x)$, 且 $\lim\limits_{x\to 0}f(x)=\lim\limits_{x\to 0}g(x)=a>0$, 求极限

$$\lim_{x\to 0}\frac{[f(x)]^{g(x)}-[g(x)]^{g(x)}}{f(x)-g(x)}.$$

【思路解析】 所求极限虽然是 0/0 型, 但是 $f(x)$ 和 $g(x)$ 的可导性未知, 所以无法利用洛必达法则. 毫无疑问, 求解的关键应该是合理地处理分子. 按照例 12 思路解析中总结的原则, 分子 $[f(x)]^{g(x)}-[g(x)]^{g(x)}$ 应尽可能转化为乘除法, 最直接的方式就是提取出一个因子 $[g(x)]^{g(x)}$. 进一步将幂指型函数等价地变为指数函数之后, 分子就可以进行等价无穷小替换. 再往下计算思路和方法都会比较明晰.

解 由于 $a>0$, 因此, 根据极限的保号性, 在 $x=0$ 的某一去心邻域内 $f(x)>0$, $g(x)>0$. 基于此, 可将原极限做如下变形：

$$\lim_{x\to 0}\frac{[f(x)]^{g(x)}-[g(x)]^{g(x)}}{f(x)-g(x)}=\lim_{x\to 0}\left([g(x)]^{g(x)}\cdot\frac{\left[\dfrac{f(x)}{g(x)}\right]^{g(x)}-1}{f(x)-g(x)}\right)$$

$$
\begin{aligned}
&= \lim_{x\to 0}[g(x)]^{g(x)} \cdot \lim_{x\to 0}\frac{\mathrm{e}^{g(x)\ln\left[\frac{f(x)}{g(x)}\right]}-1}{f(x)-g(x)}\\
&= a^a \lim_{x\to 0}\frac{\mathrm{e}^{g(x)\ln\left[\frac{f(x)}{g(x)}\right]}-1}{f(x)-g(x)}.
\end{aligned}
$$

利用等价无穷小替换, 可得

$$
\begin{aligned}
\lim_{x\to 0}\frac{\mathrm{e}^{g(x)\ln\left[\frac{f(x)}{g(x)}\right]}-1}{f(x)-g(x)} &= \lim_{x\to 0}\frac{g(x)\ln\left[\dfrac{f(x)}{g(x)}\right]}{f(x)-g(x)}\\
&= \lim_{x\to 0}\frac{\ln\left[1+\dfrac{f(x)}{g(x)}-1\right]}{\dfrac{f(x)}{g(x)}-1}=1.
\end{aligned}
$$

因此, 原极限

$$
\lim_{x\to 0}\frac{[f(x)]^{g(x)}-[g(x)]^{g(x)}}{f(x)-g(x)}=a^a.
$$

例 15 (2020) 设数列 $\{a_n\}$ 满足

$$
a_1=1,\ a_{n+1}=\frac{a_n}{(n+1)(a_n+1)},\ n\geqslant 1,
$$

求极限 $\lim\limits_{n\to\infty} n!a_n$.

【思路解析】 要想计算所求极限首先需要明确通项 a_n 的确切表达式, 这自然应当从已知的递推公式求得. 但是, 在给定的递推公式中, a_{n+1} 关于 a_n 并不是一个线性函数, 因而通过迭代的方式不易求得 a_{n+1} 的确切表达式. 换个角度细致分析, 不难发现 $1/a_{n+1}$ 关于 $1/a_n$ 刚好是一个简单一次函数, 这样循环代入后就可以比较容易地求得 a_{n+1} 以及 a_n 的确切表达式.

解 根据 a_n 的表达式可知

$$
\begin{aligned}
\frac{1}{a_n} &= n+n\frac{1}{a_{n-1}}\\
&= n+n\left[n-1+(n-1)\frac{1}{a_{n-2}}\right]\\
&= n+n(n-1)+n(n-1)\left[n-2+(n-2)\frac{1}{a_{n-3}}\right]
\end{aligned}
$$

$$\vdots$$

$$= n + n(n-1) + n(n-1)(n-2) + \cdots + n(n-1)(n-2)\cdots 2 \cdot 1.$$

那么

$$n!a_n = n!\frac{1}{n!\left[\dfrac{1}{(n-1)!} + \dfrac{1}{(n-2)!} + \cdots + \dfrac{1}{2!} + \dfrac{1}{1!}\right]}$$

$$= \frac{1}{\dfrac{1}{(n-1)!} + \dfrac{1}{(n-2)!} + \cdots + \dfrac{1}{2!} + \dfrac{1}{1!}},$$

因此, 根据指数函数 e^x 的幂级数展开式易知, $\lim\limits_{n\to\infty} n!a_n = \mathrm{e}^{-1}$.

例 16 (2021) 求极限 $\lim\limits_{x\to+\infty}\left[\sqrt{x^2+x+1}\cdot\dfrac{x-\ln(\mathrm{e}^x+x)}{x}\right]$.

【思路解析】 注意到本题中自变量的变化过程为 $x\to+\infty$, 易知 $\dfrac{\sqrt{x^2+x+1}}{x}$ $\to 1$, 因此, 根据极限的四则运算法则所求极限就转化为 $\lim\limits_{x\to+\infty}[x-\ln(\mathrm{e}^x+x)]$. 例 12 思路解析曾总结到, 计算极限应尽可能将加减法运算转化为乘除法运算, 只要留意到 $x=\ln\mathrm{e}^x$, 这一加减法向乘除法的转化不难实现.

解 将极限式进行运算变形可得

$$\lim_{x\to+\infty}\left[\sqrt{x^2+x+1}\cdot\frac{x-\ln(\mathrm{e}^x+x)}{x}\right]$$

$$= \lim_{x\to+\infty}\left\{\sqrt{1+\frac{1}{x}+\frac{1}{x^2}}\cdot[\ln\mathrm{e}^x - \ln(\mathrm{e}^x+x)]\right\}$$

$$= \lim_{x\to+\infty}\left(\sqrt{1+\frac{1}{x}+\frac{1}{x^2}}\cdot\ln\frac{\mathrm{e}^x}{\mathrm{e}^x+x}\right)$$

$$= \lim_{x\to+\infty}\sqrt{1+\frac{1}{x}+\frac{1}{x^2}}\cdot\lim_{x\to+\infty}\ln\frac{1}{1+\dfrac{x}{\mathrm{e}^x}}.$$

易知 $\lim\limits_{x\to+\infty}\dfrac{x}{\mathrm{e}^x}=0$, 对应地, $\lim\limits_{x\to+\infty}\ln\dfrac{1}{1+\dfrac{x}{\mathrm{e}^x}}=0$. 因此

$$\lim_{x\to+\infty}\left[\sqrt{x^2+x+1}\cdot\frac{x-\ln(\mathrm{e}^x+x)}{x}\right]=0.$$

例 17 (2021) 设函数 $f(x)$ 连续, 且 $f(0) \neq 0$, 求极限

$$\lim_{x \to 0} \frac{2\int_0^x (x-t)f(t)\mathrm{d}t}{x\int_0^x f(x-t)\mathrm{d}t}.$$

【思路解析】 所求极限为 0/0 型, 且分子、分母也均为可导函数, 因此, 最容易想到的方法就是利用洛必达法则. 分子求导主要涉及变上限积分求导, 相对比较容易, 而分母求导则需要先将被积函数中的变量 x 从积分中剥离出来, 这通过常规性的变量替换即可实现. 原极限经过一次洛必达法则简化之后, 继续往下计算时需注意选取正确方法, 特别要留意函数 $f(x)$ 只满足连续性.

解 令 $x-t=u$, 则分母中的定积分

$$\int_0^x f(x-t)\mathrm{d}t = -\int_x^0 f(u)\mathrm{d}u = \int_0^x f(t)\mathrm{d}t.$$

因此, 原极限可以转化为

$$\lim_{x \to 0} \frac{2\int_0^x (x-t)f(t)\mathrm{d}t}{x\int_0^x f(x-t)\mathrm{d}t} = 2\lim_{x \to 0} \frac{x\int_0^x f(t)\mathrm{d}t - \int_0^x tf(t)\mathrm{d}t}{x\int_0^x f(t)\mathrm{d}t}$$

$$= 2\left(1 - \lim_{x \to 0} \frac{\int_0^x tf(t)\mathrm{d}t}{x\int_0^x f(t)\mathrm{d}t}\right).$$

利用洛必达法则和积分中值定理, 得

$$\lim_{x \to 0} \frac{\int_0^x tf(t)\mathrm{d}t}{x\int_0^x f(t)\mathrm{d}t} = \lim_{x \to 0} \frac{xf(x)}{\int_0^x f(t)\mathrm{d}t + xf(x)} = \lim_{x \to 0} \frac{xf(x)}{xf(\xi) + xf(x)}$$

$$= \lim_{x \to 0} \frac{f(x)}{f(\xi) + f(x)} = \frac{1}{2},$$

其中 ξ 介于 0 和 x 之间. 因此

$$\lim_{x \to 0} \frac{2\int_0^x (x-t)f(t)\mathrm{d}t}{x\int_0^x f(x-t)\mathrm{d}t} = 1.$$

例 18 (2021) 设 $x_1=2021$,

$$x_n^2-2(x_n+1)x_{n+1}+2021=0\quad(n\geqslant 1).$$

证明数列 $\{x_n\}$ 收敛, 并求极限 $\lim\limits_{n\to\infty}x_n$.

【思路解析】 证明一个数列收敛并进一步求出数列极限, 这类题目最常用的方法就是利用单调有界收敛准则, 只不过我们通常碰到的、感觉习惯的数列往往是以递推公式 $x_{n+1}=f(x_n)$ 的形式给出的. 事实上, 本题所给出的等式也是由 x_n 到 x_{n+1} 的递推公式, 只是它不是我们所习惯的显式形式而已.

解 将已知等式进行变形可得

$$x_{n+1}=\frac{x_n^2+2021}{2(x_n+1)}=\frac{(x_n+1)^2-2(x_n+1)+2022}{2(x_n+1)}=\frac{x_n+1}{2}-1+\frac{1011}{x_n+1}.$$

令 $y_n=x_n+1$, 则 $y_n>0$ 且满足递推公式

$$y_{n+1}=\frac{y_n}{2}+\frac{1011}{y_n}.$$

显然, 对于任意的 n, 有

$$y_{n+1}=\frac{y_n}{2}+\frac{1011}{y_n}>\sqrt{2022},\quad \frac{y_{n+1}}{y_n}=\frac{1}{2}+\frac{1011}{y_n^2}<1,$$

即数列 $\{y_n\}$ 单调递减有下界. 因此, $\lim\limits_{n\to\infty}y_n$ 和 $\lim\limits_{n\to\infty}x_n$ 均存在.

设 $\lim\limits_{n\to\infty}y_n=A$, 则在递推公式两侧同时取极限可得

$$A=\frac{A}{2}+\frac{1011}{A}.$$

进一步结合数列极限的保号性可知, $A=\sqrt{2022}$. 对应地, $\lim\limits_{n\to\infty}x_n=\sqrt{2022}-1$.

例 19 (2022) 求极限 $\lim\limits_{x\to 0}\dfrac{1-\sqrt{1-x^2}\cos x}{1+x^2-\cos^2 x}$.

【思路解析】 所求极限为 0/0 型, 并且表达式的分子、分母均为可导函数, 因而, 可以尝试利用洛必达法则计算极限, 只不过求导的过程稍显复杂. 除此之外, 也不难联想到利用泰勒公式展开这一方法. 事实上, $\sqrt{1-x^2}$ 和 $\cos x$ 按照麦克劳林公式展开到比较低的阶数就可以确定出极限.

解法 1 题目所求极限为 0/0 型, 且满足洛必达法则所要求的条件, 因此

$$\begin{aligned}\lim_{x\to0}\frac{1-\sqrt{1-x^2}\cos x}{1+x^2-\cos^2x}&=\lim_{x\to0}\frac{\dfrac{x}{\sqrt{1-x^2}}\cos x+\sqrt{1-x^2}\sin x}{2x+2\cos x\sin x}\\&=\frac{1}{2}\lim_{x\to0}\frac{x\cos x+(1-x^2)\sin x}{x+\cos x\sin x}\cdot\lim_{x\to0}\frac{1}{\sqrt{1-x^2}}\\&=\frac{1}{2}\lim_{x\to0}\frac{x\cos x+(1-x^2)\sin x}{x+\cos x\sin x}.\end{aligned}$$

再一次利用洛必达法则可得

$$\lim_{x\to0}\frac{1-\sqrt{1-x^2}\cos x}{1+x^2-\cos^2x}=\frac{1}{2}\lim_{x\to0}\frac{\cos x-3x\sin x+(1-x^2)\cos x}{1-\sin^2x+\cos^2x}=\frac{1}{2}.$$

解法 2 根据带皮亚诺余项的麦克劳林公式

$$\sqrt{1-x^2}=1-\frac{1}{2}x^2+o(x^2),\ \cos x=1-\frac{1}{2}x^2+o(x^2),$$

可得

$$\sqrt{1-x^2}\cos x=1-x^2+o(x^2),\ \cos^2x=1-x^2+o(x^2),$$

代入极限式可得

$$\lim_{x\to0}\frac{1-\sqrt{1-x^2}\cos x}{1+x^2-\cos^2x}=\lim_{x\to0}\frac{1-1+x^2-o(x^2)}{1+x^2-1+x^2-o(x^2)}=\lim_{x\to0}\frac{x^2-o(x^2)}{2x^2-o(x^2)}=\frac{1}{2}.$$

例 20 (2022) 求极限 $\lim\limits_{x\to1^-}(1-x)^3\sum\limits_{n=1}^{\infty}n^2x^n$.

【思路解析】 函数表达式中的一个因子是一个幂级数, 自然首先需要把幂级数的和函数求出来, 然后再考虑如何计算极限. 当利用常规方法求得了幂级数的和函数之后, 所求极限经过化简就变得异常简单.

解 首先考虑幂级数 $\sum\limits_{n=1}^{\infty}n^2x^n$. 令 $a_n=n^2$, 则

$$\lim_{n\to\infty}\left|\frac{a_{n+1}}{a_n}\right|=\lim_{n\to\infty}\frac{(n+1)^2}{n^2}=1.$$

因此, 幂级数的收敛区间为 $(-1,1)$.

在收敛区间内

$$\sum_{n=1}^{\infty} n^2 x^n = x\sum_{n=1}^{\infty} n^2 x^{n-1} = x\sum_{n=1}^{\infty} n(x^n)' = x\left(\sum_{n=1}^{\infty} nx^n\right)',$$

而

$$\sum_{n=1}^{\infty} nx^n = x\sum_{n=1}^{\infty} nx^{n-1} = x\sum_{n=1}^{\infty}(x^n)' = x\left(\sum_{n=1}^{\infty} x^n\right)' = x\left(\frac{x}{1-x}\right)' = \frac{x}{(1-x)^2}.$$

因此

$$\sum_{n=1}^{\infty} n^2 x^n = x\left[\frac{x}{(1-x)^2}\right]' = \frac{x+x^2}{(1-x)^3}.$$

将幂级数的和函数代入极限式可得

$$\lim_{x\to 1^-}(1-x)^3\sum_{n=1}^{\infty} n^2 x^n = \lim_{x\to 1^-}(1-x)^3\frac{x+x^2}{(1-x)^3} = \lim_{x\to 1^-}(x+x^2) = 2.$$

例 21 (2022 补赛) 设 $x\in(-\infty,+\infty)$, 计算极限

$$\lim_{n\to\infty}\frac{1}{n^2}\sum_{i=1}^{n}\sqrt{(n\mathrm{e}^x+i)(n\mathrm{e}^x+i+1)}.$$

【思路解析】 本题与例 4 类似, 也属于计算无穷和式的极限, 而且也无法做到直接求出和式的和. 根据例 2 中总结的方法, 接下来尝试经适度放缩后再求和. 注意到根号下的两个因式彼此只相差 1, 二者统一成其中的任何一个都可以消除根号, 这样就得到了一种自然的放缩方式. 进一步计算会发现, 求和式经放缩、化简之后就演变成了等差数列前 n 项求和, 自然可以非常容易地将和求出来. 最后再结合夹逼准则确定极限即可.

解 根据根号下表达式的形式容易联想到

$$\frac{1}{n^2}\sum_{i=1}^{n}\sqrt{(n\mathrm{e}^x+i)(n\mathrm{e}^x+i+1)} > \frac{1}{n^2}\sum_{i=1}^{n}(n\mathrm{e}^x+i) = \mathrm{e}^x+\frac{1}{n}\sum_{i=1}^{n}\frac{i}{n},$$

$$\frac{1}{n^2}\sum_{i=1}^{n}\sqrt{(n\mathrm{e}^x+i)(n\mathrm{e}^x+i+1)} < \frac{1}{n^2}\sum_{i=1}^{n}(n\mathrm{e}^x+i+1) = \mathrm{e}^x+\frac{1}{n}+\frac{1}{n}\sum_{i=1}^{n}\frac{i}{n}.$$

显然, $\lim\limits_{n\to\infty}\dfrac{1}{n}=0$, 而当 $n\to\infty$ 时

$$\lim_{n\to\infty}\frac{1}{n}\sum_{i=1}^{n}\frac{i}{n}=\lim_{n\to\infty}\frac{n(n+1)}{2n^2}=\frac{1}{2},$$

亦或

$$\lim_{n\to\infty}\frac{1}{n}\sum_{i=1}^{n}\frac{i}{n}=\int_0^1 t\mathrm{d}t=\frac{1}{2}.$$

因此, 由夹逼准则可得

$$\lim_{n\to\infty}\frac{1}{n^2}\sum_{i=1}^{n}\sqrt{(n\mathrm{e}^x+i)(n\mathrm{e}^x+i+1)}=\mathrm{e}^x+\frac{1}{2}.$$

例 22 (2022) 设

$$f(x)=\begin{cases}1, & x>0,\\ 0, & x\leqslant 0,\end{cases}\qquad g(x)=\begin{cases}x-1, & x\geqslant 1,\\ 1-x, & x<1,\end{cases}$$

求复合函数 $f[g(x)]$ 的间断点.

【思路解析】 求复合函数 $f[g(x)]$ 的间断点, 首先应确定其函数表达式, 这根据已知的 $f(x)$ 和 $g(x)$ 的表达式很易实现.

解 根据 $f(x)$ 和 $g(x)$ 的表达式易知

当 $x>1$ 时, $g(x)=x-1>0$, $f[g(x)]=1$;

当 $x<1$ 时, $g(x)=1-x>0$, $f[g(x)]=1$;

当 $x=1$ 时, $g(x)=1-1=0$, $f[g(x)]=0$.

综上, 复合函数

$$f[g(x)]=\begin{cases}1, & x\neq 1,\\ 0, & x=1.\end{cases}$$

显然 $f[g(x)]$ 以 $x=1$ 为间断点.

例 23 (2009) 设函数 $f(x)$ 连续, $g(x)=\displaystyle\int_0^1 f(xt)\mathrm{d}t$, 且 $\lim\limits_{x\to 0}\dfrac{f(x)}{x}=A$, A 为常数, 求 $g'(x)$ 并讨论 $g'(x)$ 在 $x=0$ 处的连续性.

【思路解析】 本题的考核时间虽然不在近十年内, 但是它的确是一个非常经典的题目, 巧妙地融合了极限、连续、导数和积分多方面内容. 因此, 本书也把它收录在内.

题目要求计算函数 $g(x)$ 的导函数 $g'(x)$, 直接根据 $g(x)$ 的表达式求导就可以. 然而, 与例 17 类似, 仅根据 $g(x)$ 的现有表达式是不容易计算其导函数的, 需要将变量 x 从被积函数中剥离出来, 显然只需要做一个常规的变量替换就可以实现. 题目还要求讨论 $g'(x)$ 在 $x=0$ 处的连续性, 这也就意味着之前求得的导函数 $g'(x)$ 并没有覆盖到 $x=0$ 这一点. 计算单个点处的导数可以根据导数的定义来求, 自然这就涉及 $g(0)$ 的值, 进一步也会涉及 $f(0)$ 的值. 这些基本信息都需要从已知条件, 特别是已知极限中深入挖掘出来.

解 首先, 由已知条件 $\lim\limits_{x\to 0}\dfrac{f(x)}{x}=A$ 可知 $\lim\limits_{x\to 0}f(x)=0$. 又因为函数 $f(x)$ 连续, 所以 $f(0)=0$, 对应地

$$g(0)=\int_0^1 f(0)\mathrm{d}t=0.$$

进一步令 $u=xt$, 则

$$g(x)=\int_0^1 f(xt)\mathrm{d}t=\frac{\displaystyle\int_0^x f(u)\mathrm{d}u}{x},\quad x\neq 0.$$

因此, 当 $x\neq 0$ 时

$$g'(x)=\frac{f(x)x-\displaystyle\int_0^x f(u)\mathrm{d}u}{x^2}.$$

于是

$$\begin{aligned}\lim_{x\to 0}g'(x)&=\lim_{x\to 0}\frac{f(x)x-\displaystyle\int_0^x f(u)\mathrm{d}u}{x^2}=\lim_{x\to 0}\frac{f(x)}{x}-\lim_{x\to 0}\frac{\displaystyle\int_0^x f(u)\mathrm{d}u}{x^2}\\&=A-\lim_{x\to 0}\frac{f(x)}{2x}=A-\frac{A}{2}=\frac{A}{2},\end{aligned}$$

而根据导数的定义

$$g'(0)=\lim_{x\to 0}\frac{g(x)-g(0)}{x}=\lim_{x\to 0}\frac{\displaystyle\int_0^x f(u)\mathrm{d}u}{x^2}=\lim_{x\to 0}\frac{f(x)}{2x}=\frac{A}{2}.$$

因此, $g'(x)$ 在 $x=0$ 处连续.

专题二　导数与微分

模块一　知识框架

一、导数与微分的简单性质

1. 如果函数 $y=f(x)$ 在点 x_0 可导, 那么在该点一定连续. 反之, 连续不一定可导.

2. 函数 $y=f(x)$ 在点 x_0 可微的充要条件是该函数在点 x_0 可导.

3. 设 $f(x)$ 在区间 I 上可导, 则 $f(x)\equiv C$ (常数) 的充要条件是在 I 上 $f'(x)\equiv 0$.

二、导数与微分的简单性质

1. 基本初等函数的导数公式;
2. 导数的四则运算公式;
3. 反函数的求导法则;
4. 复合函数的求导法则;
5. 隐函数的求导法则;
6. 微分形式的不变性.

三、高阶导数

对于 $n\geqslant 2$ 的整数, 可以归纳地定义函数 $y=f(x)$ 的 n 阶导数为 $y^{(n)}=(y^{(n-1)})'$. 二阶以上 (包括二阶) 的导数统称为高阶导数. n 阶导数还可以记作 $f^{(n)}(x),\dfrac{\mathrm{d}^n y}{\mathrm{d}x^n}$ 等.

1. 高阶导数的莱布尼茨公式. 设 $u=u(x),v=v(x)$ 都具有 n 阶导数, 则

$$(uv)^{(n)}=\sum_{k=0}^{n}\mathrm{C}_n^k u^{(k)}v^{(n-k)},\text{其中 }\mathrm{C}_n^k=\frac{n(n-1)\cdots(n-k+1)}{k!}.$$

2. 设函数由参数方程形式 $x=\varphi(t), y=\psi(t)$ 给出, $\varphi(t), \psi(t)$ 都二阶可导且 $\varphi'(t)\neq 0$, 则

$$\frac{\mathrm{d}y}{\mathrm{d}x}=\frac{\mathrm{d}y}{\mathrm{d}t}\bigg/\frac{\mathrm{d}x}{\mathrm{d}t}=\frac{\psi'(t)}{\varphi'(t)}, \frac{\mathrm{d}^2y}{\mathrm{d}x^2}=\frac{\mathrm{d}}{\mathrm{d}t}\left(\frac{\psi'(t)}{\varphi'(t)}\right)\bigg/\frac{\mathrm{d}x}{\mathrm{d}t}=\frac{\psi''(t)\varphi'(t)-\psi'(t)\varphi''(t)}{[\varphi'(t)]^3}.$$

注 设 $p_n(x)$ 是 n 次多项式, 则它每求一阶导数, 其次数降低一次; 其 n 阶导数是非零常数; 如果导数的阶数高于 n, 则导数恒为 0.

四、导数的意义

若平面曲线 L:$y=f(x)$ 在点 $x=x_0$ 有 $y_0=f(x_0)$, 并在此点可导. 则 L 在点 (x_0,y_0) 的切线斜率为 $f'(x_0)$. L 在点 (x_0,y_0) 的切线方程为

$$y-y_0=f'(x_0)(x-x_0);$$

法线方程为

$$y-y_0=-\frac{1}{f'(x_0)}(x-x_0).$$

五、函数的单调性

设函数 $y=f(x)$ 在区间 I 上可导. $f(x)$ 在 I 上单调增加 (减少) 的充要条件为: 在 I 上恒有 $f'(x)\geqslant 0(\leqslant 0)$. 若在 I 上恒有 $f'(x)>0(<0)$, 则 $f(x)$ 在 I 上严格单调增加 (减少).

六、函数的凹凸性

如果 $f(x)$ 在区间 I 上二阶可导, 当 $f''(x)>0$ 时, $f(x)$ 在 I 上是凹的, 当 $f''(x)<0$ 时, $f(x)$ 在 I 上是凸的.

七、函数的极值与最值

设 $f(x)$ 在 x_0 的某去心邻域内有定义, 且 x 在此邻域内满足 $f(x)\leqslant(\geqslant)f(x_0)$, 则称 $f(x_0)$ 是该函数的极大值 (极小值).

1. 费马定理 (极值存在的必要条件) 设函数 $f(x)$ 在 x_0 处可导, 且在 x_0 处取得极值, 那么 $f'(x)=0$.

2. 函数极值的单调性判别法 设函数 $f(x)$ 在点 x_0 处连续, 且在 x_0 的某去心邻域内可导.

(1) 若在 x_0 的左邻域上 $f'(x)>0(<0)$, 而在 x_0 的右邻域上 $f'(x)<0(>0)$, 则在 x_0 处取得严格极大值 (极小值).

(2) 若在 x_0 的某去心邻域内, $f'(x)$ 非零且符号保持不变, 则 $f(x)$ 在 x_0 处没有极值.

3. 函数极值的二阶导数判别法　设函数 $f(x)$ 在 x_0 具有二阶导数, 且 $f'(x_0)=0, f''(x_0)\neq 0$, 则 $f(x)$ 在 x_0 取得极值. $f''(x_0)<0(>0)$ 时, $f(x_0)$ 为严格极大值 (极小值).

模块二　基础训练

一、函数的导数

1. 用定义求导数或判断导数的存在性

例 1　设 $f(x)$ 在原点处连续, 且 $\lim\limits_{x\to 0}\dfrac{f(x)}{x}=a$, 证明 $f(x)$ 在原点可导.

解　据已知得, $\lim\limits_{x\to 0}f(x)=0=f(0)$, 于是

$$\lim_{x\to 0}\frac{f(x)-f(0)}{x}=\lim_{x\to 0}\frac{f(x)}{x}=a, \text{即 } f'(0)=a.$$

练 1　设 $\lim\limits_{x\to 1}\dfrac{f(x)}{\ln x}=1$, 则 __B__.

A. $f(1)=0$　　B. $\lim\limits_{x\to 1}f(x)=0$

C. $f'(1)=0$　　D. $\lim\limits_{x\to 1}f'(x)=0$

例 2　设 $f(x)=|x|g(x)$, $f(0)=0$, $\lim\limits_{x\to 0}g(x)=a$. 判断 $f(x)$ 在 $x=0$ 是否可导.

解
$$\lim_{x\to 0^+}\frac{f(x)-f(0)}{x}=\lim_{x\to 0^+}\frac{x\,g(x)}{x}=\lim_{x\to 0^+}g(x)=a.$$
$$\lim_{x\to 0^-}\frac{f(x)-f(0)}{x}=\lim_{x\to 0^-}\frac{-x\,g(x)}{x}=-\lim_{x\to 0^-}g(x)=-a.$$
当且仅当 $a=-a$, 即 $a=0$ 时, $f(x)$ 在 $x=0$ 处可导.

注　由此可知 $f(x)=|x|\sin|x|$ 在原点可导, $f(x)=|x|\cos x$ 在原点不可导. 进而知: 若 $f(x)=g(x)|x-x_0|, f(x_0)=0$, 则 $f(x)$ 在 $x=x_0$ 可导 $\Longleftrightarrow$ $\lim\limits_{x\to x_0}g(x)=0$.

练 2　若 $f(x)=(x^2-x-2)\,|x^2-1|$, 则 $f(x)$ 的不可导点为 __$x=1$__.

解 $f(x)=(x-2)(x+1)\left|x-1\right|\cdot\left|x+1\right|=g(x)\left|x-1\right|=h(x)\left|x+1\right|$, 其不可导点只可能为 $x=1$, $x=-1$. 而

$$\lim_{x\to1}g(x)=\lim_{x\to1}(x-2)(x+1)|\,x+1\,|=-4\neq0,$$

$$\lim_{x\to-1}h(x)=\lim_{x\to-1}(x-2)(x+1)|\,x-1\,|=0,$$

由上例结论知 $f(x)$ 在 $x=-1$ 处可导, 在 $x=1$ 处不可导.

例 3 设 $f(x)=\arctan\dfrac{x-1}{1+x^2}$, 求 $f'(1)$.

解 $$f'(1)=\lim_{x\to1}\frac{f(x)-f(1)}{x-1}=\lim_{x\to1}\frac{f(x)}{x-1}=\lim_{x\to1}\frac{\arctan\dfrac{x-1}{1+x^2}}{x-1}$$
$$=\lim_{x\to1}\frac{\dfrac{x-1}{1+x^2}}{x-1}=\frac{1}{2}.$$

注 如果 $f(x)$ 的表达式中含因子 $x-x_0$ 或含与 $x-x_0$ 等价的无穷小因子, 则可用定义求 $f'(x_0)$.

练 3 设 $f(x)=\dfrac{x\,(x-1)}{(x+1)(x-2)}$, 求 $f'(1)$.

解 $f'(1)=\lim\limits_{x\to1}\dfrac{f(x)-f(1)}{x-1}=\lim\limits_{x\to1}\dfrac{x}{(x+1)(x-2)}=-\dfrac{1}{2}$.

2. 用对数法求导数

例 4 设 $f(x)=\dfrac{\sqrt{x^2-1}}{x^2+1}$, 求 $f'(x)$.

解 $\ln|\,f(x)\,|=\dfrac{1}{2}\left(\ln|x+1|+\ln|x-1|\right)-\ln|x^2+1|\ \ (x\neq\pm1)$. 两边对 x 求导得

$$\frac{f'(x)}{f(x)}=\frac{1}{2}\left(\frac{1}{x+1}+\frac{1}{x-1}\right)-\frac{2\,x}{x^2+1}=\frac{x\,(3-x^2)}{x^4-1},$$

$$f'(x)=\frac{x\,(3-x^2)}{x^4-1}\cdot\frac{\sqrt{x^2-1}}{x^2+1}.$$

用定义可以证明 $f(x)$ 在 $x=\pm1$ 处不可导.

练 4 设 $f(x)=\dfrac{x\,(x-1)}{(x+1)(x-2)}$, 求 $f'(x)$.

解　$\ln\left|f(x)\right| = \ln|x| + \ln|x-1| - \ln|x+1| - \ln|x-2|(x \neq 0,1,-1,2)$.

$$\frac{f'(x)}{f(x)} = \frac{1}{x} + \frac{1}{x-1} - \frac{1}{x+1} - \frac{1}{x-2} = \frac{2(1-2x)}{x(x-2)(x^2-1)}.$$

$$f'(x) = \frac{2(1-2x)}{x(x-2)(x^2-1)} \cdot f(x) = \frac{2(1-2x)}{(x+1)^2(x-2)^2}.$$

容易验证, 上式对 $x=0$, $x=1$ 也成立.

3. 利用一阶微分形式不变性

若 $y=f(x)$ 可微, 则

$$\mathrm{d}y = f'(x)\,\mathrm{d}x, \tag{1}$$

无论 x 是自变量还是中间变量 (函数). 此为一阶微分形式不变性. 由此得

$$f'(x) = \frac{\mathrm{d}y}{\mathrm{d}x}, \tag{2}$$

上述 (1) 式常用于求复杂微分或不定积分, (2) 式常用于求导数.

因 $F(x) = \int f(x)\,\mathrm{d}x \Longleftrightarrow F'(x) = f(x) \Longleftrightarrow \mathrm{d}\left[F(x)\right] = f(x)\mathrm{d}x$,
故求不定积分即是求 $F(x)$ 使

$$\mathrm{d}\left[F(x)\right] = f(x)\mathrm{d}x.$$

为此, 可利用一阶微分形式不变性将复杂微分 $f(x)\mathrm{d}x$ 变简单. 如:

$$\frac{2x}{1+x^4}\,\mathrm{d}x = \frac{1}{1+x^4}\,\mathrm{d}(x^2) = \frac{1}{1+u^2}\,\mathrm{d}u = \mathrm{d}(\arctan u),$$

于是

$$F(x) = \int \frac{2x}{1+x^4}\,\mathrm{d}x = \int \frac{1}{1+x^4}\mathrm{d}x^2 = \arctan x^2 + C.$$

可见不定积分或定积分的换元, 就是应用一阶微分形式不变性[公式 (1)] 简化微分. 应用公式 (2) 求参数方程确定的函数或隐函数的导数会非常方便. 如下例.

例 5　设 $y=f(x)$ 由参数方程 $\begin{cases} x = \ln|t|, \\ y = 1+t^2 \end{cases}$ 确定, 求 $f''(x)$.

解　$f'(x) = \dfrac{\mathrm{d}y}{\mathrm{d}x} = \dfrac{y'(t)\,\mathrm{d}t}{x'(t)\,\mathrm{d}t} = \dfrac{2t}{1/t} = 2t^2$. 令 $g(t) = 2t^2$, 则

$$f''(x) = \frac{\mathrm{d}[f'(x)]}{\mathrm{d}x} = \frac{\mathrm{d}[g(t)]}{\mathrm{d}x} = \frac{4t}{1/t} = 4t^2.$$

或者利用公式 $f''(x)=\dfrac{\begin{vmatrix} x'(t) & y'(t) \\ x''(t) & y''(t) \end{vmatrix}}{[x'(t)]^3}=\dfrac{\begin{vmatrix} 1/t & 2t \\ -1/t^2 & 2 \end{vmatrix}}{(1/t)^3}=4t^2.$

练 5 设 $y=f(x)$ 由参数方程 $\begin{cases} x=t^2/2, \\ y=1-\sin t \end{cases}$ 确定, 求 $f''(x)$.

解 $f'(x)=\dfrac{y'(t)}{x'(t)}=\dfrac{-\cos t}{t}$. 令 $g(t)=-\dfrac{\cos t}{t}$, 则

$$f''(x)=\frac{\mathrm{d}[f'(x)]}{\mathrm{d}x}=\frac{\mathrm{d}[g(t)]}{\mathrm{d}\left(\dfrac{t^2}{2}\right)}=\frac{g'(t)}{x'(t)}=\frac{(t\sin t+\cos t)/t^2}{t}=\frac{t\sin t+\cos t}{t^3}.$$

练 6 已知曲线的极坐标方程是 $\rho=1-\cos\theta$, 求该曲线上对应于 $\theta=\dfrac{\pi}{2}$ 处的切线与法线的直角坐标方程.

解 该曲线的参数方程是

$$\begin{cases} x=\rho\cos\theta=(1-\cos\theta)\cos\theta=\cos\theta-\dfrac{1+\cos 2\theta}{2}, \\ y=\rho\sin\theta=(1-\cos\theta)\sin\theta=\sin\theta-\dfrac{\sin 2\theta}{2}. \end{cases}$$

将 $\theta=\dfrac{\pi}{2}$ 代入方程可得切点的直角坐标 $(0,1)$. 切线的斜率为

$$\left.\frac{\mathrm{d}y}{\mathrm{d}x}\right|_{\theta=\frac{\pi}{2}}=\left.\frac{y'(\theta)}{x'(\theta)}\right|_{\theta=\frac{\pi}{2}}=\left.\frac{\cos\theta-\cos 2\theta}{-\sin\theta+\sin 2\theta}\right|_{\theta=\frac{\pi}{2}}=-1.$$

因此所求切线的方程为 $y-1=-x$, 即 $y=-x+1$. 法线方程为 $y-1=x$, 即 $y=x+1$.

例 6 设函数 $y=f(x)$ 由 $\begin{cases} x=\arctan t, \\ 2y-ty^2+\mathrm{e}^t=5 \end{cases}$ 确定, 求 $f'(x)$, $f'(0)$.

解 方程 $2y-ty^2+\mathrm{e}^t=5$ 两边对 t 求导得 $2y'-y^2-2yy't+\mathrm{e}^t=0$, 因此

$$y'(t)=\frac{y^2-\mathrm{e}^t}{2(1-yt)},\qquad f'(x)=\frac{y'(t)}{x'(t)}=\frac{(1+t^2)(y^2-\mathrm{e}^t)}{2(1-yt)}.$$

当 $x=0$ 时 $t=0$, $y=2$, 代入得 $f'(0)=\dfrac{3}{2}$.

例 7 设 $f(x)$ 可导, 且 $f'(x)=\dfrac{1}{1+x^3}$, 求 $\mathrm{d}\left[f\left(\dfrac{1}{x}\right)\right]$.

解 设 $u=\dfrac{1}{x}$, 则

$$\begin{aligned}\mathrm{d}\big[f(u)\big]&=f'(u)\,\mathrm{d}u=\frac{1}{1+u^3}\,\mathrm{d}u=\frac{1}{1+u^3}\,u'(x)\,\mathrm{d}x\\&=\frac{x^3}{1+x^3}\left(-\frac{1}{x^2}\right)\mathrm{d}x=-\frac{x}{1+x^3}\,\mathrm{d}x.\end{aligned}$$

练 7 设 $y=\mathrm{e}^x+x$, 求 $x'(y)$ 与 $x''(y)$.

解 根据已知, $\mathrm{d}y=(\mathrm{e}^x+1)\,\mathrm{d}x$. 因此

$$x'(y)=\frac{\mathrm{d}x}{\mathrm{d}y}=\frac{\mathrm{d}x}{y'(x)\,\mathrm{d}x}=\frac{1}{y'(x)}=\frac{1}{\mathrm{e}^x+1},$$

$$x''(y)=\frac{\mathrm{d}\big[x'(y)\big]}{\mathrm{d}y}=\frac{\mathrm{d}\big[x'(y)\big]}{\mathrm{d}x}\cdot\frac{\mathrm{d}x}{\mathrm{d}y}=\left[\frac{\mathrm{d}}{\mathrm{d}x}\left(\frac{1}{\mathrm{e}^x+1}\right)\right]\cdot x'(y)=-\frac{\mathrm{e}^x}{(\mathrm{e}^x+1)^3}.$$

4. 利用莱布尼茨法则求高阶导数

例 8 设 $f(x)=x\cos x$, 求 $f^{(n)}(x)$.

解
$$\begin{aligned}f^{(n)}(x)&=\mathrm{C}_n^0\,x\,(\cos x)^{(n)}+\mathrm{C}_n^1\,x'\,(\cos x)^{(n-1)}\\&=x\cos\left(x+\frac{n\pi}{2}\right)+n\cos\left[x+\frac{(n-1)\pi}{2}\right].\end{aligned}$$

练 8 设 $f(x)=\dfrac{x^n}{1-x}$, 求 $f^{(n)}(x)$.

解 $f(x)=\dfrac{x^n-1}{1-x}+\dfrac{1}{1-x}=-(x^{n-1}+x^{n-2}+\cdots+x+1)+\dfrac{1}{1-x}$. 由于

$$(x^{n-1}+x^{n-2}+\cdots+x+1)^{(n)}=0,\quad\left(\frac{1}{1-x}\right)^{(n)}=\frac{n!}{(1-x)^{n+1}},$$

可得

$$f^{(n)}(x)=\frac{n!}{(1-x)^{n+1}}.$$

二、函数的单调性与极值

例 9 已知 $f(x)=\begin{cases}x^{2x}, & x>0,\\ x\,\mathrm{e}^x+1, & x\leqslant 0.\end{cases}$ 求 $f(x)$ 的单调区间和极值.

解 当 $x>0$ 时, $f'(x)=(\mathrm{e}^{2x\ln x})'=\mathrm{e}^{2x\ln x}(2x\ln x)'=\mathrm{e}^{2x\ln x}(2\ln x+2)$;

当 $x<0$ 时, $f'(x)=\mathrm{e}^{x}(x+1)$.

令 $f'(x)=0$ 可得驻点 $x=-1$ 和 $x=1/\mathrm{e}$. 列下表分析 $f(x)$ 的性态:

	$(-\infty,-1)$	-1	$(-1,0)$	0	$(0,1/\mathrm{e})$	$1/\mathrm{e}$	$(1/\mathrm{e},+\infty)$
f'	$-$	0	$+$		$-$	0	$+$
f	↘	极小值	↗	极大值	↘	极小值	↗

故 $f(x)$ 有极小值 $f(-1)=1-1/\mathrm{e}$, $f(1/\mathrm{e})=\dfrac{1}{\mathrm{e}^{2/\mathrm{e}}}$, 有极大值 $f(0)=1$.

例 10 设 $\lim\limits_{x\to x_0}\dfrac{f(x)-f(x_0)}{(x-x_0)^2}=-1$, 则 $f(x)$ 在 $x=x_0$ 是否可导, 是否取得极值?

解 因 $\lim\limits_{x\to x_0}\dfrac{\dfrac{f(x)-f(x_0)}{x-x_0}}{x-x_0}=-1$, 故 $f'(x_0)=\lim\limits_{x\to x_0}\dfrac{f(x)-f(x_0)}{x-x_0}=0$.

另据极限的保序性, 在某 $\mathring{U}(x_0)$ 内必有

$$\frac{f(x)-f(x_0)}{(x-x_0)^2}<0,\ \text{即}\ f(x)-f(x_0)<0,$$

因此 $f(x)$ 在 x_0 取得极大值.

三、函数的凹凸性与渐近线

例 11 讨论曲线 $f(x)=\dfrac{x^3}{(x+3)(x-1)}$ 的渐近线.

解 $\lim\limits_{x\to-3^+}f(x)=+\infty$, $\lim\limits_{x\to1^+}f(x)=+\infty$. 故曲线有垂直渐近线 $x=1$ 及 $x=-3$. 又 $\lim\limits_{x\to\infty}\dfrac{f(x)}{x}=1$, $\lim\limits_{x\to\infty}\left[f(x)-x\right]=-2$, 故曲线还有斜渐近线 $y=x-2$.

例 12 讨论 $f(x)=\dfrac{x^3}{2(x+1)^2}$ 的单调性、凹凸性、极值及其图形的渐近线.

解 $f(x)$ 的定义域为 $(-\infty,-1)\cup(-1,+\infty)$; 因 $\lim\limits_{x\to-1}f(x)=-\infty$, 故曲线有垂直渐近线 $x=-1$. 又 $\lim\limits_{x\to\infty}\dfrac{f(x)}{x}=\dfrac{1}{2}$, $\lim\limits_{x\to\infty}\left[f(x)-\dfrac{x}{2}\right]=-1$, 曲线还有斜渐近线 $y=\dfrac{x}{2}-1$. 容易得 $f'(x)=\dfrac{x^2(x+3)}{2(1+x)^3}$, $f''(x)=\dfrac{3x}{(x+1)^4}$. 令 $f'(x)=0, f''(x)=0$ 求得 $x_1=-3, x_2=0$. 则 $f(x)$ 的单调性、凹凸性及极值情况见下表.

	$(-\infty,-3)$	-3	$(-3,-1)$	-1	$(-1,0)$	0	$(0,+\infty)$
f'	+	0	−	不存在	+	0	+
f''	−	不为 0	−	不存在	−	0	+
f	上凸增	极大值 $-27/8$	上凸减	无定义	上凸增	拐点 $(0,0)$	下凸增

例 13　若函数 $f(x)$ 在区间 I 上可微, 则 $f(x)$ 下凸的充要条件是: $\forall x, x_0 \in I$, 有 $f(x) \geqslant f(x_0)+f'(x_0)(x-x_0)$. 即经过点 $(x_0, f(x_0))$ 的切线一定在曲线 $y=f(x)$ 的下方.

证　必要性　只需证 $f(x)-f(x_0)-f'(x_0)(x-x_0) \geqslant 0$.

令

$$F(x)=f(x)-f(x_0)-f'(x_0)(x-x_0).$$

则

$$F'(x)=f'(x)-f'(x_0).$$

$f(x)$ 下凸, 因此 $f'(x)$ 单调递增,

当 $x \leqslant x_0$ 时, $F'(x)=f'(x)-f'(x_0) \leqslant 0$, $F(x)$ 单调递减;

当 $x \geqslant x_0$ 时, $F'(x)=f'(x)-f'(x_0) \geqslant 0$, $F(x)$ 单调递增.

$F(x)$ 在 $x=x_0$ 取得极小值, 即 $F(x)=f(x)-f(x_0)-f'(x_0)(x-x_0) \geqslant F(x_0)=0$.

充分性:　$\forall x_1, x_2, x_3 \in I$, 设 $x_1<x_2<x_3$, 则由已知有

$$f(x_1) \geqslant f(x_2)+f'(x_2)(x_1-x_2), \quad f(x_3) \geqslant f(x_2)+f'(x_2)(x_3-x_2),$$

于是有

$$\frac{f(x_2)-f(x_1)}{x_2-x_1} \leqslant f'(x_2) \leqslant \frac{f(x_3)-f(x_2)}{x_3-x_2},$$

即 $f(x)$ 下凸.

模块三　能力进阶

例 1 (2013)　设 $y=y(x)$ 由 $x^3+3x^2y-2y^3=2$ 所确定, 求 $y(x)$ 的极值.

【思路解析】　利用隐函数求导法则, 得到 $y(x)$ 的一阶导数. 令 $y'(x)=0$ 解得极值可能出现的位置. 然后利用函数凹凸性可确定 $y(x)$ 的极值.

解　方程两边对 x 求导, 得

$$3x^2+6xy+3x^2y'-6y^2y'=0 \Rightarrow y'=\frac{x(x+2y)}{2y^2-x^2}.$$

令 $y'(x)=0 \Rightarrow x=0, x=-2y$. 将 $x=0, x=-2y$ 代入所给方程, 得 $x=0, y=-1; x=-2, y=1$. 又有

$$y''=\frac{(2y^2-x^2)(2x+2xy'+2y)+(x^2+2xy)(4yy'-2x)}{(2y^2-x^2)^2},$$

从而有 $y''\Big|_{\substack{x=0\\y=-1\\y'=0}}=-1<0, y''\Big|_{\substack{x=-2\\y=1\\y'=0}}=1>0.$

所以, $y(0)=-1$ 为极大值, $y(-2)=1$ 为极小值.

例 2 (2014) 设函数 $y=y(x)$ 由方程 $\int_1^{y-x}\sin^2\left(\frac{\pi t}{4}\right)\mathrm{d}t=x$ 所确定, 求 $\frac{\mathrm{d}y}{\mathrm{d}x}\Big|_{x=0}$ 的值.

【思路解析】 利用隐函数求导法则即可.

解 显然 $y(0)=1$, 等式两端对 x 求导, 得

$$1=\sin^2\left[\frac{\pi}{4}(y-x)\right]\cdot(y'-1)\Rightarrow y'=\csc^2\left[\frac{\pi}{4}(y-x)\right]+1.$$

将 $x=0$ 代入可得 $y'=3$.

例 3 (2015) 设函数 $f(x)=\int_0^1\left|t^3-x^3\right|\mathrm{d}t$, 试求 $f(x)$ 的最小值.

【思路解析】 去掉绝对值, 可将函数 $f(x)$ 分为三段, 分别为 $x\leqslant 0$, $0<x<1$ 和 $x\geqslant 1$. 在每个区域内求出极小值, 极小值中最小的即为最小值.

解 根据定义有

$$\begin{aligned}f(x)&=\int_0^1\left|t^3-x^3\right|\mathrm{d}t\\&=\begin{cases}\int_0^1\left(t^3-x^3\right)\mathrm{d}t, & x\leqslant 0,\\ \int_0^x\left(x^3-t^3\right)\mathrm{d}t+\int_x^1\left(t^3-x^3\right)\mathrm{d}t, & 0<x<1,\\ \int_0^1\left(x^3-t^3\right)\mathrm{d}t, & x\geqslant 1\end{cases}\end{aligned}$$

$$= \begin{cases} \frac{1}{4} - x^3, & x \leqslant 0, \\ \frac{3}{2}x^4 - x^3 + \frac{1}{4}, & 0 < x < 1, \\ x^3 - \frac{1}{4}, & x \geqslant 1. \end{cases}$$

显然, 当 $x \leqslant 0$ 时, $f(x)$ 单调减少, 最小值为 $f(0) = \frac{1}{4}$. 当 $x \geqslant 1$ 时, $f(x)$ 单调增加, 最小值为 $f(1) = 1 - \frac{1}{4} = \frac{3}{4}$. 而当 $0 < x < 1$ 时, 有 $f(x) = \frac{3}{2}x^4 - x^3 + \frac{1}{4}$, $f'(x) = 3x^2(2x-1)$. 易知在区间 $(0,1)$ 内, $f(x)$ 在 $x = \frac{1}{2}$ 处取得最小值, 且 $f\left(\frac{1}{2}\right) = \frac{7}{32}$. 因而有

$$\min f(x) = f\left(\frac{1}{2}\right) = \frac{7}{32}.$$

例 4 (2015) 设 $f(x)$ 在 (a,b) 内二次可导, 且存在常数 α, β, 使得 $\forall x \in (a,b)$, $f'(x) = \alpha f(x) + \beta f''(x)$, 则 $f(x)$ 在 (a,b) 内无穷次可导.

【思路解析】 根据已知条件找出 $f^{(n)}(x)$ 的通式即可证明 $f(x)$ 在 (a,b) 内无穷次可导.

证 (1) 若 $\beta = 0$, 则 $\forall x \in (a,b)$, 有

$$f'(x) = \alpha f(x),\ f''(x) = \alpha f'(x) = \alpha^2 f(x),\ \cdots,\ f^n(x) = \alpha^n f(x).$$

从而 $f(x)$ 在 (a,b) 内无穷次可导.

(2) 若 $\beta \neq 0$, 则 $\forall x \in (a,b)$, 有

$$f''(x) = \frac{f'(x) - \alpha f(x)}{\beta} = A_1 f'(x) + B_1 f(x),\ \text{其中 } A_1 = \frac{1}{\beta}, B_1 = -\frac{\alpha}{\beta}.$$

因为上式右端可导, 从而 $f'''(x) = A_1 f''(x) + B_1 f'(x)$.

设

$$f^{(n)}(x) = A_1 f^{(n-1)}(x) + B_1 f^{(n-2)}(x),\ n > 2,$$

则

$$f^{(n+1)}(x) = A_1 f^{(n)}(x) + B_1 f^{(n-1)}(x).$$

故 $f(x)$ 在 (a,b) 内无穷次可导.

例 5 (2016) 设 $f(t)$ 连续可导, 且 $f(t) \neq 0$. 若 $\begin{cases} x = \int_0^t f(s)\mathrm{d}s, \\ y = f(t), \end{cases}$ 则

$\dfrac{\mathrm{d}^2y}{\mathrm{d}x^2}=$ ______.

【思路解析】 利用参数方程求导法则.

解 $\dfrac{\mathrm{d}y}{\mathrm{d}x}=\dfrac{f'(t)}{f(t)}$, $\dfrac{\mathrm{d}^2y}{\mathrm{d}x^2}=\dfrac{f(t)f''(t)-[f'(t)]^2}{f^2(t)}$. 故填 $\dfrac{f(t)f''(t)-[f'(t)]^2}{f^2(t)}$.

例 6 (2017) 设 $0<x<\dfrac{\pi}{2}$, 证明: $\dfrac{4}{\pi^2}<\dfrac{1}{x^2}-\dfrac{1}{\tan^2 x}<\dfrac{2}{3}$.

【思路解析】 从函数单调性方面证明此不等式. 假设函数 $f(x)=\dfrac{1}{x^2}-\dfrac{1}{\tan^2 x}$, 容易发现当 $x\to 0^+$ 时 $f(x)$ 的极限值为 $\dfrac{2}{3}$, 当 $x\to\dfrac{\pi}{2}^-$ 时 $f(x)$ 的极限值为 $\dfrac{4}{\pi^2}$, 故若能证明在 $\left(0,\dfrac{\pi}{2}\right)$ 内 $f(x)$ 单调减少, 则结论成立.

解 设 $f(x)=\dfrac{1}{x^2}-\dfrac{1}{\tan^2 x}$. 因为 $\lim\limits_{x\to 0^+}f(x)=\dfrac{2}{3}$, $\lim\limits_{x\to\frac{\pi}{2}^-}f(x)=\dfrac{4}{\pi^2}$. 若在 $\left(0,\dfrac{\pi}{2}\right)$ 内 $f(x)$ 单调减少, 则结论成立.

因 $f'(x)=\dfrac{2\left(x^3\cos x-\sin^3 x\right)}{x^3\sin^3 x}$, 希望有 $x^3\cos x-\sin^3 x<0$, 为此需证明

$$\varphi(x)=\frac{\sin x}{\sqrt[3]{\cos x}}-x>0.$$

$$\varphi'(x)=\frac{\cos^{4/3}x+\dfrac{1}{3}\cos^{-2/3}x\sin^2 x}{\cos^{2/3}x}-1=\frac{2}{3}\cos^{2/3}x+\frac{1}{3}\cos^{-4/3}x-1,$$

由均值不等式有

$$\begin{aligned}\frac{2}{3}\cos^{2/3}x+\frac{1}{3}\cos^{-4/3}x&=\frac{1}{3}\left(\cos^{2/3}x+\cos^{2/3}x+\cos^{-4/3}x\right)\\&>\sqrt[3]{\cos^{2/3}x\cdot\cos^{2/3}x\cdot\cos^{-4/3}x}=1.\end{aligned}$$

于是 $\varphi'(x)>0$, 则 $\varphi(x)$ 单调增加. 又 $\varphi(0)=0$, 故 $\varphi(x)=\dfrac{\sin x}{\sqrt[3]{\cos x}}-x>0$.

例 7 (2018) 若曲线 $y=y(x)$ 由 $\begin{cases}x=t+\cos t,\\ \mathrm{e}^y+ty+\sin t=1\end{cases}$ 确定, 则此曲线在 $t=0$ 对应点处的切线方程为 ______.

【思路解析】 根据隐函数求导法则, 确定 $t=0$ 对应点处的切线斜率, 结合 $t=0$ 时刻的坐标位置, 即可得到切线方程.

解 当 $t=0$ 时, 曲线上对应的点为 $(1,0)$. 由第一个方程得

$$\left.\frac{\mathrm{d}x}{\mathrm{d}t}\right|_{t=0}=\left.(1-\sin t)\right|_{t=0}=1.$$

在第二个方程的两端对 t 求导数得

$$\mathrm{e}^y\frac{\mathrm{d}y}{\mathrm{d}t}+y+t\frac{\mathrm{d}y}{\mathrm{d}t}+\cos t=0,$$

故 $\frac{\mathrm{d}y}{\mathrm{d}t}=-\frac{\cos t+y}{\mathrm{e}^y+t}$, 且 $\left.\frac{\mathrm{d}y}{\mathrm{d}t}\right|_{t=0}=-1$. 则切线的斜率为 $\left.\frac{\mathrm{d}y}{\mathrm{d}x}\right|_{(1.0)}=\frac{-1}{1}=-1$, 切线方程为 $y-0=-(x-1)$, 化简得 $y=1-x$.

例 8 (2019) 设函数 $f(x)$ 在 $[0,+\infty)$ 上有连续导数, 满足 $3\left[3+f^2(x)\right]f'(x)=2\left[1+f^2(x)\right]^2\mathrm{e}^{-x^2}$, 且 $f(x)\leqslant 1$. 证明: 存在常数 $M>0$ 使得 $x\in[0,+\infty]$ 时恒有 $|f(x)|\leqslant M$.

【思路解析】 由已知条件可知 $f'(x)>0$, 于是 $f(x)$ 严格单调增加, 只需证明 $f(x)$ 有界即可.

解 用反证法证明, 假设 $f(x)$ 无界, 则 $\lim\limits_{x\to+\infty}f(x)=+\infty$.

设 $y=f(x)$, 由已知条件得到微分方程

$$3\left[3+y^2\right]y'=2\left[1+y^2\right]^2\mathrm{e}^{-x^2},$$

分离变量后两端积分得

$$\frac{y}{1+y^2}+2\arctan y=\frac{2}{3}\int_0^x\mathrm{e}^{-t^2}\mathrm{d}t+C. \qquad (*)$$

令 $x=0$, 可得

$$C=\frac{f(0)}{1+f^2(0)}+2\arctan f(0).$$

令 $g(u)=\frac{u}{1+u^2}+2\arctan u$, 则 $g'(u)=\frac{3+u^2}{(1+u^2)^2}>0$, 故而 $g(u)$ 严格单调增加, 因此由已知 $f(0)\leqslant 1$, $C=g(f(0))\leqslant g(1)=\frac{1+\pi}{2}$. 因为 $\int_0^{+\infty}\mathrm{e}^{-t^2}\mathrm{d}t=\frac{\sqrt{\pi}}{2}$, 故在 (*) 式两端令 $x\to+\infty$, 可得 $C=\pi-\frac{\sqrt{\pi}}{3}>0$, 但 $C>\frac{2\pi-\sqrt{\pi}}{2}>\frac{1+\pi}{2}$, 矛盾, 因此 $f(x)$ 必有界, 故结论成立.

例 9 (2020) 设 $y=f(x)$ 是由方程 $\text{acrctan}\,\dfrac{x}{y}=\ln\sqrt{x^2+y^2}-\dfrac{1}{2}\ln 2+\dfrac{\pi}{4}$ 确定的隐函数, 且满足 $f(1)=1$, 则曲线 $y=f(x)$ 在点 $(1,1)$ 处的切线方程为__________.

【思路解析】 利用隐函数求导法则, 确定切线方程的斜率.

解 对所给方程两端关于 x 求导, 得

$$\frac{\dfrac{y-xy'}{y^2}}{1+\left(\dfrac{x}{y}\right)^2}=\frac{x+yy'}{x^2+y^2},$$

化简得 $(x+y)y'=y-x$, 所以 $f'(1)=0$, 曲线 $y=f(x)$ 在点 $(1,1)$ 处的切线方程为 $y=1$.

例 10 (2020) 设函数 $f(x)=(x+1)^n\mathrm{e}^{-x^2}$, 则 $f^{(n)}(-1)=$__________.

【思路解析】 在函数 $f(x)$ 中, 当 $x=-1$ 时, $(x+1)^n$ 的 $n-1$ 阶导数恒为零. 因此利用高阶导数的莱布尼茨公式法, 除了 $n!\mathrm{e}^{-x^2}$ 不为零, 其他项全部为零.

解 利用莱布尼茨公式, 得

$$f^{(n)}(x)=n!\mathrm{e}^{-x^2}+\sum_{k=0}^{n-1}\mathrm{C}_n^k\left[(x+1)^n\right]^{(k)}\left(\mathrm{e}^{-x^2}\right)^{(n-k)}.$$

所以 $f^{(n)}(-1)=\dfrac{n!}{\mathrm{e}}$. 故填 $\dfrac{n!}{\mathrm{e}}$.

例 11 (2022) 函数 $f(x)=2x^3-6x+1$ 在区间 $\left[\dfrac{1}{2},2\right]$ 上的值域为________.

【思路解析】 在区间 $\left[\dfrac{1}{2},2\right]$ 上, 找到函数 $f(x)=2x^3-6x+1$ 的最大值和最小值.

解 令 $f'(x)=6(x+1)(x-1)=0$, 在 $\left(\dfrac{1}{2},2\right)$ 内解得 $x=1$. 计算得

$$f\left(\frac{1}{2}\right)=-\frac{7}{4},\ f(1)=-3,\ f(2)=5,$$

故函数 $f(x)$ 在 $\left[\dfrac{1}{2},2\right]$ 上的最小值为 $f_{\min}=f(1)=-3$, 最大值为 $f_{\max}=f(2)=5$, 故 $f(x)$ 在 $\left[\dfrac{1}{2},2\right]$ 上的值域为 $[-3,5]$. 填 $[-3,5]$.

例 12 (2022 补赛)　设函数 $y=y(x)$ 由方程 $x^2+4xy+\mathrm{e}^y=1$ 确定, 则 $\left.\dfrac{\mathrm{d}^2y}{\mathrm{d}x^2}\right|_{x=0}=$ __________.

【思路解析】　利用隐函数求导法则确定函数 $y=y(x)$ 的一阶、二阶导数.

解　对方程两端同时关于 x 求一阶、二阶导, 得

$$2x+4y+4xy'+y'\mathrm{e}^y=0,$$

$$2+8y'+(4x+\mathrm{e}^y)y''+(y')^2\mathrm{e}^y=0.$$

由所给方程可知, 当 $x=0$ 时, $y=0$. 代入上式, 得 $y'(0)=0$, 故 $\left.\dfrac{\mathrm{d}^2y}{\mathrm{d}x^2}\right|_{x=0}=-2$.

例 13 (2022 补赛)　证明：当 $\alpha>0$ 时, $\left(\dfrac{2\alpha+2}{2\alpha+1}\right)^{\sqrt{\alpha+1}}>\left(\dfrac{2\alpha+1}{2\alpha}\right)^{\sqrt{\alpha}}$.

【思路解析】　利用函数单调性证明此不等式.

证　注意到

$$\frac{2\alpha+2}{2\alpha+1}=1+\frac{1}{2\alpha+1},\qquad \frac{2\alpha+1}{2\alpha}=1+\frac{1}{2\alpha},$$

不等式可等价变形：

$$\left(\frac{2\alpha+2}{2\alpha+1}\right)^{\sqrt{\alpha+1}}>\left(\frac{2\alpha+1}{2\alpha}\right)^{\sqrt{\alpha}}$$

$$\Leftrightarrow \sqrt{2\alpha+1}\sqrt{2\alpha+2}\ln\left(\frac{2\alpha+2}{2\alpha+1}\right)>\sqrt{2\alpha+1}\sqrt{2\alpha}\ln\left(\frac{2\alpha+1}{2\alpha}\right)$$

$$\Leftrightarrow \frac{\sqrt{1+\dfrac{1}{2\alpha+1}}\ln\left(1+\dfrac{1}{2\alpha+1}\right)}{\dfrac{1}{2\alpha+1}}>\frac{\sqrt{1+\dfrac{1}{2\alpha}}\ln\left(1+\dfrac{1}{2\alpha}\right)}{\dfrac{1}{2\alpha}}.$$

考虑函数：$f(x)=\dfrac{\sqrt{1+x}\ln(1+x)}{x},x>0$, 则

$$f'(x)=\frac{1}{x^2}\left[x\left(\frac{\ln(1+x)}{2\sqrt{1+x}}+\frac{1}{\sqrt{1+x}}\right)-\sqrt{1+x}\ln(1+x)\right]=\frac{2x-(x+2)\ln(1+x)}{2x^2\sqrt{1+x}}.$$

令 $g(x)=2x-(x+2)\ln(1+x)$, 则

$$g'(x)=2-\ln(1+x)-\frac{2+x}{1+x}=\frac{x}{1+x}-\ln(1+x).$$

由于当 $x>0$ 时, $\frac{x}{1+x}<\ln(1+x)<x$, 故 $g'(x)<0$, 于是 $g(x)$ 在 $[0,+\infty)$ 上单调递减. 又 $g(0)=0$, 故 $g(x)<0$, 所以 $f'(x)<0$, 即 $f(x)$ 在 $(0,+\infty)$ 上单调递减. 由于当 $\alpha>0$ 时, $\frac{1}{2\alpha+1}<\frac{1}{2\alpha}$, 所以 $f\left(\frac{1}{2\alpha+1}\right)>f\left(\frac{1}{2\alpha}\right)$, 即所证不等式成立.

专题三　微分中值定理与泰勒公式

模块一　知识框架

一、微分中值定理

1. 罗尔中值定理　如果函数 $f(x)$ 满足：

(1) 在闭区间 $[a,b]$ 上连续;

(2) 在开区间 (a,b) 内可导;

(3) $f(a)=f(b)$.

则在 (a,b) 内至少存在一点 ξ, 使得 $f'(\xi)=0$.

2. 拉格朗日中值定理　如果函数 $f(x)$ 满足：

(1) 在闭区间 $[a,b]$ 上连续;

(2) 在开区间 (a,b) 内可导.

则在 (a,b) 内至少存在一点 ξ, 使得等式 $f'(\xi)=\dfrac{f(b)-f(a)}{b-a}$ 或 $f(b)-f(a)=f'(\xi)(b-a)$ 成立.

3. 柯西中值定理　如果函数 $f(x)$ 及 $g(x)$ 满足：

(1) 在闭区间 $[a,b]$ 上连续;

(2) 在开区间 (a,b) 内可导;

(3) 对任一 $x\in(a,b), g'(x)\neq 0$.

则在 (a,b) 内至少存在一点 ξ, 使得等式 $\dfrac{f'(\xi)}{g'(\xi)}=\dfrac{f(b)-f(a)}{g(b)-g(a)}$ 成立.

二、泰勒公式

1. 若 $f(x)$ 在 x_0 处具有直到 n 阶的导数, 则在 x_0 的某个邻域内有 n 阶泰勒公式

$$f(x)=f(x_0)+f'(x_0)(x-x_0)+\frac{f''(x_0)}{2!}(x-x_0)^2+\cdots+\frac{f^n(x_0)}{n!}(x-x_0)^n+o((x-x_0)^n),$$

$o((x-x_0)^n)$ 称为皮亚诺型余项.

2. 如果函数 $f(x)$ 在含有 x_0 的某个开区间 I 内具有 $n+1$ 阶导数, 则对任一 $x \in I$, 有 n 阶泰勒公式

$$f(x)=f(x_0)+f'(x_0)(x-x_0)+\frac{f''(x_0)}{2!}(x-x_0)^2+\cdots+\frac{f^n(x_0)}{n!}(x-x_0)^n+R_n(x),$$

余项 $R_n(x)=\dfrac{f^{n+1}(\xi)}{(n+1)!}(x-x_0)^{n+1}$ 称为拉格朗日余项, 这里 ξ 是介于 x 与 x_0 之间的某个数.

三、几个常用的麦克劳林公式

1. 麦克劳林公式

$x_0=0$ 时的泰勒公式称为麦克劳林公式. 在如上条件下有

$$f(x)=f(0)+f'(0)x+\frac{f''(0)}{2!}x^2+\cdots+\frac{f^n(0)}{n!}x^n+\frac{f^{n+1}(\theta x)}{(n+1)!}x^{n+1}(0<\theta<1),$$

$$f(x)=f(0)+f'(0)x+\frac{f''(0)}{2!}x^2+\cdots+\frac{f^n(0)}{n!}x^n+o(x^n)(x\to 0).$$

2. 几个常用函数的麦克劳林公式

(1) $\mathrm{e}^x=1+x+\dfrac{x^2}{2!}+\dfrac{x^3}{3!}+\cdots+\dfrac{x^n}{n!}+o(x^n)$;

(2) $\sin x=x-\dfrac{x^3}{3!}+\dfrac{x^5}{5!}-\cdots+(-1)^{n-1}\dfrac{x^{2n-1}}{(2n-1)!}+o(x^{2n})$;

(3) $\cos x=1-\dfrac{x^2}{2!}+\dfrac{x^4}{4!}+\cdots+(-1)^n\dfrac{x^{2n}}{(2n)!}+o(x^{2n+1})$;

(4) $\ln(1+x)=x-\dfrac{x^2}{2}+\dfrac{x^3}{3}-\cdots+(-1)^{n-1}\dfrac{x^n}{n}+o(x^n)$;

(5) $(1+x)^\alpha=1+\alpha x+\dfrac{\alpha(\alpha-1)}{2!}x^2+\cdots+\dfrac{\alpha(\alpha-1)\cdots(\alpha-n+1)}{n!}x^n+o(x^n)$.

模块二　基础训练

一、泰勒公式及其应用

1. 若函数 $f(x)$ 在点 x_0 处有 n 阶导数, 则

$$f(x)=f(x_0)+f'(x_0)(x-x_0)+\frac{f''(x_0)}{2!}(x-x_0)^2+\cdots+$$

$$\frac{f^{(n)}(x_0)}{n!}(x-x_0)^n+o[(x-x_0)^n]. \tag{1}$$

2. 若函数 $f(x)$ 在开区间 I 内有 $n+1$ 阶导数, $x_0\in I$, 则存在介于 x_0 与 x 之间的 ξ, 使得

$$f(x)=f(x_0)+f'(x_0)(x-x_0)+\frac{f''(x_0)}{2!}(x-x_0)^2+\cdots+$$
$$\frac{f^{(n)}(x_0)}{n!}(x-x_0)^n+\frac{f^{(n+1)}(\xi)}{(n+1)!}(x-x_0)^n. \tag{2}$$

注 (多项式展开的唯一性) 若函数 $f(x)$ 在点 x_0 处有 n 阶导数, 且

$$f(x)=a_0+a_1(x-x_0)+a_2(x-x_0)^2+\cdots+a_n(x-x_0)^n+o[(x-x_0)^n],$$

则必有

$$a_n=\frac{f^{(n)}(x_0)}{n!}. \qquad \left[\text{规定: } 0!=1,\ f^{(0)}(x)=f(x)\right]$$

注 考虑一点处局部性质, 涉及极限时用 (1); 考虑区间上整体性质时用 (2).

例 1 已知 $f(x)$ 如下, 求 $f^{(n)}(0)$.

(1) $f(x)=x\ln\sqrt{1+2x}$; (2) $f(x)=\dfrac{4-3x}{x^2-3x+2}$.

解 (1) 由 $\ln(1+x)=x-\dfrac{x^2}{2}+\dfrac{x^3}{3}+\cdots+\dfrac{(-1)^{n-1}}{n}x^n+o(x^n)$, 可得

$$\ln(1+2x)=2x-\frac{(2x)^2}{2}+\frac{(2x)^3}{3}+\cdots+\frac{(-1)^{n-2}}{n-1}(2x)^{n-1}+o(x^{n-1}),$$

$$f(x)=\frac{1}{2}x\ln(1+2x)=x^2-x^3+\frac{2^2x^4}{3}+\cdots+\frac{(-2)^{n-2}}{n-1}x^n+o(x^n).$$

根据多项式展开的唯一性知, $\dfrac{f^{(n)}(0)}{n!}=\begin{cases}0, & n=1,\\ \dfrac{(-2)^{n-2}}{n-1}, & n\geqslant 2.\end{cases}$

故

$$f^{(n)}(0)=\begin{cases}0, & n=1,\\ (-2)^{n-2}n\left[(n-2)!\right], & n\geqslant 2.\end{cases}$$

(2) $f(x)=\dfrac{1}{1-x}+\dfrac{2}{2-x}=\dfrac{1}{1-x}+\dfrac{1}{1-x/2}$

$$=(1+x+x^2+\cdots+x^n)+\left(1+\frac{x}{2}+\frac{x^2}{4}+\cdots+\frac{x^n}{2^n}\right)+o(x^n)$$

$$=2+\frac{3\,x}{2}+\frac{5\,x^2}{4}+\cdots+(1+\frac{1}{2^n})\,x^n+o(x^n).$$

故

$$f^{(n)}(0)=n\,!\,(1+\frac{1}{2^n})=n\,!+\frac{n\,!}{2^n}.$$

练 1 设 $x^8+x^2=a_0+a_1\,(x-1)+a_2\,(x-1)^2+\cdots+a_8\,(x-1)^8$, 求 a_1, a_3.

解 记 $f(x)=x^8+x^2$, 则 $a_k=\dfrac{f^{(k)}(1)}{k\,!}$ $(k=1,\,2,\,\cdots,\,8)$. 因此

$$a_1=f'(1)=10,\qquad a_3=\frac{f'''(1)}{6}=56.$$

例 2 当 $x\to 0$ 时, $f(x)=x-(a+b\cos x)\sin x$ 是 x 的 5 阶无穷小, 求 a, b.

解 由 $\sin x=x-\dfrac{x^3}{3!}+\dfrac{x^5}{5!}+o(x^5)$, 可得

$$f(x)=x-a\sin x-\frac{b}{2}\sin(2x)$$

$$=x-a\left[x-\frac{x^3}{3!}+\frac{x^5}{5!}+o(x^5)\right]-\frac{b}{2}\left[2\,x-\frac{(2\,x)^3}{3!}+\frac{(2\,x)^5}{5!}+o(x^5)\right].$$

据已知, 上式右端 x, x^3 的系数为 0, 即 $1-a-b=\dfrac{a}{6}+\dfrac{2\,b}{3}=0$. 解得 $a=\dfrac{4}{3}$, $b=-\dfrac{1}{3}$.

例 3 求 $I=\lim\limits_{x\to 0}\dfrac{\ln(1+x^2)-\sin x^2}{x^4}$.

解 由麦克劳林公式知 $\ln(1+x^2)=x^2-\dfrac{x^4}{2}+o(x^4)$, $\sin x^2=x^2+o(x^4)$, 故

$$\ln(1+x^2)-\sin x^2=-\frac{x^4}{2}+o(x^4),$$

因此 $I=\lim\limits_{x\to 0}\dfrac{-x^4/2}{x^4}=-\dfrac{1}{2}$.

练 2 求 $I=\lim\limits_{x\to 0}\dfrac{\arctan x-\sin x}{x^3}$.

解　因 $\dfrac{1}{1+x^2}=1-x^2+x^4+o(x^4)$, 则 $\arctan x=x-\dfrac{x^3}{3}+o(x^3)$,

又 $\sin x=x-\dfrac{x^3}{6}+o(x^3)$, 故 $I=\lim\limits_{x\to 0}\dfrac{\left(x-\dfrac{x^3}{3}\right)-\left(x-\dfrac{x^3}{6}\right)+o(x^3)}{x^3}=-\dfrac{1}{6}$.

练 3　设 $f(x)$ 具有二阶连续导数, 且 $f(0)=f'(0)=0$, $f''(0)=6$, 求 $L=\lim\limits_{x\to 0}\dfrac{f(\sin^2 x)}{x^4}$.

解　由已知可得 $f(x)=f(0)+f'(0)x+\dfrac{f''(0)}{2}x^2+o(x^2)=3x^2+o(x^2)$, 故

$$f(x)\sim 3x^2,\qquad f(\sin^2 x)\sim 3\sin^4 x\sim 3x^4\quad (x\to 0),$$

$$L=\lim_{x\to 0}\frac{f(\sin^2 x)}{x^4}=\lim_{x\to 0}\frac{3x^4}{x^4}=3.$$

例 4　已知 $\lim\limits_{x\to 0}\dfrac{f(x)}{x}=1$, $f''(x)>0$. 证明: $f(x)\geqslant x$.

证　因 $f''(x)$ 存在, $\lim\limits_{x\to 0}\dfrac{f(x)}{x}=1$, 于是 $f(0)=0$, $f'(0)=1$, 且

$$f(x)=f(0)+f'(0)x+\frac{f''(\xi)}{2!}x^2=x+\frac{f''(\xi)}{2!}x^2,$$

其中 ξ 介于 x 与 0 之间. 由 $f''(x)>0$ 可知 $\dfrac{f''(\xi)}{2!}x^2\geqslant 0$, $f(x)\geqslant x$.

注　本题另一思路为证明 $F(x)=f(x)-x$ 在 $x=0$ 处取得最小值.

例 5　设 $f(x)$ 在 $[a,b]$ 上二阶可导, 且 $f'(a)=f'(b)=0$, 证明存在 $\xi\in(a,b)$ 使得 $|f''(\xi)|\geqslant\dfrac{4|f(b)-f(a)|}{(b-a)^2}$.

证

$$\begin{aligned}f\left(\frac{a+b}{2}\right)&=f(a)+f'(a)\left(\frac{a+b}{2}-a\right)+\frac{f''(\xi_1)}{2!}\left(\frac{a+b}{2}-a\right)^2\\&=f(a)+\frac{f''(\xi_1)}{2}\left(\frac{b-a}{2}\right)^2,\qquad \xi_1\in\left(a,\frac{a+b}{2}\right);\end{aligned}$$

$$\begin{aligned}f(\frac{a+b}{2})&=f(b)+f'(b)\left(\frac{a+b}{2}-b\right)+\frac{f''(\xi_2)}{2!}\left(\frac{a+b}{2}-b\right)^2\\&=f(b)+\frac{f''(\xi_2)}{2}\left(\frac{b-a}{2}\right)^2,\qquad \xi_2\in\left(\frac{a+b}{2},b\right).\end{aligned}$$

两式相减, 移项后取绝对值得

$$|f(b)-f(a)|=\left|\frac{f''(\xi_1)-f''(\xi_2)}{8}(b-a)^2\right|,$$

$$|f''(\xi_1)-f''(\xi_2)|=\frac{8|f(b)-f(a)|}{(b-a)^2}\leqslant|f''(\xi_1)|+|f''(\xi_2)|.$$

不妨设 $|f''(\xi_1)|\geqslant|f''(\xi_2)|$, 取 $\xi=\xi_1$, 则有

$$2|f''(\xi)|\geqslant|f''(\xi_1)|+|f''(\xi_2)|\geqslant|f''(\xi_1)-f''(\xi_2)|=\frac{8|f(b)-f(a)|}{(b-a)^2},$$

即 $\quad |f''(\xi)|\geqslant\dfrac{4|f(b)-f(a)|}{(b-a)^2}.$

练 4 设 $f(x)$ 在 $[-1,1]$ 上有三阶连续导数, 且 $f(-1)=0, f(1)=1, f'(0)=0$. 证明存在 $\xi\in(-1,1)$ 使得 $f'''(\xi)=3$.

证 $f(-1)=f(0)+f'(0)(-1-0)+\dfrac{f''(0)}{2!}(-1-0)^2+\dfrac{f'''(\xi_1)}{3!}(-1-0)^3$

$$=f(0)+\frac{f''(0)}{2}-\frac{f'''(\xi_1)}{6},\quad \xi_1\in(-1,0);$$

$$f(1)=f(0)+f'(0)(1-0)+\frac{f''(0)}{2!}(1-0)^2+\frac{f'''(\xi_2)}{3!}(1-0)^3$$

$$=f(0)+\frac{f''(0)}{2}+\frac{f'''(\xi_2)}{6},\quad \xi_2\in(0,1).$$

由此得

$$f(1)-f(-1)=\frac{f'''(\xi_1)+f'''(\xi_2)}{6}=1,\qquad \frac{f'''(\xi_1)+f'''(\xi_2)}{2}=3.$$

因 $f'''(x)\in C[-1,1]$, 且 $\dfrac{f'''(\xi_1)+f'''(\xi_2)}{2}$ 介于 $f'''(\xi_1)$ 与 $f'''(\xi_2)$ 之间, 由介值定理, 存在 $\xi\in[\xi_1,\xi_2]\subset(-1,1)$ 使得

$$f'''(\xi)=\frac{f'''(\xi_1)+f'''(\xi_2)}{2}=3.$$

二、微分中值定理

例 6 设 $f(x)$ 在 $[0,\pi]$ 上连续, 在 $(0,\pi)$ 内可导, 证明存在 $\xi\in(0,\pi)$ 使得

$$f'(\xi)=-f(\xi)\cot\xi.$$

【思路解析】 证明含导数的等式, 宜将等式写成 $F'(\xi)=0$, 后验证 $F(x)$ 满足罗尔定理条件. 本题结论可写成 $f'(\xi)\sin\xi+f(\xi)\cos\xi=[f(x)\sin x]'\big|_{x=\xi}=0$.

证 令 $F(x)=f(x)\sin x$, 则因 $f(x)$ 在 $[0,\pi]$ 上连续, 在 $(0,\pi)$ 内可导, 可知 $F(x)$ 在 $[0,\pi]$ 上连续, 在 $(0,\pi)$ 内可导. 又

$$F(0)=f(0)\sin 0=0,\quad F(\pi)=f(\pi)\sin\pi=0,$$

根据罗尔定理, $\exists\xi\in(0,\pi)$ 使得

$$F'(\xi)=f'(\xi)\sin\xi+f(\xi)\cos\xi=0.$$

因 $\sin\xi\neq 0$, 整理可得结论.

例 7 设奇函数 $f(x)$ 在 $[-1,1]$ 上具有二阶导数, 且 $f(1)=1$. 证明 $\exists\eta\in(-1,1)$, 使得 $f''(\eta)+f'(\eta)=1$.

证 令 $F(x)=f'(x)+f(x)-x$, 则 $F(x)$ 在 $[-1,1]$ 上可导. $f(x)$ 是奇函数, 故 $f'(x)$ 是偶函数. 于是

$$F(-1)=f'(-1)+f(-1)+1=f'(1)-f(1)+1=f'(1),$$

$$F(1)=f'(1)+f(1)-1=f'(1).$$

根据罗尔定理, $\exists\eta\in(-1,1)$ 使得 $F'(\eta)=0$, 即 $f''(\eta)+f'(\eta)=1$.

练 5 已知 $f(x)=\int_1^x e^{t^2}dt$.

(Ⅰ) 证明: $\exists\xi\in(1,2)$, 使得 $f(\xi)=(2-\xi)e^{\xi^2}$;

(Ⅱ) 证明: $\exists\eta\in(1,2)$, 使得 $f(2)=\ln 2\cdot\eta\cdot e^{\eta^2}$.

(Ⅰ) **证 1** 令 $F(x)=f(x)-(2-x)e^{x^2}$, 则

$$F(1)=f(1)-e=-e<0,\quad F(2)=f(2)>0.$$

根据零点定理, $\exists\xi\in(1,2)$, 使得

$$F(\xi)=f(\xi)-(2-\xi)e^{\xi^2}=0,\quad 即\quad f(\xi)=(2-\xi)e^{\xi^2}.$$

证 2 令 $F(x)=(x-2)f(x)$, 则 $F(1)=F(2)=0$. 据罗尔定理, $\exists\xi\in(1,2)$, 使得 $F'(\xi)=f(\xi)+(\xi-2)e^{\xi^2}=0$, 即 $f(\xi)=(2-\xi)e^{\xi^2}$.

证 3 令 $F(x)=xf(x)$, 根据柯西中值定理, $\exists\xi\in(1,2)$, 使得

$$\frac{F(2)-F(1)}{f(2)-f(1)}=2=\frac{F'(\xi)}{f'(\xi)}=\frac{f(\xi)+\xi e^{\xi^2}}{e^{\xi^2}},\quad 即\quad f(\xi)=(2-\xi)e^{\xi^2}.$$

(II) **证 1** 令 $g(x)=\ln x$, 根据柯西中值定理, $\exists\eta\in(1,2)$, 使得

$$\frac{f(2)-f(1)}{g(2)-g(1)}=\frac{f(2)}{\ln 2}=\frac{f'(\eta)}{g'(\eta)}=\eta\cdot \mathrm{e}^{\eta^2},\quad 即\quad f(2)=\ln 2\cdot\eta\cdot\mathrm{e}^{\eta^2}.$$

证 2 令 $F(x)=f(2)-\ln 2\cdot x\cdot\mathrm{e}^{x^2}$, 则

$$F(1)=f(2)-\mathrm{e}\ln 2=\int_1^2\mathrm{e}^{t^2}\mathrm{d}t-\mathrm{e}\ln 2>0,$$

$$F(2)=f(2)-\mathrm{e}^4\ln 4=\int_1^2\mathrm{e}^{t^2}\mathrm{d}t-\mathrm{e}^4\ln 4<0.$$

根据零点定理, $\exists\eta\in(1,2)$, 使得

$$F(\eta)=f(2)-\ln 2\cdot\eta\cdot\mathrm{e}^{\eta^2}=0,\qquad 即\quad f(2)=\ln 2\cdot\eta\cdot\mathrm{e}^{\eta^2}.$$

证 3 令 $F(x)=f(x)\ln 2-f(2)\ln x$, 则 $F(1)=F(2)=0$, 根据罗尔定理可得结论.

证 4 令 $h(x)=x\,\mathrm{e}^{x^2},\ g(x)=\dfrac{1}{x}$, 则根据积分中值定理可得

$$f(2)=\int_1^2 h(x)\,g(x)\,\mathrm{d}x=h(\eta)\int_1^2 g(x)\mathrm{d}x=\eta\,\mathrm{e}^{\eta^2}\ln 2.$$

例 8 设 $f(x)$ 在 $[a,b]$ 上连续, 在 (a,b) 内可导, $a>0$. 证明: $\exists\xi,\ \eta\in(a,b)$ 使得 $f'(\xi)=\dfrac{a+b}{2\eta}f'(\eta)$.

【思路解析】 结果表达式中出现了单独的 η, 可能要用到柯西中值定理.

显然存在 ξ 使得 $f'(\xi)=\dfrac{f(b)-f(a)}{b-a}$. 只需考虑是否存在 η 使得

$$\frac{f'(\eta)}{2\eta}=\frac{f(b)-f(a)}{(b-a)(a+b)}=\frac{f(b)-f(a)}{b^2-a^2}.$$

证 由已知及拉格朗日中值定理知, $\exists\xi\in(a,b)$ 使得 $f'(\xi)=\dfrac{f(b)-f(a)}{b-a}$. 令 $g(x)=x^2$, 则 $g(x)$ 在 $[a,b]$ 上可导且 $g'(x)=2x\neq 0$ (因 $a>0$). 根据柯西中值定理,$\exists\eta\in(a,b)$ 使得

$$\frac{f'(\eta)}{g'(\eta)}=\frac{f(b)-f(a)}{g(b)-g(a)},\quad 即\quad \frac{f'(\eta)}{2\eta}=\frac{f(b)-f(a)}{b^2-a^2}=\frac{f'(\xi)}{a+b}.$$

整理可得结论.

练 6 已知 $f(x)$ 在 $[a,b]$ 上连续, 在 (a,b) 内可导, $0<a<b$. 证明 $\exists\,\xi,\eta\in(a,b)$, 使得 $3\eta^2 f'(\xi)=(a^2+ab+b^2)f'(\eta)$.

证 由已知及拉格朗日中值定理知, $\exists\xi\in(a,b)$, 使得 $f'(\xi)=\dfrac{f(b)-f(a)}{b-a}$. 只需证 $\exists\eta\in(a,b)$ 使得

$$3\eta^2\frac{f(b)-f(a)}{b-a}=(a^2+ab+b^2)f'(\eta),\quad 即\quad \frac{f(b)-f(a)}{b^3-a^3}=\frac{f'(\eta)}{3\eta^2}.$$

令 $g(x)=x^3$, 则 $g(x)$ 在 $[a,b]$ 上可导且 $g'(x)=3x^2\neq 0$. 根据柯西中值定理,$\exists\eta\in(a,b)$ 使得

$$\frac{f(b)-f(a)}{g(b)-g(a)}=\frac{f'(\eta)}{g'(\eta)},\quad 即\quad \frac{f(b)-f(a)}{b^3-a^3}=\frac{f'(\eta)}{3\eta^2}.$$

例 9 设 $f(x)$ 在 $[0,1]$ 上连续, 在 $(0,1)$ 内可导, 且 $f(0)=0$, $f(1)=1$. 证明:

(1) 存在 $\xi\in(0,1)$ 使得 $f(\xi)=1-\xi$.

(2) 存在不同的点 η, $\tau\in(0,1)$ 使得 $f'(\eta)\cdot f'(\tau)=1$.

证 (1) 令 $F(x)=f(x)+x-1$, 由已知, $F(x)$ 在 $[a,b]$ 上连续. 又

$$F(0)=f(0)-1=-1<0,\qquad F(1)=f(1)=1>0,$$

由介值定理知, $\exists\xi\in(0,1)$ 使得 $F(\xi)=0$, 即 $f(\xi)=1-\xi$.

(2) 对上面的 ξ, 据拉格朗日中值定理知, $\exists\eta\in(0,\xi)$, $\tau\in(\xi,1)$, 使得

$$f'(\eta)=\frac{f(\xi)-f(0)}{\xi},\qquad f'(\tau)=\frac{f(1)-f(\xi)}{1-\xi}.$$

注意到 $f(0)=0$, $f(1)=1$, $f(\xi)=1-\xi$, 上式变为

$$f'(\eta)=\frac{f(\xi)}{\xi}=\frac{1-\xi}{\xi},\qquad f'(\tau)=\frac{1-f(\xi)}{1-\xi}=\frac{\xi}{1-\xi}.$$

于是 $f'(\eta)\cdot f'(\tau)=1$. (由 η, τ 的取法知 $\eta\neq\tau$)

练 7 设 $f(x)$ 在 $[0,1]$ 上连续, 在 $(0,1)$ 内可导, 且 $f(0)=0$, $f(1)=1$. 证明: $\exists x_1$, $x_2\in(0,1)$ 使得 $\dfrac{1}{f'(x_1)}+\dfrac{1}{f'(x_2)}=2$.

【思路解析】 这个问题和上例想法差不多, 通常需要先预设 $f(\xi)=c$, 然后在 $[0,\xi]$ 和 $[\xi,1]$ 上分别用拉格朗日中值定理. 之后根据需要来确定 c. 根据拉格朗日中值定理, $\exists x_1\in(0,\xi)$, $x_2\in(\xi,1)$ 使得

$$f'(x_1)=\frac{f(\xi)-f(0)}{\xi}=\frac{c}{\xi},\qquad f'(x_2)=\frac{f(1)-f(\xi)}{1-\xi}=\frac{1-c}{1-\xi}.$$

$$\frac{1}{f'(x_1)}+\frac{1}{f'(x_2)}=\frac{\xi}{c}+\frac{1-\xi}{1-c}.\quad \text{(要想消掉 }\xi\text{ 并得到结果, 需要 }c=1/2)$$

证 由 $f(x)$ 的连续性及介值定理知, $\exists\xi\in(0,1)$ 使得 $f(\xi)=\dfrac{1}{2}$. 根据拉格朗日中值定理, $\exists x_1\in(0,\xi)$, $x_2\in(\xi,1)$ 使得

$$f'(x_1)=\frac{f(\xi)-f(0)}{\xi}=\frac{1/2}{\xi}=\frac{1}{2\xi},$$

$$f'(x_2)=\frac{f(1)-f(\xi)}{1-\xi}=\frac{1-1/2}{1-\xi}=\frac{1}{2(1-\xi)};$$

$$\frac{1}{f'(x_1)}+\frac{1}{f'(x_2)}=2\xi+2(1-\xi)=2.$$

注 如果例 9 中不给 (1), 直接让证明 (2), 我们也可用上述方法做如下分析: 预设 $f(\xi)=c$, 根据拉格朗日中值定理, $\exists\eta\in(0,\xi)$, $\tau\in(\xi,1)$ 使得

$$f'(\eta)=\frac{f(\xi)-f(0)}{\xi}=\frac{c}{\xi},\qquad f'(\tau)=\frac{f(1)-f(\xi)}{1-\xi}=\frac{1-c}{1-\xi}.$$

$$f'(\eta)\cdot f'(\tau)=\frac{c}{\xi}\cdot\frac{1-c}{1-\xi}.\quad \text{(要想消掉 }\xi\text{ 得到结果, 需要 }c=1-\xi)$$

为此需要先证明 $\exists\xi\in(0,1)$ 使得 $f(\xi)=c=1-\xi$.

模块三 能力进阶

例 1 (2013) 试求极限 $\displaystyle\lim_{x\to\infty}x^2\left(\arctan\frac{a}{x}-\arctan\frac{a}{x+1}\right)$.

【思路解析】 利用拉格朗日中值定理, 化简 $\arctan\dfrac{a}{x}-\arctan\dfrac{a}{x+1}$, 代入极限中即可.

解 利用拉格朗日中值定理得

$$\arctan\frac{a}{x}-\arctan\frac{a}{x+1}=\frac{1}{1+\xi^2}\left(\frac{a}{x}-\frac{a}{x+1}\right),$$

其中 ξ 介于 $\frac{a}{x}$ 与 $\frac{a}{x+1}$ 之间, 因此当 $x\to\infty$ 时, $\xi\to 0$. 从而有

$$\text{原极限}=\lim_{x\to\infty}x^2\cdot\frac{1}{1+\xi^2}\cdot\frac{a}{x(x+1)}=a.$$

例 2 (2013) 设函数 $f(x)$ 在 $[-2,2]$ 上二阶可导, 且 $|f(x)|<1$, 又 $f^2(0)+[f'(0)]^2=4$. 试证在 $(-2,2)$ 内至少存在一点 ξ, 使得 $f(\xi)+f''(\xi)=0$.

【思路解析】 构造函数 $F(x)=f^2(x)+[f'(x)]^2$, 在 $[-2,0]$ 和 $[0,2]$ 分别对 $f(x)$ 应用拉格朗日中值定理, 得到 $|f'(\xi_1)|\leqslant 1$, $|f'(\xi_2)|\leqslant 1$, 进而 $|F(\xi_1)|\leqslant 2$, $|F(\xi_2)|\leqslant 2$. 结合 $F(0)=f^2(0)+[f'(0)]^2=4$, 及闭区间上连续函数的最大值定理, 函数 $F(x)$ 在区间 (ξ_1,ξ_2) 必存在极大值. 结合极值的必要条件即可证明.

证 在 $[-2,0]$ 与 $[0,2]$ 上分别对 $f(x)$ 应用拉格朗日中值定理, 可知存在 $\xi_1\in(-2,0)$, $\xi_2\in(0,2)$, 使得

$$f'(\xi_1)=\frac{f(0)-f(-2)}{2},f'(\xi_2)=\frac{f(2)-f(0)}{2}.$$

由于 $|f(x)|<1$, 所以 $|f'(\xi_1)|\leqslant 1$, $|f'(\xi_2)|\leqslant 1$.

设 $F(x)=f^2(x)+[f'(x)]^2$, 则

$$|F(\xi_1)|\leqslant 2,\ |F(\xi_2)|\leqslant 2. \tag{$*$}$$

由于 $F(0)=f^2(0)+[f'(0)]^2=4$, 且 $F(x)$ 为 $[\xi_1,\xi_2]$ 上的连续函数. 应用闭区间上连续函数的最大值定理, $F(x)$ 在 $[\xi_1,\xi_2]$ 上必定能够取得最大值, 设为 M. 则当 ξ 为 $F(x)$ 的最大值点时, $M=F(\xi)\geqslant 4$, 由 $(*)$ 式知 $\xi\in[\xi_1,\xi_2]$. 所以 ξ 必是 $F(x)$ 的极大值点. 注意到 $F(x)$ 可导, 由极值的必要条件可知

$$F'(\xi)=2f'(\xi)\left[f(\xi)+f''(\xi)\right]=0.$$

由于 $F(\xi)=f^2(\xi)+[f'(\xi)]^2\geqslant 4$, $|f(\xi)|\leqslant 1$, 可知 $f'(\xi)\neq 0$. 由上式知

$$f(\xi)+f''(\xi)=0.$$

例 3 (2014) 设函数 $f(x)$ 在 $[0,1]$ 上有二阶导数, 且有正常数 A,B 使得 $|f(x)|\leqslant A$, $|f''(x)|\leqslant B$. 证明: 对任意 $x\in[0,1]$, 有 $|f'(x)|\leqslant 2A+\frac{B}{2}$.

【思路解析】 将 $f(0)$ 和 $f(1)$ 分别在 x 处泰勒展开, 化简得到 $f'(x)$ 即可证明.

证 由泰勒公式, 有

$$f(0)=f(x)+f'(x)(0-x)+\frac{f''(\xi)}{2}(0-x)^2,\ \xi\in(0,x);$$

$$f(1)=f(x)+f'(x)(1-x)+\frac{f''(\eta)}{2}(1-x)^2,\ \eta\in(x,1).$$

将上面两式相减, 得

$$f'(x)=f(1)-f(0)+\frac{f''(\xi)}{2}x^2-\frac{f''(\eta)}{2}(1-x)^2.$$

由 $|f(x)|\leqslant A,|f''(x)|\leqslant B$, 得

$$|f'(x)|\leqslant 2A+\frac{B}{2}\left[x^2+(1-x)^2\right].$$

又 $x^2+(1-x)^2$ 在 $[0,1]$ 上的最大值为 1, 所以有

$$|f'(x)|\leqslant 2A+\frac{B}{2}.$$

例 4 (2014) 设 $f(x+h)=f(x)+hf'(x+\theta h)(0<\theta<1)$, 又二阶导数 $f''(x)$ 存在, 且 $f''(x)\neq 0$, 试求极限 $\lim\limits_{h\to 0}\theta$.

【思路解析】 将 $f(x+h)$ 在 x 处泰勒展开到二阶, 结合 $f(x+h)=f(x)+hf'(x+\theta h)$, 得到 $f''(x)$ 的表达式, 进而求极限即可得.

解 根据题设

$$f(x+h)=f(x)+hf'(x+\theta h),\quad 0<\theta<1.$$

而根据泰勒展开式得

$$f(x+h)=f(x)+hf'(x)+\frac{h^2}{2}f''(x)+o\left(h^2\right).$$

两式相减得到

$$hf'(x+\theta h)-hf'(x)=\frac{h^2}{2}f''(x)+o\left(h^2\right).$$

从而有

$$\frac{f'(x+\theta h)-f'(x)}{h}=\frac{1}{2}f''(x)+o(1).$$

在上式中令 $h\to 0$ 两边取极限得到

$$\lim_{h\to 0}\frac{f'(x+\theta h)-f'(x)}{h}=\frac{1}{2}f''(x).$$

由此得到

$$f''(x)\lim_{h\to 0}\theta=\frac{1}{2}f''(x).$$

注意到 $f''(x)\neq 0$, 于是我们有 $\lim\limits_{h\to 0}\theta=\dfrac{1}{2}$.

例 5 (2014) 设 $f\in C^4(-\infty,+\infty)$,

$$f(x+h)=f(x)+f'(x)h+\frac{1}{2}f''(x+\theta h)h^2,$$

其中 θ 是与 x,h 无关的常数, 证明 f 是不超过三次的多项式.

【思路解析】 将 $f(x+h)$ 和 $f''(x+\theta h)$ 分别在 x 处泰勒展开, 结合 $f(x+h)=f(x)+f'(x)h+\dfrac{1}{2}f''(x+\theta h)h^2$, 得到关于 $f'''(x)$ 的方程, 分析讨论即可证明.

证 由泰勒公式

$$f(x+h)=f(x)+f'(x)h+\frac{1}{2}f''(x)h^2+\frac{1}{6}f'''(x)h^3+\frac{1}{24}f^{(4)}(\xi)h^4, \tag{1}$$

$$f''(x+\theta h)=f''(x)+f'''(x)\theta h+\frac{1}{2}f^{(4)}(\eta)\theta^2h^2, \tag{2}$$

其中 ξ 介于 x 与 $x+h$ 之间, η 介于 x 与 $x+\theta h$ 之间, 由 (1) 式, (2) 式与已知条件

$$f(x+h)=f(x)+f'(x)h+\frac{1}{2}f''(x+\theta h)h^2,$$

可得 $4(1-3\theta)f'''(x)=\left[6f^{(4)}(\eta)\theta^2-f^{(4)}(\xi)\right]h.$

当 $\theta\neq\dfrac{1}{3}$ 时, 令 $h\to 0$ 得 $f'''(x)=0$, 此时 f 是不超过二次的多项式; 当 $\theta=\dfrac{1}{3}$ 时, 有 $\dfrac{2}{3}f^{(4)}(\eta)=f^{(4)}(\xi)$.

令 $h\to 0$, 注意到 $\xi\to x$, $\eta\to x$, 有 $f^{(4)}(x)=0$, 从而 f 是不超过三次的多项式.

例 6 (2015) 设 $f(x)$ 有三阶导数, $\lim\limits_{x\to\infty} f(x)=A$, $\lim\limits_{x\to\infty} f'''(x)=0$, 试证明:

$$\lim_{x\to\infty} f'(x)=\lim_{x\to\infty} f''(x)=0.$$

【思路解析】 将 $f(x-1)$ 和 $f(x+1)$ 分别在 x 处作泰勒展开, 两式通过相加相减, 可分别得到 $f(x)$ 和 $f'''(x)$ 的极限, 进而得证.

证 利用泰勒展开式, 得到

$$f(x-1)=f(x)-f'(x)+\frac{1}{2}f''(x)-\frac{1}{6}f'''\left(\xi_1\right),\quad x-1<\xi_1<x;$$

$$f(x+1)=f(x)+f'(x)+\frac{1}{2}f''(x)+\frac{1}{6}f'''\left(\xi_2\right),\quad x<\xi_2<x+1.$$

两式分别相减和相加, 得到

$$f'(x)=\frac{1}{2}[f(x+1)-f(x-1)]-\frac{1}{12}\left[f'''\left(\xi_1\right)+f'''\left(\xi_2\right)\right];$$

$$f''(x)=f(x+1)+f(x-1)-2f(x)-\frac{1}{6}\left[f'''\left(\xi_2\right)-f'''\left(\xi_1\right)\right].$$

由上式和已知条件 $\lim\limits_{x\to\infty} f(x)=A$, $\lim\limits_{x\to\infty} f'''(x)=0$. 立即得到

$$\lim_{x\to\infty} f'(x)=\lim_{x\to\infty} f''(x)=0.$$

例 7 (2016) 设 $f(x)=\mathrm{e}^x\sin 2x$, 求 $f^{(4)}(0)$.

【思路解析】 利用 $f(x)$ 的 4 阶麦克劳林公式, 只考虑 x^4 这一项系数即可.

解 $f(x)$ 的 4 阶麦克劳林公式为

$$\begin{aligned}f(x)&=\left(1+x+\frac{x^2}{2}+\frac{1}{6}x^3+o\left(x^3\right)\right)\left(2x-\frac{4}{3}x^3+o\left(x^4\right)\right)\\&=p_3(x)-x^4+o\left(x^4\right),\end{aligned}$$

其中 $p_3(x)$ 是一个三次多项式. 由麦克劳林公式的系数可得 $-1=\dfrac{f^{(4)}(0)}{4!}$, 故 $f^{(4)}(0)=-24$.

例 8 (2016) 设函数 $f(x)$ 在区间 $[0,1]$ 上连续, 且 $I=\int_0^1 f(x)\mathrm{d}x\neq 0$. 证明: 在 $(0,1)$ 内存在不同的两个 x_1, x_2, 使得 $\dfrac{1}{f\left(x_1\right)}+\dfrac{1}{f\left(x_2\right)}=\dfrac{2}{I}$.

【思路解析】　构造函数 $F(x)=\dfrac{1}{I}\int_0^x f(t)\mathrm{d}t$，应用介值定理，可证明存在 $\xi\in(0,1)$，使 $F(\xi)=\dfrac{1}{2}$. 在区间 $[0,\xi]$，$[\xi,1]$ 上分别应用拉格朗日中值定理，化简即可证明.

证　设 $F(x)=\dfrac{1}{I}\int_0^x f(t)\mathrm{d}t$，则 $F(0)=0$，$F(1)=1$. 由介值定理，存在 $\xi\in(0,1)$，使得 $F(\xi)=\dfrac{1}{2}$. 在两个区间 $[0,\xi]$，$[\xi,1]$ 上分别应用拉格朗日中值定理，有

$$F'\left(x_1\right)=\frac{f\left(x_1\right)}{I}=\frac{F(\xi)-F(0)}{\xi-0}=\frac{1/2}{\xi},\ x_1\in(0,\xi),$$

$$F'\left(x_2\right)=\frac{f\left(x_2\right)}{I}=\frac{F(1)-F(\xi)}{1-\xi}=\frac{1/2}{1-\xi},\ x_2\in(\xi,1),$$

所以 $\dfrac{I}{f\left(x_1\right)}+\dfrac{I}{f\left(x_2\right)}=\dfrac{\xi}{1/2}+\dfrac{1-\xi}{1/2}=2$. 即 $\dfrac{1}{f\left(x_1\right)}+\dfrac{1}{f\left(x_2\right)}=\dfrac{2}{I}$.

例 9 (2017)　设 $f(x)$ 有二阶连续导数，且 $f(0)=f'(0)=0$，$f''(0)=6$，则 $\lim\limits_{x\to0}\dfrac{f\left(\sin^2 x\right)}{x^4}=$__________.

【思路解析】　将 $f(x)$ 在 0 处泰勒展开到二阶，得到 $f(\sin^2 x)$，代入极限化简可得.

解　$f(x)=f(0)+f'(0)x+\dfrac{1}{2}f''(0)x^2+o\left(x^2\right)=3x^2+o\left(x^2\right)$，故

$$f\left(\sin^2 x\right)=3\sin^4 x+o\left(\sin^4 x\right).$$

因此 $\lim\limits_{x\to0}\dfrac{f\left(\sin^2 x\right)}{x^4}=\lim\limits_{x\to0}\left(\dfrac{3\sin^4 x}{x^4}+\dfrac{o\left(\sin^4 x\right)}{x^4}\right)=3+0=3$.

例 10 (2019)　设 $f(x)$ 在 $[0,+\infty)$ 上可微，$f(0)=0$，且存在常数 $A>0$ 使得 $|f'(x)|\leqslant A|f(x)|$ 在 $[0,+\infty)$ 上成立，试证明：在 $[0,+\infty)$ 上有 $f(x)\equiv0$.

【思路解析】　由于 $f(x)$ 在无穷区间 $[0,+\infty)$ 上可微，构造闭区间 $[0,h]\in[0,+\infty)$，因此 $f(x)$ 在 $[0,h]$ 上一定能取得最大值，设 $|f(x)|$ 的最大值为 $|f\left(x_0\right)|$. 在构造的闭区间 $[0,h]$ 上应用拉格朗日中值定理，可得 $|f\left(x_0\right)|\leqslant A\left|f\left(x_0\right)\right|h$. 不等式中的 h 可以任取，假设 $h=\dfrac{1}{2A}$，则 $|f\left(x_0\right)|\leqslant\dfrac{1}{2}\left|f\left(x_0\right)\right|$，因此 $|f\left(x_0\right)|\equiv0$，利用数学归纳法可递推到整个区间 $[0,+\infty)$.

解 设 $|f(x_0)|$ 是闭区间 $[0,h]$ 上 $|f(x)|$ 的最大值, 其中 $h=\dfrac{1}{2A}$. 由拉格朗日中值定理, 得

$$|f(x_0)|=|f(x_0)-f(0)|=|f'(\xi)x_0|\leqslant A|f(\xi)|x_0\leqslant A|f(x_0)|h=\frac{1}{2}|f(x_0)|.$$

因此 $|f(x_0)|\equiv 0$, 从而在区间 $[0,h]$ 上 $f(x)\equiv 0$. 如果考虑 $|f(x)|$ 在区间 $[h,2h]$ 上的最大值, 同理可证在 $[h,2h]$ 上 $f(x)\equiv 0$. 依据数学归纳法可递推出, 在任何区间 $[nh,(n+1)h]$ 上 $f(x)\equiv 0$. 从而在 $[0,+\infty)$ 上 $f(x)\equiv 0$.

例 11 (2020) 设 $f(x)$ 在 $[0,1]$ 上连续, 在 $(0,1)$ 内可导, 且 $f(0)=0$, $f(1)=1$. 证明: (1) 存在 $x_0\in(0,1)$ 使得 $f(x_0)=2-3x_0$;

(2) 存在 $\xi,\eta\in(0,1)$, 且 $\xi\neq\eta$, 使得 $[1+f'(\xi)][1+f'(\eta)]=4$.

【思路解析】 (1) 构造函数 $F(x)=f(x)-2+3x$, 根据连续函数介值定理, 可证. (2) 在区间 $[0,x_0],[x_0,1]$ 上利用拉格朗日中值定理, 化简得到 $f(\xi)$ 和 $f(\eta)$, 代入 $[1+f'(\xi)][1+f'(\eta)]$ 计算可得.

证 (1) 令 $F(x)=f(x)-2+3x$, 则 $F(x)$ 在 $[0,1]$ 上连续, 且 $F(0)=-2$, $F(1)=2$, 根据连续函数介值定理, 存在 $x_0\in(0,1)$ 使得 $F(x_0)=0$, 即 $f(x_0)=2-3x_0$.

(2) 在区间 $[0,x_0],[x_0,1]$ 上利用拉格朗日中值定理, 存在 ξ, $\eta\in(0,1)$, 且 $\xi\neq\eta$, 得

$$\frac{f(x_0)-f(0)}{x_0-0}=f'(\xi),\ 且\ \frac{f(x_0)-f(1)}{x_0-1}=f'(\eta),$$

所以 $[1+f'(\xi)][1+f'(\eta)]=4$.

例 12 (2022) 极限 $\displaystyle\lim_{x\to0}\frac{1-\sqrt{1-x^2}\cos x}{1+x^2-\cos^2 x}=$ ________.

【思路解析】 解法 1. 由洛必达法则并直接利用四则运算法则. 解法 2. 由 $\sqrt{1-x^2}$ 和 $\cos x$ 的麦克劳林公式, 易得 $\sqrt{1-x^2}\cos x$ 和 $\cos^2 x$ 的麦克劳林公式, 代入原极限即可.

解法 1 根据洛必达法则

$$原式=\lim_{x\to0}\frac{\sqrt{1-x^2}\sin x+\dfrac{x\cos(x)}{\sqrt{1-x^2}}}{2x+2\cos x\sin x}=\frac{1}{2}.$$

解法 2 利用带皮亚诺余项的麦克劳林公式, 有

$$\sqrt{1-x^2}=1-\frac{x^2}{2}+o(x^2),\cos x=1-\frac{x^2}{2}+o(x^2),$$

故 $\sqrt{1-x^2}\cos x = 1-x^2+o(x^2), \cos^2 x = 1-x^2+o(x^2)$ 代入极限式, 得

$$\text{原式} = \lim_{x\to 0}\frac{1-[1-x^2+o(x^2)]}{1+x^2-(1-x^2+o(x^2))} = \lim_{x\to 0}\frac{x^2+o(x^2)}{2x^2+o(x^2)} = \frac{1}{2}.$$

例 13 (2022)　设函数 $f(x)$ 在 $(-1,1)$ 内二阶可导, $f(0)=1$, 且当 $x \geqslant 0$ 时, $f(x)\geqslant 0$, $f'(x)\leqslant 0$, $f''(x)\leqslant f(x)$, 证明: $f'(0)\geqslant -\sqrt{2}$.

【思路解析】　利用拉格朗日中值定理, 对 $x\in(0,1)$, 有 $f(x)-f(0) = xf'(\xi)(0<\xi<1)$, 化简得 $-\frac{1}{x}\leqslant f'(\xi)\leqslant 0$. 构造 $F(x)=[f'(x)]^2-[f(x)]^2$, 在 $(0,1)$ 内可导, 求导易证 $F'(x)\geqslant 0$, 即 $F(x)$ 在 $[0,1)$ 上单调增加. 故 $F(\xi)\geqslant F(0)$, 计算化简即可得证.

证　由拉格朗日中值定理知, 对 $x\in(0,1)$, 有

$$f(x)-f(0)=xf'(\xi), 0<\xi<1.$$

由于 $f(0)=1, f(x)\geqslant 0, f'(x)\leqslant 0 (x>0)$, 故得

$$f(x)=1+xf'(\xi)\geqslant 0, \text{即} \ -\frac{1}{x}\leqslant f'(\xi)\leqslant 0.$$

令 $F(x)=[f'(x)]^2-[f(x)]^2$, 则 $F(x)$ 在 $(0,1)$ 内可导, 且

$$F'(x)=2f'(x)[f''(x)-f(x)].$$

由 $f'(x)\leqslant 0, f''(x)\leqslant f(x)$, 知 $F'(x)\geqslant 0$, 即 $F(x)$ 在 $[0,1)$ 上单调增加, 故 $F(\xi)\geqslant F(0)$, 即

$$[f'(\xi)]^2-[f(\xi)]^2\geqslant [f'(0)]^2-[f(0)]^2.$$

由于 $f(0)=1$, 整理得不等式

$$[f'(\xi)]^2-[f'(0)]^2\geqslant [f(\xi)]^2-[f(0)]^2\geqslant -1.$$

由 $-\frac{1}{x}\leqslant f'(\xi)\leqslant 0$, 得

$$[f'(0)]^2\leqslant [f'(\xi)]^2+1\leqslant 1+\frac{1}{x^2}(0<x<1).$$

故得 $[f'(0)]^2\leqslant 2(0<x<1)$, 即 $f'(0)\geqslant -\sqrt{2}$.

专题四　一元函数积分学

模块一　知识框架

一、不定积分

1. 不定积分的定义：$\int f(x)\mathrm{d}x = F(x) + C$ (原函数的全体)

2. 不定积分的性质

$\int f'(x)\mathrm{d}x = f(x) + C$,　　$\int \mathrm{d}f(x) = f(x) + C$

$\left(\int f(x)\mathrm{d}x\right)' = f(x)$,　　$\mathrm{d}\left(\int f(x)\mathrm{d}x\right) = f(x)\mathrm{d}x$

$\int kf(x)\mathrm{d}x = k\int f(x)\mathrm{d}x$,　　$\int (f(x) \pm g(x))\mathrm{d}x = \int f(x)\mathrm{d}x \pm \int g(x)\mathrm{d}x$

3. 基本积分公式

(1) $\int x^{\mu}\mathrm{d}x = \dfrac{x^{\mu+1}}{\mu+1} + C\ (\mu \neq -1)$

如：$\int \dfrac{1}{\sqrt{x}}\mathrm{d}x = 2\sqrt{x} + C$;　$\int \dfrac{1}{x^2}\mathrm{d}x = -\dfrac{1}{x} + C$

(2) $\int \dfrac{1}{x}\mathrm{d}x = \ln|x| + C$

(3) $\int a^x\mathrm{d}x = \dfrac{a^x}{\ln a} + C$

如：$\int \mathrm{e}^x\mathrm{d}x = \mathrm{e}^x + C$;　$\int 2^x\mathrm{d}x = \dfrac{2^x}{\ln 2} + C$

(4) $\int \sin x\mathrm{d}x = -\cos x + C$;　$\int \cos x\mathrm{d}x = \sin x + C$

(5) $\int \sec^2 x\mathrm{d}x = \tan x + C$;　$\int \csc^2 x\mathrm{d}x = -\cot x + C$

(6) $\int \tan x\mathrm{d}x = -\ln|\cos x| + C = \ln|\sec x| + C$;

$\int \cot x\mathrm{d}x = \ln|\sin x| + C = -\ln|\csc x| + C$

(7) $\int \sec x \mathrm{d}x = \ln|\sec x + \tan x| + C$; $\int \csc x \mathrm{d}x = \ln|\csc x - \cot x| + C$

(8) $\int \frac{\mathrm{d}x}{\sqrt{a^2 - x^2}} = \arcsin \frac{x}{a} + C$, 如：$\int \frac{\mathrm{d}x}{\sqrt{1-x^2}} = \arcsin x + C$

(9) $\int \frac{\mathrm{d}x}{a^2 + x^2} = \frac{1}{a} \arctan \frac{x}{a} + C$, 如：$\int \frac{\mathrm{d}x}{1+x^2} = \arctan x + C$

(10) $\int \frac{\mathrm{d}x}{a^2 - x^2} = \frac{1}{2a} \ln\left|\frac{a+x}{a-x}\right| + C$; $\int \frac{\mathrm{d}x}{x^2 - a^2} = \frac{1}{2a} \ln\left|\frac{x-a}{x+a}\right| + C$

(11) $\int \frac{\mathrm{d}x}{\sqrt{x^2 \pm a^2}} = \ln\left|x + \sqrt{x^2 \pm a^2}\right| + C$

$$\left(\left(\ln(x + \sqrt{x^2 \pm a^2})\right)' = \sqrt{\frac{1}{x^2 \pm a^2}}\right)$$

(12) $\int \sqrt{a^2 - x^2} \mathrm{d}x \xlongequal[x=a\sin t]{\mathrm{d}x=a\cos t\mathrm{d}t} \frac{x}{2}\sqrt{a^2 - x^2} + \frac{a^2}{2} \arcsin \frac{x}{a} + C$,

$$\int \sqrt{x^2 - a^2} \mathrm{d}x \xlongequal[x=a\sec t]{\mathrm{d}x=a\sec t\cdot\tan t\mathrm{d}t} \frac{x}{2}\sqrt{x^2 - a^2} - \frac{a^2}{2} \ln\left|x + \sqrt{x^2 - a^2}\right| + C,$$

$$\int \sqrt{x^2 + a^2} \mathrm{d}x \xlongequal[x=a\tan t]{\mathrm{d}x=a\sec^2 t\mathrm{d}t} \frac{x}{2}\sqrt{x^2 + a^2} + \frac{a^2}{2} \ln\left|x + \sqrt{x^2 + a^2}\right| + C$$

4. 不定积分的计算

(1) 第一类换元积分法 (凑微分法)

(2) 第二类换元积分法 (换元必回代)

(3) 分部积分法 $\int u(x)\mathrm{d}v(x) = u(x)v(x) - \int v(x)\mathrm{d}u(x)$

(4) 有理函数的积分：有理函数 = 多项式 + 有理真分式
(待定系数法或赋值法)

(5) 无理函数的积分：如 $t = \sqrt[n]{x}, t = \sqrt[n]{\frac{ax+b}{cx+d}}$

(6) 积不出来的积分

$\int \frac{\sin x}{x}\mathrm{d}x$; $\int \mathrm{e}^{-x^2}\mathrm{d}x$; $\int \frac{1}{\ln x}\mathrm{d}x$; $\int \frac{1}{\sqrt{1+x^4}}\mathrm{d}x$ 等.

二、定积分

1. 定积分的定义 $\int_a^b f(x)\mathrm{d}x = \lim\limits_{\lambda \to 0} \sum\limits_{i=1}^{n} f(\xi_i)\Delta x_i, \lambda = \max\limits_{1 \leqslant i \leqslant n}\{\Delta x_i\}$

2. 定积分的主要性质：线性性, 保号性, 保不等式性, 积分区间可加性等.

3. 定积分中值定理

定理 (中值定理)：设 $f(x)$ 在 $[a,b]$ 上连续, 则存在 $\xi\in(a,b)$, 使得

$$\int_a^b f(x)g(x)\mathrm{d}x = f(\xi)\int_a^b g(x)\mathrm{d}x$$

4. 变限函数求导法则

$$\frac{\mathrm{d}}{\mathrm{d}x}\left(\int_{\psi(x)}^{\phi(x)} f(t)\mathrm{d}t\right) = \left(\int_{\psi(x)}^{\phi(x)} f(t)\mathrm{d}t\right)' = f(\phi(x))\phi'(x) - f(\psi(x))\psi'(x)$$

(上限代入上限求导, 下限代入下限求导)

5. 定积分的计算

(1) 牛顿-莱布尼茨：设 $f(x)$ 在 $[a,b]$ 上连续, $F(x)$ 是 $f(x)$ 的一个原函数, 则

$$\int_a^b f(x)\mathrm{d}x = F(x)\Big|_a^b = F(b) - F(a)$$

(2) 换元积分法 (换元必换限)

(3) 分部积分法 $\displaystyle\int_a^b u(x)\mathrm{d}v(x) = u(x)v(x)\Big|_a^b - \int_a^b v(x)\mathrm{d}u(x)$

(4) 奇偶与周期函数的性质

$$\int_{-a}^{a} f(x)\mathrm{d}x = \begin{cases} 0, & f(x)\text{为奇函数;} \\ 2\displaystyle\int_0^a f(x)\mathrm{d}x, & f(x)\text{为偶函数.} \end{cases}$$

$$\int_a^{a+T} f(x)\mathrm{d}x = \int_0^T f(x)\mathrm{d}x; \quad \int_a^{a+hT} f(x)\mathrm{d}x = h\int_0^T f(x)\mathrm{d}x$$

6. 广义积分

(无穷限积分) 若 $f(x)$ 在任意有限区间 $[a,t]$ 上可积, 则

$$\int_a^{+\infty} f(x)\mathrm{d}x = \lim_{t\to+\infty}\int_a^t f(x)\mathrm{d}x$$

若右端极限存在时, 称广义积分 $\displaystyle\int_a^{+\infty} f(x)\mathrm{d}x$ 收敛; 否则称为发散.

(无穷积分或瑕积分) 若 $f(x)$ 在 $x=b$ 的左邻域内无界, 则

$$\int_a^b f(x)\mathrm{d}x = \lim_{t\to b^-}\int_a^t f(x)\mathrm{d}x = F(x)\Big|_a^{b^-} = F(b^-) - F(a)$$

若右端极限存在时, 称广义积分 $\int_a^b f(x)\mathrm{d}x$ 收敛; 否则称为发散, 且称 $x=b$ 为奇点 (或称瑕点).

重要结论

$$\int_a^{+\infty}\frac{1}{x^p}\mathrm{d}x=\begin{cases}\text{收敛}, & \text{当 } p>1;\\ \text{发散}, & \text{当 } p\leqslant 1.\end{cases}$$

$$\int_a^b\frac{1}{(b-x)^q}\mathrm{d}x=\begin{cases}\text{收敛}, & \text{当 } 0\leqslant q<1;\\ \text{发散}, & \text{当 } q\geqslant 1.\end{cases}$$

$$\int_0^{+\infty}\frac{1}{x}\mathrm{d}x=\int_0^a\frac{1}{x}\mathrm{d}x+\int_a^{+\infty}\frac{1}{x}\mathrm{d}x \quad \text{发散},$$

$$\int_0^{+\infty}\frac{1}{x^2}\mathrm{d}x=\int_0^a\frac{1}{x^2}\mathrm{d}x+\int_a^{+\infty}\frac{1}{x^2}\mathrm{d}x \quad \text{发散},$$

$$\int_0^{+\infty}\frac{1}{\sqrt{x}}\mathrm{d}x=\int_0^a\frac{1}{\sqrt{x}}\mathrm{d}x+\int_a^{+\infty}\frac{1}{\sqrt{x}}\mathrm{d}x \quad \text{发散}.$$

模块二 基础训练

一、不定积分的定义与计算

定义 若 $F'(x)=f(x)$, 或 $\mathrm{d}\big[F(x)\big]=f(x)\,\mathrm{d}x$, 则称

$$\int f(x)\,\mathrm{d}x=\int \mathrm{d}\big[F(x)\big]=F(x)+C$$

为 $f(x)$ 的不定积分. 即 $f(x)$ 的不定积分是 $f(x)$ 的一般的原函数.

例 1 求 $I=\int\frac{x\,\mathrm{d}x}{\sqrt{1-x^2}}$.

解法 1 $I=-\frac{1}{2}\int\frac{\mathrm{d}\,(1-x^2)}{\sqrt{1-x^2}}=-\sqrt{1-x^2}+C.$

解法 2 令 $x=\cos t$ $\left(\text{不妨设 } 0<t<\frac{\pi}{2}\right)$, 则

$$I=\int\frac{\cos t}{\sin t}\,\mathrm{d}(\cos t)=-\int\cos t\,\mathrm{d}t=-\sin t+C=-\sqrt{1-x^2}+C.$$

解法 3 令 $t=\sqrt{1-x^2}$ (不妨设 $x>0$), 则 $x=\sqrt{1-t^2}$,

$$I=\int\frac{\sqrt{1-t^2}}{t}\,\mathrm{d}(\sqrt{1-t^2})=-\int\mathrm{d}t=-t+C=-\sqrt{1-x^2}+C.$$

例 2 求 $I=\int\sin(\ln x)\,\mathrm{d}x$.

解 $I=x\sin(\ln x)-\int\cos(\ln x)\,\mathrm{d}x=x\sin(\ln x)-x\cos(\ln x)-\int\sin(\ln x)\,\mathrm{d}x$.

因此 $I=\int\sin(\ln x)\,\mathrm{d}x=\frac{x}{2}\left[\sin(\ln x)-\cos(\ln x)\right]+C$.

练 1 求 $I=\int\frac{\ln x}{\sqrt{x}}\,\mathrm{d}x$.

解法 1 $I=2\int\ln x\,\mathrm{d}(\sqrt{x})=2\left[\sqrt{x}\,\ln x-\int\frac{1}{\sqrt{x}}\,\mathrm{d}x\right]=2\sqrt{x}\,\ln x-4\sqrt{x}+C$.

解法 2 令 $t=\sqrt{x}$, 则

$$\begin{aligned}I&=\int\frac{2\ln t}{t}\,\mathrm{d}(t^2)=4\int\ln t\,\mathrm{d}t=4\left[t\ln t-\int\mathrm{d}t\right]=4t\ln t-4t+C\\&=2\sqrt{x}\,\ln x-4\sqrt{x}+C.\end{aligned}$$

例 3 求 $I=\int|x|\,\mathrm{d}x$.

解 $I=\begin{cases}\int x\,\mathrm{d}x=\frac{x^2}{2}+C_1=\frac{x|x|}{2}+C_1, & x\geqslant 0,\\ \int -x\,\mathrm{d}x=-\frac{x^2}{2}+C_1=\frac{x|x|}{2}+C_2, & x<0.\end{cases}$

I 在 $x=0$ 处连续, 因此 $\lim\limits_{x\to 0}I=\lim\limits_{x\to 0^-}I=\lim\limits_{x\to 0^+}I=C_1=C_2$, 即 $I=\frac{x|x|}{2}+C$.

练 2 求 $I=\int\mathrm{e}^{-|x|}\,\mathrm{d}x$.

解 $I=\begin{cases}-\mathrm{e}^{-x}+C_1, & x\geqslant 0,\\ \mathrm{e}^{x}+C_2, & x<0,\end{cases}$ I 在 $x=0$ 处连续, 因此

$\lim\limits_{x\to 0^-}I=\lim\limits_{x\to 0^+}I=-1+C_1=1+C_2$, 即 $I=\begin{cases}-\mathrm{e}^{-x}+C+2, & x\geqslant 0,\\ \mathrm{e}^{x}+C, & x\leqslant 0.\end{cases}$

例 4 设 $f'(\ln x)=\begin{cases}1, & 0<x\leqslant 1,\\ x, & x>1,\end{cases}$ $f(0)=0$, 试求 $f(x)$.

解　令 $t=\ln x$, 则 $f'(t)=\begin{cases}1, & t\leqslant 0,\\ \mathrm{e}^t, & t>0.\end{cases}$ 再由 $f(0)=0$ 得

$$f(x)=\int_0^x f'(t)\,\mathrm{d}t=\begin{cases}x, & x\leqslant 0,\\ \mathrm{e}^x-1, & x>0.\end{cases}$$

练 3　设 $f'(\mathrm{e}^x)=x\,\mathrm{e}^{-x}$, 且 $f(1)=0$, 求 $f(x)$.

解　令 $t=\mathrm{e}^x$, 则 $f'(t)=\dfrac{\ln t}{t}$. 再由 $f(1)=0$ 得

$$f(x)=\int_1^x f'(t)\,\mathrm{d}t=\int_1^x \frac{\ln t}{t}\,\mathrm{d}t=\int_1^x \ln t\,\mathrm{d}(\ln t)=\left.\frac{\ln^2 t}{2}\right|_1^x=\frac{\ln^2 x}{2}.$$

二、定积分的定义与计算

定义　$\displaystyle\int_a^b f(x)\mathrm{d}x=\lim_{\lambda\to 0}\sum_{i=1}^n f(\xi_i)\,\Delta x_i.$

$$\lim_{n\to\infty}\sum_{i=1}^n\left[f\left(\frac{i}{n}\right)\cdot\frac{1}{n}\right]=\lim_{n\to\infty}\frac{1}{n}\sum_{i=1}^n f\left(\frac{i}{n}\right)=\int_0^1 f(x)\mathrm{d}x.$$

例 5　设 $a_n=\dfrac{1}{\sqrt{n}}+\dfrac{1}{\sqrt{2n}}+\cdots+\dfrac{1}{\sqrt{n^2}}$, 求 $L=\lim\limits_{n\to\infty}a_n$.

解　$L=\lim\limits_{n\to\infty}\dfrac{1}{n}\left(\dfrac{1}{\sqrt{1/n}}+\dfrac{1}{\sqrt{2/n}}+\cdots+\dfrac{1}{\sqrt{n/n}}\right)$

$$=\lim_{n\to\infty}\sum_{i=1}^n\frac{1}{\sqrt{i/n}}\cdot\frac{1}{n}=\int_0^1\frac{\mathrm{d}x}{\sqrt{x}}=2.$$

例 6　求 $L=\lim\limits_{n\to\infty}\dfrac{\sqrt[n]{n!}}{n}$.

解　记 $a_n=\dfrac{\sqrt[n]{n!}}{n}$, 则 $\ln L=\ln\left[\lim\limits_{n\to\infty}a_n\right]=\lim\limits_{n\to\infty}\ln a_n$.

$$\ln a_n=\frac{\sum\limits_{i=1}^n\ln i}{n}-\ln n=\frac{\sum\limits_{i=1}^n(\ln i-\ln n)}{n}=\frac{1}{n}\sum_{i=1}^n\ln\frac{i}{n}.$$

$$\lim_{n\to\infty}\ln a_n=\lim_{n\to\infty}\frac{1}{n}\sum_{i=1}^n\ln\frac{i}{n}=\int_0^1\ln x\,\mathrm{d}x=-1=\ln L,\text{故 } L=\frac{1}{\mathrm{e}}.$$

练 4 设 $a_n=\dfrac{1}{n+1}+\dfrac{1}{n+2}+\cdots+\dfrac{1}{n+n}$, 求 $L=\lim\limits_{n\to\infty}a_n$.

解 $a_n=\dfrac{1}{n}\left(\dfrac{1}{1+1/n}+\dfrac{1}{1+2/n}+\cdots+\dfrac{1}{1+n/n}\right)=\sum\limits_{i=1}^{n}\left[f\left(\dfrac{i}{n}\right)\dfrac{1}{n}\right]$,

$$L=\lim_{n\to\infty}a_n=\int_0^1\frac{1}{1+x}\,\mathrm{d}x=\ln 2.$$

例 7 求 $I=\displaystyle\int_0^{\ln 5}[\mathrm{e}^x]\,\mathrm{d}x$. (注: $[x]$ 表示不超过 x 的最大整数)

解 $I=\displaystyle\int_0^{\ln 2}1\,\mathrm{d}x+\int_{\ln 2}^{\ln 3}2\,\mathrm{d}x+\int_{\ln 3}^{\ln 4}3\,\mathrm{d}x+\int_{\ln 4}^{\ln 5}4\,\mathrm{d}x$

$=\ln 2+2(\ln 3-\ln 2)+3(\ln 4-\ln 3)+4(\ln 5-\ln 4)$

$=4\ln 5-(\ln 2+\ln 3+\ln 4)=4\ln 5-\ln 24.$

练 5 求 $I=\displaystyle\int_{-1}^{2}\frac{1}{4+x|x|}\,\mathrm{d}x$.

解 $I=\displaystyle\int_{-1}^{0}\frac{1}{4-x^2}\,\mathrm{d}x+\int_0^2\frac{1}{4+x^2}\,\mathrm{d}x$

$=\displaystyle\int_{-1}^{0}\frac{1}{4}\left(\frac{1}{2-x}+\frac{1}{2+x}\right)\mathrm{d}x+\frac{1}{2}\int_0^2\frac{1}{1+(x/2)^2}\,\mathrm{d}(x/2)$

$=\dfrac{1}{4}\left(\ln\dfrac{2+x}{2-x}\right)\Bigg|_{-1}^{0}+\dfrac{1}{2}\arctan\dfrac{x}{2}\Bigg|_0^2=\dfrac{\ln 3}{4}+\dfrac{\pi}{8}$

注意如下结论

1. 可积奇函数在 $[-a,a]$ 上的积分为 0; 可积偶函数在 $[-a,a]$ 上的积分为 $[0,a]$ 上积分的 2 倍.

例 8 求 $I=\displaystyle\int_{-\pi/2}^{\pi/2}\left(\frac{\sin x}{1+\cos x}+|x|\right)\mathrm{d}x$.

解 由被积函数的奇偶性得 $I=2\displaystyle\int_0^{\frac{\pi}{2}}x\,\mathrm{d}x=\frac{\pi^2}{4}$.

例 9 求 $I=\displaystyle\int_0^2(x\sqrt{2x-x^2})\,\mathrm{d}x$.

解 令 $t=x-1$, 则 $I=\displaystyle\int_{-1}^{1}(t+1)\sqrt{1-t^2}\,\mathrm{d}t=\int_{-1}^{1}\sqrt{1-t^2}\,\mathrm{d}t=\frac{\pi}{2}$.

2. 周期为 T 的可积周期函数, 在其任意周期上的积分值相等.

例 10 求 $I=\int_0^{\pi}\left(\frac{\sin 4x}{2+\cos 2x}+\frac{\cos x}{1+\sin x}\right)\mathrm{d}x$.

解 $I=\int_{-\pi/2}^{\pi/2}\frac{\sin 4x}{2+\cos 2x}\mathrm{d}x+\int_0^{\pi}\frac{\cos x}{1+\sin x}\mathrm{d}x=\int_0^{\pi}\frac{\mathrm{d}(1+\sin x)}{1+\sin x}=0.$

3\. 对任意连续函数 $f(x)$, 成立 $\int_0^{\frac{\pi}{2}}f(\sin x)\,\mathrm{d}x=\int_0^{\frac{\pi}{2}}f(\cos x)\,\mathrm{d}x$.

例 11 求 $I=\int_0^2\frac{\mathrm{d}x}{x+\sqrt{4-x^2}}$.

解 令 $x=2\sin t$, 其中 $0<t<\frac{\pi}{2}$, 则

$$I=\int_0^{\frac{\pi}{2}}\frac{\cos t\,\mathrm{d}t}{\sin t+\cos t}=\int_0^{\frac{\pi}{2}}\frac{\sin t\,\mathrm{d}t}{\sin t+\cos t}=\frac{1}{2}\int_0^{\frac{\pi}{2}}\frac{(\sin t+\cos t)\,\mathrm{d}t}{\sin t+\cos t}=\frac{\pi}{4}.$$

三、变上限积分求导

注意 $f(x)$ 连续时, $F(x)=\int_a^x f(t)\,\mathrm{d}t$ 才可导, $F'(x)=f(x)$.

例 12 设 $f(x)$ 在 $(-\infty,+\infty)$ 上连续, $F(x)$ 如下, 求 $F'(x)$.

(1) $F(x)=\int_0^x x\,f(t)\,\mathrm{d}t$, (2) $F(x)=\int_0^x f(x-t)\,\mathrm{d}t$,

(3) $F(x)=\int_0^{x^2}f(t)\,\mathrm{d}t$.

解 (1) $F(x)=\int_0^x x\,f(t)\,\mathrm{d}t=x\int_0^x f(t)\,\mathrm{d}t$, $F'(x)=\int_0^x f(t)\,\mathrm{d}t+x\,f(x)$.

(2) 令 $u=x-t$, 则 $F(x)=-\int_x^0 f(u)\,\mathrm{d}u=\int_0^x f(u)\,\mathrm{d}u$, $F'(x)=f(x)$.

(3) 令 $u=x^2$, 则 $F(x)=\int_0^u f(t)\,\mathrm{d}t$,

$$F'(x)=\frac{\mathrm{d}F}{\mathrm{d}x}=\frac{\mathrm{d}F}{\mathrm{d}u}\cdot\frac{\mathrm{d}u}{\mathrm{d}x}=f(u)\cdot(2x)=2\,x\,f(x^2).$$

例 13 求极限

$$(1)\quad I=\lim_{x\to 0}\frac{1}{x^5}\int_0^{x^2}x\,\sin t\,\mathrm{d}t,\qquad (2)\quad L=\lim_{x\to 0}\frac{\int_0^1[\mathrm{e}^{-(x\,t)^2}-1]\,\mathrm{d}t}{x^2}.$$

解 (1) $I=\lim\limits_{x\to 0}\frac{1}{x^4}\int_0^{x^2}\sin t\,\mathrm{d}t=\lim\limits_{x\to 0}\frac{2\,x\,\sin x^2}{4\,x^3}=\frac{1}{2}$.

(2) 令 $x\,t=u$, 则 $t=\dfrac{u}{x}$, $\mathrm{d}t=\dfrac{1}{x}\,\mathrm{d}u$, 于是

$$L=\lim_{x\to 0}\frac{\displaystyle\int_0^x[\mathrm{e}^{-u^2}-1]\,\mathrm{d}u}{x^3}=\lim_{x\to 0}\frac{\mathrm{e}^{-x^2}-1}{3\,x^2}=\lim_{x\to 0}\frac{-x^2}{3\,x^2}=-\frac{1}{3}.$$

练 6 求 $f(x)=\displaystyle\int_1^{x^2}(x^2-t)\,\mathrm{e}^{-t^2}\,\mathrm{d}t$ 的单调区间和极值.

解 $f(x)=x^2\displaystyle\int_1^{x^2}\mathrm{e}^{-t^2}\,\mathrm{d}t-\int_1^{x^2}t\,\mathrm{e}^{-t^2}\,\mathrm{d}t$,

$$f'(x)=2\,x\int_1^{x^2}\mathrm{e}^{-t^2}\,\mathrm{d}t+x^2\,\mathrm{e}^{-x^4}(2x)-x^2\,\mathrm{e}^{-x^4}(2x)=2\,x\int_1^{x^2}\mathrm{e}^{-t^2}\,\mathrm{d}t,$$

	$(-\infty,-1)$	-1	$(-1,0)$	0	$(0,1)$	1	$(1,+\infty)$
f'	$-$	0	$+$	0	$-$	0	$+$
f	单减	极小值 0	单增	极大值 $\dfrac{\mathrm{e}-1}{2\mathrm{e}}$	单减	极小值 0	单增

四、定积分相关证明

例 14 设 $f(x)\in C[0,1]$, 且 $\displaystyle\int_0^1 f(x)\,\mathrm{d}x=0$. 证明: $\exists\xi\in(0,1)$, 使得

$$f(1-\xi)+f(\xi)=0.$$

证 令 $F(x)=\displaystyle\int_0^x\big[f(1-t)+f(t)\big]\,\mathrm{d}t$, 则由 $f(x)\in C[0,1]$ 知 $F(x)$ 在 $[0,1]$ 上可导. 只需证 $\exists\xi\in(0,1)$, 使得 $F'(\xi)=0$. 因 $F(0)=0$,

$$F(1)=\int_0^1[f(1-t)+f(t)]\,\mathrm{d}t=\int_0^1 f(1-t)\,\mathrm{d}t=\int_0^1 f(x)\,\mathrm{d}x=0\ \ (\text{令 } x=1-t),$$

根据罗尔定理, $\exists\,\xi\in(0,1)$ 使得 $F'(\xi)=0$, 即 $f(1-\xi)+f(\xi)=0$.

练 7 设 $f(x)\in C[a,b]$, 证明 $\exists\xi\in(a,b)$, 使得 $\displaystyle\int_a^b f(x)\,\mathrm{d}x=f(\xi)(b-a)$.

注 通常课本中的积分中值定理, 写的是 $\xi\in[a,b]$.

证 $f(x)\in C[a,b]$, 因此 $F(x)=\int_a^x f(t)\,\mathrm{d}t$ 在 $[a,b]$ 上可导, 并满足

$$F'(x)=f(x),\qquad \int_a^b f(x)\,\mathrm{d}x=F(b)=F(b)-F(a).$$

由拉格朗日中值定理, 存在 $\xi\in(a,b)$ 使得

$$F(b)-F(a)=F'(\xi)(b-a)=f(\xi)(b-a),\quad \text{即}\quad \int_a^b f(x)\,\mathrm{d}x=f(\xi)(b-a).$$

注 可见微积分基本定理也是联系微分中值定理和积分中值定理的桥梁. 关于 $f(x)$ 的积分中值定理正是关于 $F(x)$ 的微分中值定理.

例 15 设 $f(x)\in C[a,b]$, 证明 $\left(\int_a^b f(x)\,\mathrm{d}x\right)^2\leqslant(b-a)\int_a^b f^2(x)\,\mathrm{d}x$.

证 令 $F(t)=\left(\int_a^t f(x)\,\mathrm{d}x\right)^2-(t-a)\int_a^t f^2(x)\,\mathrm{d}x$, 只需证 $F(b)\leqslant 0$. $f(x)\in C[a,b]$, 故 $F(t)$ 在 $[a,b]$ 上可导且

$$\begin{aligned}F'(t)&=2f(t)\int_a^t f(x)\,\mathrm{d}x-\int_a^t f^2(x)\,\mathrm{d}x-(t-a)f^2(t)\\&=\int_a^t 2f(t)f(x)\,\mathrm{d}x-\int_a^t f^2(x)\,\mathrm{d}x-\int_a^t f^2(t)\,\mathrm{d}x\\&=-\int_a^t\big[f(t)-f(x)\big]^2\,\mathrm{d}x\leqslant 0.\end{aligned}$$

即 $F(t)$ 在 $[a,b]$ 上单调递减, $F(b)\leqslant F(a)=0$.

例 16 设 $f(x)$ 在 $[0,1]$ 上连续且单调递减, 证明当 $\lambda\in(0,1)$ 时,

$$\int_0^\lambda f(x)\,\mathrm{d}x\geqslant\lambda\int_0^1 f(x)\,\mathrm{d}x.$$

证法 1 令 $F(t)=\int_0^t f(x)\,\mathrm{d}x-t\int_0^1 f(x)\,\mathrm{d}x$, 则 $F(t)$ 在 $[0,1]$ 上可导, 且

$$F'(t)=f(t)-\int_0^1 f(x)\,\mathrm{d}x.$$

根据积分中值定理, 存在 $\xi\in(0,1)$ 使得

$$\int_0^1 f(x)\,\mathrm{d}x=f(\xi),\qquad F'(t)=f(t)-f(\xi).$$

因 $f(t)$ 连续且单减, 故当 $0 \leqslant t \leqslant \xi$ 时,

$$F'(t) = f(t) - f(\xi) \geqslant 0, \quad F(t) \geqslant F(0) = 0;$$

当 $\xi < t \leqslant 1$ 时,

$$F'(t) = f(t) - f(\xi) \leqslant 0, \quad F(t) \geqslant F(1) = 0;$$

因此 $0 < \lambda < 1$ 时, $F(\lambda) = \int_0^\lambda f(x)\,\mathrm{d}x - \lambda \int_0^1 f(x)\,\mathrm{d}x \geqslant 0$. 移项即得结论.

证法 2

$$\begin{aligned}&\int_0^\lambda f(x)\,\mathrm{d}x - \lambda \int_0^1 f(x)\,\mathrm{d}x\\ &= \int_0^\lambda f(x)\,\mathrm{d}x - \lambda \left[\int_0^\lambda f(x)\,\mathrm{d}x + \int_\lambda^1 f(x)\,\mathrm{d}x\right]\\ &= (1-\lambda)\int_0^\lambda f(x)\,\mathrm{d}x - \lambda \int_\lambda^1 f(x)\,\mathrm{d}x\\ &= \lambda(1-\lambda)[f(\xi_1) - f(\xi_2)], \xi_1 \in (0,\lambda),\ \xi_2 \in (\lambda, 1).\ (\text{积分中值定理})\end{aligned}$$

又 $f(x)$ 递减, 故 $\lambda(1-\lambda)[f(\xi_1) - f(\xi_2)] \geqslant 0$, $\int_0^\lambda f(x)\,\mathrm{d}x \geqslant \lambda \int_0^1 f(x)\,\mathrm{d}x$.

证法 3 令 $x = \lambda t$, 则因 $f(x)$ 连续递减, 故有

$$\int_0^\lambda f(x)\,\mathrm{d}x = \lambda \int_0^1 f(\lambda t)\,\mathrm{d}t \leqslant \lambda \int_0^1 f(t)\,\mathrm{d}t = \lambda \int_0^1 f(x)\,\mathrm{d}x.$$

例 17 设 $f(x)$ 在 $[a,b]$ 上有二阶连续导数, $M = \max\limits_{x\in[a,b]} \left|f''(x)\right|$, 且 $f(a) = f(b) = 0$. 证明 $\left|\int_a^b f(x)\,\mathrm{d}x\right| \leqslant \frac{(b-a)^3 M}{12}$.

证 由已知及泰勒定理, 得

$$f(a) = f(x) + f'(x)(a-x) + \frac{f''(\xi)}{2}(a-x)^2 = 0,$$

$$f(x) = f'(x)(x-a) - \frac{f''(\xi)}{2}(x-a)^2,$$

$$\int_a^b f(x)\,\mathrm{d}x = \int_a^b f'(x)(x-a)\,\mathrm{d}x - \int_a^b \frac{f''(\xi)}{2}(x-a)^2\,\mathrm{d}x$$

$$= f(x)\,(x-a)\Big|_a^b - \int_a^b f(x)\,\mathrm{d}x - \int_a^b \frac{f''(\xi)}{2}\,(x-a)^2\,\mathrm{d}x$$

$$= -\int_a^b f(x)\,\mathrm{d}x - \int_a^b \frac{f''(\xi)}{2}\,(x-a)^2\,\mathrm{d}x.$$

$$\left|\int_a^b f(x)\,\mathrm{d}x\right| = \frac{1}{2}\left|\int_a^b \frac{f''(\xi)}{2}\,(x-a)^2\,\mathrm{d}x\right|$$

$$\leqslant \frac{M}{4}\left|\int_a^b (x-a)^2\,\mathrm{d}x\right| \leqslant \frac{(b-a)^3 M}{12}.$$

练 8 设 $f(x)$ 在 $[a,b]$ 上有连续导数, $f(a)=0$, $M=\max\limits_{a\leqslant x\leqslant b}\left|f'(x)\right|$. 证明:

$$\left|\int_a^b f(x)\,\mathrm{d}x\right| \leqslant \frac{M}{2}\,(b-a)^2.$$

证 根据拉格朗日中值定理, $\exists\xi\in(a,b)$, 使得

$$f(x)-f(a)=f'(\xi)(x-a), \quad 即 \quad f(x)=f'(\xi)(x-a).$$

于是

$$\int_a^b f(x)\,\mathrm{d}x = \int_a^b \left[f'(x)\,(x-a)\right]\mathrm{d}x \leqslant M\int_a^b (x-a)\,\mathrm{d}x = \frac{M}{2}\,(b-a)^2.$$

例 18 设函数 $f(x)$ 在 $(-\infty,+\infty)$ 上有二阶连续导数, 证明 $f''(x)\geqslant 0$ 的充要条件是对不同的实数 a,b, 有

$$f\left(\frac{a+b}{2}\right) \leqslant \frac{1}{b-a}\int_a^b f(x)\mathrm{d}x.$$

证 必要性. $f''(x)\geqslant 0$, 故 $f(x)$ 下凸, 且

$$f(x)=f\left(\frac{a+b}{2}\right)+f'\left(\frac{a+b}{2}\right)\left(x-\frac{a+b}{2}\right)+\frac{f''(\xi)}{2}\left(x-\frac{a+b}{2}\right)^2$$

$$\geqslant f\left(\frac{a+b}{2}\right)+f'\left(\frac{a+b}{2}\right)\left(x-\frac{a+b}{2}\right).$$

于是

$$\int_a^b f(x)\mathrm{d}x \geqslant \int_a^b \left[f\left(\frac{a+b}{2}\right)+f'\left(\frac{a+b}{2}\right)\left(x-\frac{a+b}{2}\right)\right]\mathrm{d}x = (b-a)\,f\left(\frac{a+b}{2}\right).$$

整理得结论.

充分性. (反证) 假设存在 x_0 使得 $f''(x_0)<0$, 则因 $f''(x)$ 连续, 可知有区间 $[a_0,b_0]$ 使得该区间上 $f''(x)<0$. 由必要性证明知此时

$$f\left(\frac{a_0+b_0}{2}\right)>\frac{1}{b_0-a_0}\int_{a_0}^{b_0}f(x)\mathrm{d}x.$$

这与已知矛盾, 故假设不成立, 结论成立.

五、广义积分

无穷限广义积分

$$\int_a^{+\infty}f(x)\,\mathrm{d}x\ 收敛\iff\lim_{r\to+\infty}\int_a^r f(x)\,\mathrm{d}x\ 存在$$

$$\int_{-\infty}^{+\infty}f(x)\,\mathrm{d}x\ 收敛\iff\int_{-\infty}^{a}f(x)\,\mathrm{d}x\ 与\ \int_a^{+\infty}f(x)\,\mathrm{d}x\ 都收敛$$

设 $x=a$ 为 $f(x)$ 的瑕点,

$$\int_a^b f(x)\,\mathrm{d}x\ 收敛\iff\lim_{r\to a+}\int_r^b f(x)\,\mathrm{d}x\ 存在$$

p 积分

$$\int_1^{+\infty}\frac{1}{x^p}\,\mathrm{d}x\ 收敛\iff p>1,\qquad\int_0^1\frac{1}{x^p}\,\mathrm{d}x\ 收敛\iff p<1$$

例 19 求 $I=\int_0^1\ln x\,\mathrm{d}x$.

解 $\int_r^1\ln x\,\mathrm{d}x=x\ln x\Big|_r^1-x\Big|_r^1=-r\ln r-1+r.$

$$I=\lim_{r\to0^+}\int_r^1\ln x\,\mathrm{d}x=\lim_{r\to0^+}(-r\ln r-1+r)=-\lim_{r\to0^+}(r\ln r)-1$$

$$=-1-\lim_{t\to+\infty}\frac{\ln\dfrac{1}{t}}{t}=-1-\lim_{t\to+\infty}\frac{1}{\dfrac{1}{t}}\cdot\left(-\frac{1}{t^2}\right)=-1.$$

例 20 设 $f(x)=\begin{cases}\dfrac{1}{(x-1)^{\alpha-1}}, & 0<x<\mathrm{e},\\ \dfrac{1}{x\ln^{\alpha+1}x}, & x\geqslant \mathrm{e}.\end{cases}$ 若反常积分 $\int_1^{+\infty} f(x)\,\mathrm{d}x$ 收敛, 求 α 的范围.

解 $\int_1^{+\infty} f(x)\,\mathrm{d}x$ 收敛 $\Longleftrightarrow$ $\int_1^{\mathrm{e}} f(x)\,\mathrm{d}x$ 与 $\int_{\mathrm{e}}^{+\infty} f(x)\,\mathrm{d}x$ 都收敛. 而

$$\int_1^{\mathrm{e}} f(x)\,\mathrm{d}x=\int_1^{\mathrm{e}} \frac{1}{(x-1)^{\alpha-1}}\,\mathrm{d}x \text{ 收敛 } \Longleftrightarrow \alpha-1<1,$$

$$\int_{\mathrm{e}}^{+\infty} f(x)\,\mathrm{d}x=\int_{\mathrm{e}}^{+\infty} \frac{1}{x\ln^{\alpha+1}x}\,\mathrm{d}x=\int_{\mathrm{e}}^{+\infty} \frac{\mathrm{d}(\ln x)}{\ln^{\alpha+1}x} \text{ 收敛 } \Longleftrightarrow \alpha+1>1,$$

因此 $\int_1^{+\infty} f(x)\,\mathrm{d}x$ 收敛 $\Longleftrightarrow 0<\alpha<2$. (应用 p 积分结论)

六、定积分的几何应用

例 21 求曲线 $y=\mathrm{e}^x-1$ 与直线 $x=-1$, $x=1$ 及 x 轴围成的平面图形的面积 S.

注 曲线 $y=f(x)$ 与直线 $x=a$, $x=b$ $(a<b)$ 围成的平面图形的面积为

$$S=\int_a^b |f(x)|\mathrm{d}x.$$

解 参见图 4.1, 有

$$\begin{aligned}S&=\int_{-1}^1 |y|\,\mathrm{d}x=\int_{-1}^0 (1-\mathrm{e}^x)\,\mathrm{d}x+\int_0^1 (\mathrm{e}^x-1)\,\mathrm{d}x\\&=(-\mathrm{e}^x)\big|_{-1}^0+\mathrm{e}^x\big|_0^1=(\mathrm{e}^{-1}-1)+(\mathrm{e}-1)=\mathrm{e}^{-1}+\mathrm{e}-2.\end{aligned}$$

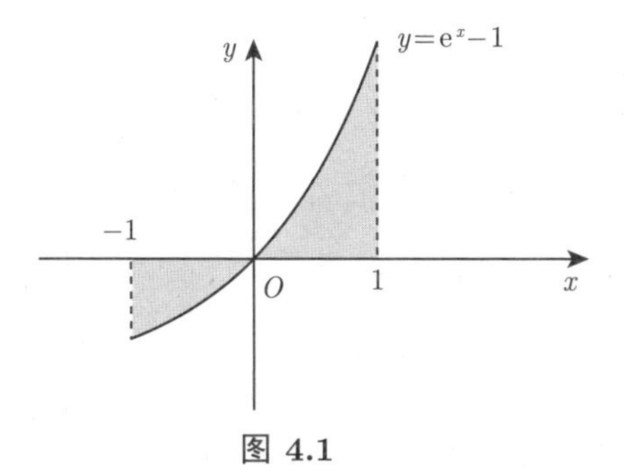

图 4.1

练 9 求曲线 $y=1-2^x$ 与直线 $x=-1$, $x=1$ 及 $y=x$ 围成的平面图形的面积 S.

解 参见图 4.2, 有

$$S=\int_{-1}^{1}\left|(1-2^x)-x\right|\mathrm{d}x=\int_{-1}^{0}(1-2^x-x)\,\mathrm{d}x+\int_{0}^{1}(x+2^x-1)\,\mathrm{d}x$$

$$=\left(x-2^x\ln 2-\frac{x^2}{2}\right)\Bigg|_{-1}^{0}+\left(\frac{x^2}{2}+2^x\ln 2-x\right)\Bigg|_{0}^{1}=\frac{\ln 4+1}{\ln 4}.$$

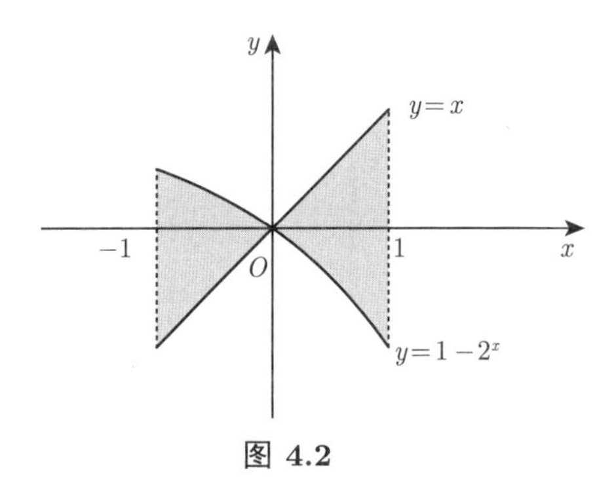

图 4.2

注 曲线 $y=f(x)$, $y=g(x)$ 与直线 $x=a$, $x=b$ $(a<b)$ 围成的平面图形的面积

$$S=\int_a^b\left|f(x)-g(x)\right|\mathrm{d}x.$$

例 22 求曲线 $y=4-(x-2)^2$ 与 x 轴围成的图形绕 y 轴旋转一周而成的立体的体积 V.

分析 参见图 4.3(a), 曲线段 $y=4-(x-2)^2$ $(y\geqslant 0)$ 被直线 $x=2$ 分为左右两部分, 其方程分别为 $x_1=2-\sqrt{4-y}$, $x_2=2+\sqrt{4-y}$. 二者绕 y 轴旋转可得两个立体, 所求 V 即二者体积之差.

解法 1 $V=\int_0^4\pi x_2^2\,\mathrm{d}y-\int_0^4\pi x_1^2\,\mathrm{d}y=8\pi\int_0^4\sqrt{4-y}\,\mathrm{d}y=\frac{128}{3}\pi.$

解法 2 应用微元法 (参见图 4.3(b), 视体积微元为薄板, 长为 $2\pi x$, 宽为 y, 厚度为 $\mathrm{d}x$), 得

$$\mathrm{d}V=2\pi x\,y\,\mathrm{d}x=2\pi x\left[4-(x-2)^2\right]\mathrm{d}x,$$

$$V=\int_0^4 2\pi x\left[4-(x-2)^2\right]\mathrm{d}x=\frac{128}{3}\pi.$$

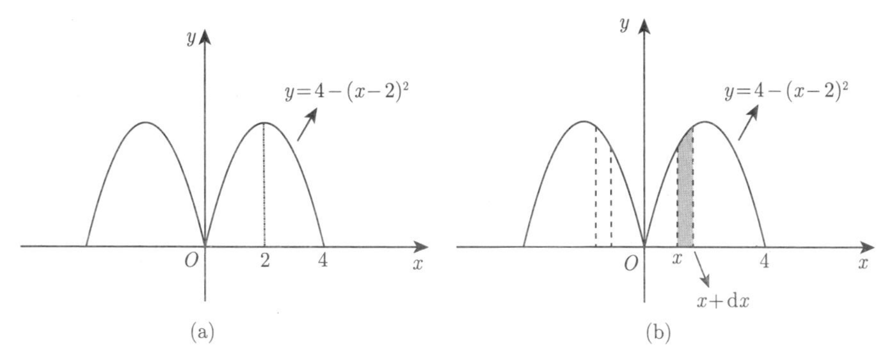

图 4.3

模块三　能力进阶

例 1 (2013)　证明广义积分 $\int_0^{+\infty}\frac{\sin x}{x}\mathrm{d}x$ 不是绝对收敛的.

【思路解析】　此题需要明确绝对收敛的概念, 再利用周期函数的积分性质和级数的敛散性来判别广义积分的敛散性, 解题技巧巧妙, 注意级数与广义积分的内在联系.

证　记 $a_n=\int_{n\pi}^{(n+1)\pi}\frac{|\sin x|}{x}\mathrm{d}x$, 只要证明 $\sum\limits_{n=0}^{\infty}a_n$ 发散.

因为 $a_n\geqslant\frac{1}{(n+1)\pi}\int_{n\pi}^{(n+1)\pi}|\sin x|\mathrm{d}x=\frac{1}{(n+1)\pi}\int_0^{\pi}\sin x\mathrm{d}x=\frac{2}{(n+1)\pi}$, 而 $\sum\limits_{n=0}^{\infty}\frac{2}{(n+1)\pi}$ 发散, 故 $\sum\limits_{n=0}^{\infty}a_n$ 发散.

例 2 (2013)　计算定积分 $I=\int_{-\pi}^{\pi}\frac{x\sin x\cdot\arctan\mathrm{e}^x}{1+\cos^2 x}\mathrm{d}x$.

【思路解析】　由于被积函数不具有奇偶性, 尽管积分区间是对称区间, 仍然不能使用奇偶函数的积分性质. 因此, 我们尝试将积分区间拆分成 $[-\pi,0]$ 和 $[0,\pi]$, 并借助变量替换和重要结论 $\int_0^{\pi}xf(\sin x)\mathrm{d}x=\frac{\pi}{2}\int_0^{\pi}f(\sin x)\mathrm{d}x$ 求解

解

$$
\begin{aligned}
I&=\int_{-\pi}^{0}\frac{x\sin x\cdot\arctan\mathrm{e}^x}{1+\cos^2 x}\mathrm{d}x+\int_0^{\pi}\frac{x\sin x\cdot\arctan\mathrm{e}^x}{1+\cos^2 x}\mathrm{d}x\\
&=\int_0^{\pi}\frac{x\sin x\cdot\arctan\mathrm{e}^{-x}}{1+\cos^2 x}\mathrm{d}x+\int_0^{\pi}\frac{x\sin x\cdot\arctan\mathrm{e}^x}{1+\cos^2 x}\mathrm{d}x
\end{aligned}
$$

$$
\begin{aligned}
&=\int_0^{\pi}(\arctan \mathrm{e}^{-x}+\arctan \mathrm{e}^{x})\frac{x\sin x}{1+\cos^2 x}\mathrm{d}x\\
&=\frac{\pi}{2}\int_0^{\pi}\frac{x\sin x}{1+\cos^2 x}\mathrm{d}x=\left(\frac{\pi}{2}\right)^2\int_0^{\pi}\frac{\sin x}{1+\cos^2 x}\mathrm{d}x\\
&=-\left(\frac{\pi}{2}\right)^2\arctan(\cos x)\Big|_0^{\pi}=\frac{\pi^3}{8}.
\end{aligned}
$$

例 3 (2013) 设 $|f(x)|\leqslant\pi, f'(x)\geqslant m>0(a\leqslant x\leqslant b)$, 证明

$$
\left|\int_a^b \sin f(x)\mathrm{d}x\right|\leqslant\frac{2}{m}.
$$

【思路解析】 此题是证明积分不等式的问题, 可利用反函数求导法则或凑微分方法证明

证法 1 因为 $f'(x)\geqslant m>0(a\leqslant x\leqslant b)$, 所以 $f(x)$ 在 $[a,b]$ 上严格单增, 从而有反函数.

设 $A=f(a), B=f(b), \varphi$ 是 f 的反函数, 则

$$
0<\varphi'(y)=\frac{1}{f'(x)}\leqslant\frac{1}{m}.
$$

又 $f(x)\leqslant\pi$, 则 $-\pi\leqslant A<B\leqslant\pi$, 所以

$$
\left|\int_a^b \sin f(x)\mathrm{d}x\right|\xlongequal{x=\varphi(y)}\left|\int_A^B \varphi'(y)\sin y\mathrm{d}y\right|\leqslant\int_0^{\pi}\frac{1}{m}\sin y\mathrm{d}y=\frac{2}{m}.
$$

证法 2

$$
\begin{aligned}
\left|\int_a^b \sin f(x)\mathrm{d}x\right|&=\left|\int_a^b\frac{f'(x)\sin f(x)}{f'(x)}\mathrm{d}x\right|\leqslant\frac{1}{m}\left|\int_a^b \sin f(x)\mathrm{d}f(x)\right|\\
&=\frac{1}{m}\left|[-\cos f(x)]\Big|_a^b\right|\leqslant\frac{2}{m}.
\end{aligned}
$$

例 4 (2014) 设函数 $y=y(x)$ 由方程 $x=\int_1^{y-x}\sin^2\left(\frac{\pi t}{4}\right)\mathrm{d}t$ 所确定, 求 $\left.\frac{\mathrm{d}y}{\mathrm{d}x}\right|_{x=0}$ 的值.

【思路解析】 此题需首先求解出 $y(0)$, 然后再利用变限函数求导法则求解.

解 显然 $y(0)=1$, 等式两端对 x 求导, 得

$$1=\sin^2\left[\frac{\pi}{4}(y-x)\right](y'-1)\Rightarrow y'=\csc^2\left[\frac{\pi}{4}(y-x)\right]+1.$$

将 $x=0$ 代入可得 $y'=3$.

例 5 (2014) 设 n 为正整数, 计算 $I=\int_{\mathrm{e}^{-2n\pi}}^{1}\left|\frac{\mathrm{d}}{\mathrm{d}x}\cos\left(\ln\frac{1}{x}\right)\right|\mathrm{d}x$.

【思路解析】 此题需利用定积分换元法和周期函数的积分性质

$$\int_a a+nTf(x)\mathrm{d}x=n\int_0 Tf(x)\mathrm{d}x$$

求解.

解

$$\begin{aligned}I&=\int_{\mathrm{e}^{-2n\pi}}^{1}\left|\frac{\mathrm{d}}{\mathrm{d}x}\cos\left(\ln\frac{1}{x}\right)\right|\mathrm{d}x=\int_{\mathrm{e}^{-2n\pi}}^{1}\left|\frac{\mathrm{d}}{\mathrm{d}x}\cos(\ln x)\right|\mathrm{d}x\\&=\int_{\mathrm{e}^{-2n\pi}}^{1}\left|\sin(\ln x)\frac{1}{x}\right|\mathrm{d}x=\int_{\mathrm{e}^{-2n\pi}}^{1}|\sin(\ln x)|\,\mathrm{d}\ln x.\end{aligned}$$

令 $\ln x=u$, 则有 $I=\int_{-2n\pi}^{0}|\sin u|\mathrm{d}u=\int_0^{2n\pi}|\sin t|\mathrm{d}t=2n\int_0^{\pi}|\sin t|\mathrm{d}t=4n.$

例 6 (2014) 设 f 在 $[a,b]$ 上非负连续, 严格单增, 且存在 $x_n\in[a,b]$, 使得 $[f(x_n)]^n=\frac{1}{b-a}\int_a^b[f(x)]^n\mathrm{d}x$. 求 $\lim\limits_{n\to\infty}x_n$.

【思路解析】 此题难度系数较大, 需首先考虑特殊情形 $a=0,b=1$; 猜想 $\lim\limits_{n\to\infty}=1$, 并利用极限的 ε-N 语言证明猜想. 然后, 由特殊到一般, 考虑一般情形证明 $\lim\limits_{n\to\infty}=b$.

解 考虑特殊情形：$a=0,b=1$, 下面证明 $\lim\limits_{n\to\infty}x_n=1$.

首先, $x_n\in[0,1]$, 即 $x_n\leqslant 1$, 只要证明 $\forall\varepsilon>0(<1),\exists N$, 当 $n>N$ 时, $x_n>1-\varepsilon$, 由 f 在 $[0,1]$ 上严格单增, 就是要证明：

$$f^n(1-\varepsilon)<[f(x_n)]^n=\int_0^1[f(x_n)]^n\mathrm{d}x.$$

由于 $\forall c\in(0,1)$, 有 $\int_c^1[f(x)]^n\mathrm{d}x>[f(c)]^n\cdot(1-c)$.

现取 $c=1-\frac{\varepsilon}{2}$, 则 $f(1-\varepsilon)<f(c)$, 即 $\frac{f(1-\varepsilon)}{f(c)}<1$, 于是有 $\lim\limits_{n\to\infty}\left(\frac{f(1-\varepsilon)}{f(c)}\right)^n=0$. 所以 $\exists N,\forall n>N$ 时有 $\left(\frac{f(1-\varepsilon)}{f(c)}\right)^n<\frac{\varepsilon}{2}=1-c$, 即

$$f^n(1-\varepsilon)<[f(c)]^n(1-c)<\int_c^1[f(x)]^n\mathrm{d}x<\int_0^1[f(x)]^n\mathrm{d}x=f^n(x_n),$$

从而 $1-\varepsilon<x_n$, 由 ε 的任意性得 $\lim\limits_{n\to\infty}x_n=1$.

再考虑一般情形, 令 $F(t)=f(a+t(b-a))$, 由 f 在 $[a,b]$ 上非负连续, 严格单增, 知 F 在 $[0,1]$ 上非负连续, 严格单增, 从而 $\exists t_n\in[0,1]$, 使得 $F^n(t_n)=\int_0^1F^n(t)\mathrm{d}t$, 且 $\lim\limits_{n\to\infty}t_n=1$, 即

$$f^n(a+t_n(b-a))=\int_0^1f^n(a+t(b-a))\mathrm{d}t.$$

记 $x_n=a+t_n(b-a)$, 则有

$$[f(x_n)]^n=\frac{1}{b-a}\int_a^b[f(x)]^n\mathrm{d}x,$$

且 $\lim\limits_{n\to\infty}x_n=a+(b-a)=b$.

例 7 (2015) 设区间 $[0,+\infty)$ 上的函数 $u(x)$ 定义为 $u(x)=\int_0^{+\infty}\mathrm{e}^{-xt^2}\mathrm{d}t$, 则 $u(x)$ 的初等函数表达式是__________.

【思路解析】 此题通过重积分的极坐标转换为求解 $u^2(x)$, 进而求解出 $u(x)$.

解 由于

$$u^2(x)=\int_0^{+\infty}\mathrm{e}^{-xt^2}\mathrm{d}t\int_0^{+\infty}\mathrm{e}^{-xs^2}\mathrm{d}s=\iint\limits_{x\geqslant0,t\geqslant0}\mathrm{e}^{-x(s^2+t^2)}\mathrm{d}s\mathrm{d}t$$

故有极坐标下

$$u^2(x)=\int_0^{\frac{\pi}{2}}\mathrm{d}\theta\int_0^{+\infty}\mathrm{e}^{-xr^2}\mathrm{d}r=\frac{\pi}{4x},$$

所以有 $u(x)=\frac{\sqrt{\pi}}{2\sqrt{x}}$.

例 8 (2015)　设函数 f 在 $[0,1]$ 上连续, 且 $\int_0^1 f(x)\mathrm{d}x=0, \int_0^1 xf(x)\mathrm{d}x=1$. 试证:

(1) $\exists x_0\in[0,1]$, 使 $|f(x_0)|>4$;　　(2) $\exists x_1\in[0,1]$, 使 $|f(x_1)|=4$.

【思路解析】　此题难度系数较大, 技巧性较强. 利用反证法, 首先假设 $\forall x\in[0,\ 1]$, $|f(x)|\leqslant 4$ 通过证明 $\int_0^1\left(x-\frac{1}{2}\right)(4-|f(x)|)\mathrm{d}x=0$ 得出 $f(x)\equiv 4$ 或 $f(x)\equiv -4$, 找到与已知条件 $\int_0^1 f(x)\mathrm{d}x=0$ 的矛盾, 从而解决问题.

证　(1) 若 $\forall x\in[0,1], |f(x)|\leqslant 4$, 则

$$1=\int_0^1\left(x-\frac{1}{2}\right)f(x)\mathrm{d}x\leqslant\int_0^1\left|x-\frac{1}{2}\right||f(x)|\mathrm{d}x\leqslant 4\int_0^1\left|x-\frac{1}{2}\right|\mathrm{d}x=1,$$

因此 $\int_0^1\left|x-\frac{1}{2}\right||f(x)|\mathrm{d}x=1$, 而 $4\int_0^1\left|x-\frac{1}{2}\right|\mathrm{d}x=1$, 故

$$\int_0^1\left|x-\frac{1}{2}\right|(4-|f(x)|)\mathrm{d}x=0.$$

所以对于任意的 $x\in[0,1], |f(x)|\leqslant 4$, 由连续性知 $f(x)\equiv 4$ 或 $f(x)\equiv -4$, 这就与条件 $\int_0^1 f(x)\mathrm{d}x=0$ 矛盾. 故 $\exists x_0\in[0,1]$, 使 $|f(x_0)|>4$.

(2) 先证 $\exists x_2\in[0,1]$, 使 $|f(x_2)|<4$. 若不然, 对任意 $x\in[0,1], |f(x)|\geqslant 4$ 成立. 则 $f(x)\geqslant 4$ 恒成立, 或者 $f(x)\leqslant -4$ 恒成立, 与 $\int_0^1 f(x)\mathrm{d}x=0$ 矛盾. 再由 $f(x)$ 的连续性及 (1) 的结果, 利用介值定理可得 $\exists x_1\in[0,1]$, 使 $|f(x_1)|=4$.

例 9 (2016)　设 $f(x)$ 在 $[0,1]$ 上可导, $f(0)=0$, 且当 $x\in(0,1)$, $0<f'(x)<1$. 试证: 当 $a\in(0,1)$ 时, 有

$$\left(\int_0^a f(x)\mathrm{d}x\right)^2>\int_0^a f^3(x)\mathrm{d}x.$$

【思路解析】　此题利用变限积分求导法则, 结合辅助函数

$$F(x)=\left(\int_0^x f(t)\mathrm{d}t\right)^2-\int_0^x f^3(t)\mathrm{d}t,$$

层层分析从而证明结论.

证 设 $F(x)=\left(\int_0^x f(t)\mathrm{d}t\right)^2-\int_0^x f^3(t)\mathrm{d}t$, 则 $F(0)=0$. 只需证明 $F'(x)>0$. 设 $g(x)=2\int_0^x f(t)\mathrm{d}t-f^2(x)$, 则 $F'(x)=f(x)g(x)$. 由于 $f(0)=0, f'(x)>0$, 故 $f(x)>0$. 从而只要证明 $g(x)>0$. 而 $g(0)=0$, 因此只要证明 $g'(x)>0$, $0<x<a$. 而 $g'(x)=2f(x)[1-f'(x)]>0$, 所以 $g(x)>0$. 进一步 $F'(x)>0$, $F(x)$ 单调递增, $F(a)>F(0)$, 即 $\left(\int_0^a f(x)\mathrm{d}x\right)^2\geqslant\int_0^a f^3(x)\mathrm{d}x$.

例 10 (2016) 设函数 $f(x)$ 在闭区间 $[0,1]$ 上具有连续导数, $f(0)=0, f(1)=1$, 证明:

$$\lim_{n\to\infty} n\left(\int_0^1 f(x)\mathrm{d}x-\frac{1}{n}\sum_{k=1}^n f\left(\frac{k}{n}\right)\right)=\frac{1}{2}.$$

【思路解析】 通过观察所需证明的结论, 提示我们采用定积分定义证明, 并利用积分区间可加性, 积分中值定理, 微分中值定理层层剖析, 所涉及的知识点较多, 因此难度系数较大.

证 将区间 $[0,1]$ 分成 n 等份, 设分点 $x_k=\frac{k}{n}(k=0,1,2,\cdots,n)$, 则 $\Delta x_k=\frac{1}{n}$, 且

$$\begin{aligned}
&\lim_{n\to\infty} n\left(\int_0^1 f(x)\mathrm{d}x-\frac{1}{n}\sum_{k=1}^n f\left(\frac{k}{n}\right)\right)\\
=&\lim_{n\to\infty} n\left(\sum_{k=1}^n\int_{x_{k-1}}^{x_k} f(x)\mathrm{d}x-\sum_{k=1}^n f\left(\frac{k}{n}\right)\Delta x_k\right)\\
=&\lim_{n\to\infty} n\left(\sum_{k=1}^n\int_{x_{k-1}}^{x_k}[f(x)-f(x_k)]\mathrm{d}x\right)\\
=&\lim_{n\to\infty} n\left(\sum_{k=1}^n\int_{x_{k-1}}^{x_k}\frac{f(x)-f(x_k)}{x-x_k}(x-x_k)\mathrm{d}x\right)\\
=&\lim_{n\to\infty} n\left(\sum_{k=1}^n\frac{f(\xi_k)-f(x_k)}{\xi_k-x_k}\int_{x_{k-1}}^{x_k}(x-x_k)\mathrm{d}x\right), \text{其中 } \xi_k\in(x_{k-1},x_k)\\
=&\lim_{n\to\infty} n\left(\sum_{k=1}^n f'(\eta_k)\int_{x_{k-1}}^{x_k}(x-x_k)\mathrm{d}x\right),\quad \eta_k\in(\xi_k,x_k)
\end{aligned}$$

$$
\begin{aligned}
&= \lim_{n\to\infty} n\left(\sum_{k=1}^{n} f'(\eta_k)\left[-\frac{1}{2}(x_{k-1}-x_k)^2\right]\right)\\
&= -\frac{1}{2}\lim_{n\to\infty}\left(\sum_{k=1}^{n} f'(\eta_k)\Delta x_k\right)\\
&= -\frac{1}{2}\int_0^1 f'(x)\mathrm{d}x = -\frac{1}{2}.
\end{aligned}
$$

例 11 (2017)　不定积分 $I=\int \frac{\mathrm{e}^{-\sin x}\sin 2x}{(1-\sin x)^2}\mathrm{d}x=$________.

【思路解析】　此题可采用不定积分的第一类换元积分发 (凑微分) 和第二类换元积分法求解. 需注意的是还原法最后需回代, 得到最终的原函数.

解法 1　由于 $I=2\int \frac{\mathrm{e}^{-\sin x}\sin x\cos x}{(1-\sin x)^2}\mathrm{d}x$, 令 $\sin x=v$, 则 $x=\arcsin v$, $\mathrm{d}x=\frac{1}{\sqrt{1-v^2}}\mathrm{d}v$, 于是

$$
\begin{aligned}
\text{原式} &= 2\int \frac{v\mathrm{e}^{-v}}{v-1}\mathrm{d}v + 2\int \frac{(v-1+1)\mathrm{e}^{-v}}{(1-v)^2}\mathrm{d}v\\
&= 2\int \frac{\mathrm{e}^{-v}}{v-1}\mathrm{d}v + 2\int \frac{\mathrm{e}^{-v}}{(v-1)^2}\mathrm{d}v\\
&= 2\int \frac{\mathrm{e}^{-v}}{v-1}\mathrm{d}v - 2\left(\mathrm{e}^{-v}\frac{1}{v-1}+\frac{\mathrm{e}^{-v}}{v-1}\mathrm{d}v\right)\\
&= -\frac{2\mathrm{e}^{-v}}{v-1}+C = \frac{2\mathrm{e}^{-\sin x}}{1-\sin x}+C.
\end{aligned}
$$

解法 2　$I=2\int \frac{\mathrm{e}^{-\sin x}\sin x}{(1-\sin x)^2}\mathrm{d}\sin x$, 令 $1-\sin x=t$, 则 $\sin x=1-t$, 于是

$$
\begin{aligned}
\text{原式} &= 2\int \mathrm{e}^{(t-1)}\frac{t-1}{t^2}\mathrm{d}t = \frac{2}{\mathrm{e}}\left(\int \frac{\mathrm{e}^t}{t}\mathrm{d}t - \int \frac{\mathrm{e}^t}{t^2}\mathrm{d}t\right)\\
&= \frac{2}{\mathrm{e}}\left(\int \frac{\mathrm{e}^t}{t}\mathrm{d}t + \int \mathrm{e}^t\mathrm{d}\left(\frac{1}{t}\right)\right) = 2\frac{\mathrm{e}^{t-1}}{t}+C = \frac{2\mathrm{e}^{-\sin x}}{1-\sin x}+C.
\end{aligned}
$$

例 12 (2017)　已知可导函数 $f(x)$ 满足:

$$
f(x)\cos x + 2\int_0^x f(t)\sin t\mathrm{d}t = x+1,
$$

则 $f(x) =$ ________.

【思路解析】 此题是积分与常微分方程相结合的题目, 也是近几年的热门考点. 首先, 我们遇到变限积分必求导. 然后, 利用常数变易法求解一阶非齐次线性微分方程, 得到的通解即是 $f(x)$ 的表达式.

解 在方程两边求导得

$$f'(x)\cos x + f(x)\sin x = 1, \text{即 } f'(x) + f(x)\tan x = \sec x.$$

利用常数变易法求解一阶非齐次线性微分方程, 得到

$$\begin{aligned} f'(x) &= \mathrm{e}^{-\int \tan x\mathrm{d}x}\left(\int \sec x \mathrm{e}^{\int \tan x\mathrm{d}x}\mathrm{d}x + C\right) \\ &= \mathrm{e}^{\ln\cos x}\left(\int \frac{1}{\cos x}\mathrm{e}^{-\ln\cos x}\mathrm{d}x + C\right) \\ &= \cos x\left(\int \frac{1}{\cos^2 x}\mathrm{d}x + C\right) \\ &= \cos x(\tan x + C) = \sin x + C\cos x. \end{aligned}$$

例 13 (2017) 设函数 $f(x) > 0$ 且在实轴上连续, 若对任意实数 t, 有 $\int_{-\infty}^{+\infty} \mathrm{e}^{-|t-x|}f(x)\mathrm{d}x \leqslant 1$, 则 $\forall a, b(a < b)$, $\int_a^b f(x)\mathrm{d}x \leqslant \dfrac{b-a+2}{2}$.

【思路解析】 此题需要与二重积分相结合, 技巧性较强, 难度系数较高.

证 由于 $\forall a, b(a < b)$, 有 $\int_a^b \mathrm{e}^{-|t-x|}f(x)\mathrm{d}x \leqslant \int_{-\infty}^{+\infty} \mathrm{e}^{-|t-x|}f(x)\mathrm{d}x \leqslant 1$, 因此

$$\int_a^b \mathrm{d}t \int_a^b \mathrm{e}^{-|t-x|}f(x)\mathrm{d}x \leqslant b - a.$$

然而

$$\int_a^b \mathrm{d}t \int_a^b \mathrm{e}^{-|t-x|}f(x)\mathrm{d}x = \int_a^b f(x)\left(\int_a^b \mathrm{e}^{-|t-x|}\mathrm{d}t\right)\mathrm{d}x,$$

其中

$$\int_a^b \mathrm{e}^{-|t-x|}\mathrm{d}t = \int_a^x \mathrm{e}^{t-x}\mathrm{d}t + \int_x^b \mathrm{e}^{x-t}\mathrm{d}t = 2 - \mathrm{e}^{a-x} - \mathrm{e}^{x-b},$$

这样就有

$$\int_a^b f(x)\left(2 - \mathrm{e}^{a-x} - \mathrm{e}^{x-b}\right)\mathrm{d}x \leqslant b - a$$

$$\int_a^b f(x)\mathrm{d}x \leqslant \frac{b-a}{2} + \frac{1}{2}\left[\int_a^b \mathrm{e}^{a-x} f(x)\mathrm{d}x + \int_a^b \mathrm{e}^{x-b} f(x)\mathrm{d}x\right].$$

注意到 $\int_a^b \mathrm{e}^{a-x} f(x)\mathrm{d}x = \int_a^b \mathrm{e}^{-|a-x|} f(x)\mathrm{d}x \leqslant 1$. 把以上两个式子代入, 即得结论.

例 14 (2018) $\int \frac{\ln\left(x+\sqrt{1+x^2}\right)}{(1+x^2)^{\frac{3}{2}}}\mathrm{d}x =$ ________.

【思路解析】 此题可采用凑微分与换元法求解, 突出解法多样.

解法 1

$$\begin{aligned}
\text{原式} &= \ln(x+\sqrt{1+x^2})\mathrm{d}\left(\frac{x}{\sqrt{1+x^2}}\right) \\
&= \ln(x+\sqrt{1+x^2})\frac{x}{\sqrt{1+x^2}} - \int \frac{x}{\sqrt{1+x^2}}\mathrm{d}\ln(x+\sqrt{1+x^2}) \\
&= \ln(x+\sqrt{1+x^2})\frac{x}{\sqrt{1+x^2}} - \int \frac{x}{1+x^2}\mathrm{d}x \\
&= \ln(x+\sqrt{1+x^2})\frac{x}{\sqrt{1+x^2}} - \frac{1}{2}\int \frac{\mathrm{d}x^2}{1+x^2} \\
&= \ln(x+\sqrt{1+x^2})\frac{x}{\sqrt{1+x^2}} - \frac{1}{2}\ln(1+x^2) + C.
\end{aligned}$$

解法 2 令 $x = \tan t$, 则

$$\begin{aligned}
\text{原式} &= \int \frac{\ln(\tan t + \sec t)}{\sec t}\mathrm{d}t = \int \ln(\tan t + \sec t)\mathrm{d}\sin t \\
&= \sin t \ln(\tan t + \sec t) - \int \sin t \frac{1}{\tan t + \sec t}(\sec^2 t + \tan t \sec t)\mathrm{d}t \\
&= \sin t \ln(\tan t + \sec t) - \int \frac{\sin t}{\cos t}\mathrm{d}t \\
&= \sin t \ln(\tan t + \sec t) + \ln|\cos t| + C \\
&= \frac{x}{\sqrt{1+x^2}}\ln(x+\sqrt{1+x^2}) - \frac{1}{2}\ln(1+x^2) + C.
\end{aligned}$$

例 15 (2018) 设 $f(x)$ 在区间 $[0,1]$ 上连续, 且 $1 \leqslant f(x) \leqslant 3$, 证明:

$$1 \leqslant \int_0^1 f(x)\mathrm{d}x \int_0^1 \frac{1}{f(x)}\mathrm{d}x \leqslant \frac{4}{3}.$$

【思路解析】 此题需利用积分柯西不等式及平方和不等式证明, 略微有点技巧, 但难度系数不大.

证 由柯西不等式有

$$\int_0^1 f(x)\mathrm{d}x\int_0^1\frac{1}{f(x)}\mathrm{d}x\geqslant\left(\int_0^1\sqrt{f(x)}\sqrt{\frac{1}{f(x)}}\mathrm{d}x\right)^2=1.$$

又由于 $(f(x)-1)(f(x)-3)\leqslant 0$, 则 $(f(x)-1)(f(x)-3)/f(x)\leqslant 0$, 即

$$f(x)+\frac{3}{f(x)}\leqslant 4,\qquad \int_0^1\left(f(x)+\frac{3}{f(x)}\right)\mathrm{d}x\leqslant 4.$$

由于

$$\begin{aligned}\int_0^1 f(x)\mathrm{d}x\int_0^1\frac{3}{f(x)}\mathrm{d}x&\leqslant\left(\frac{\int_0^1 f(x)\mathrm{d}x+\int_0^1\frac{3}{f(x)}\mathrm{d}x}{2}\right)^2\\&\leqslant\frac{1}{4}\left(\int_0^1 f(x)\mathrm{d}x+\int_0^1\frac{3}{f(x)}\mathrm{d}x\right)^2\leqslant 4,\end{aligned}$$

故 $1\leqslant\int_0^1 f(x)\mathrm{d}x\int_0^1\frac{1}{f(x)}\mathrm{d}x\leqslant\frac{4}{3}$.

例 16 (2019) 设隐函数 $y=y(x)$ 由方程 $y^2(x-y)=x^2$ 所确定, 则 $\int\frac{\mathrm{d}x}{y^2}=$ __________.

【思路解析】 此题可用三角函数万能公式进行化简并结合凑微分求解, 或利用分部积分求解.

解 令 $y=tx$, 则由 $y^2(x-y)=x^2$ 得

$$x=\frac{1}{t^2(1-t)},\text{故 } y=\frac{1}{t(t-1)},\ \mathrm{d}x=\frac{-2+3t}{t^3(1-t)^2}\mathrm{d}t,$$

于是

$$\int\frac{\mathrm{d}x}{y^2}=\int\frac{-2+3t}{t}\mathrm{d}t=3t-2\ln|t|+C=\frac{3y}{x}-2\ln\left|\frac{y}{x}\right|+C.$$

例 17 (2019) 定积分 $\int_0^{\frac{\pi}{2}}\frac{\mathrm{e}^x(1+\sin x)}{1+\cos x}\mathrm{d}x=$ __________.

【思路解析】 此题是积分与隐函数相结合的题目, 是近几年热门考点.

解法 1

$$\text{原式}=\int_0^{\frac{\pi}{2}} \mathrm{e}^x \frac{\left(\sin \dfrac{x}{2}+\cos \dfrac{x}{2}\right)^2}{2 \cos ^2 \dfrac{x}{2}} \mathrm{d} x=\frac{1}{2} \int_0^{\frac{\pi}{2}} \mathrm{e}^x\left(1+\tan \frac{x}{2}\right)^2 \mathrm{d} x$$

$$=\frac{1}{2} \cdot 2 \mathrm{e}^x \tan \left.\frac{x}{2}\right|_0^{\frac{\pi}{2}}=\mathrm{e}^{\frac{\pi}{2}} .$$

解法 2

$$\text{原式}=\int_0^{\frac{\pi}{2}} \frac{\mathrm{e}^x}{1+\cos x} \mathrm{d} x+\int_0^{\frac{\pi}{2}} \frac{\sin x}{1+\cos x} \mathrm{d} \mathrm{e}^x$$

$$=\int_0^{\frac{\pi}{2}} \frac{\mathrm{e}^x}{1+\cos x} \mathrm{d} x+\left.\frac{\mathrm{e}^x \sin x}{1+\cos x}\right|_0^{\frac{\pi}{2}}-\int_0^{\frac{\pi}{2}} \mathrm{e}^x \frac{\cos x(1+\cos x)+\sin ^2 x}{(1+\cos x)^2} \mathrm{d} x$$

$$=\int_0^{\frac{\pi}{2}} \frac{\mathrm{e}^x}{1+\cos x} \mathrm{d} x+\left.\frac{\mathrm{e}^x \sin x}{1+\cos x}\right|_0^{\frac{\pi}{2}}-\int_0^{\frac{\pi}{2}} \frac{\mathrm{e}^x}{1+\cos x} \mathrm{d} x=\mathrm{e}^{\frac{\pi}{2}} .$$

例 18 (2019) 设 $f(x)$ 在 $[0,+\infty)$ 上具有连续导数, 满足 $3[3+f^2(x)]f'(x)=2[1+f^2(x)]^2\mathrm{e}^{-x^2}$ 且 $f(0)\leqslant 1$. 证明: 存在常数 $M>0$, 使得当 $x\in[0,+\infty)$ 时, 恒有 $|f(x)|\leqslant M$.

【思路解析】 此题是积分与常微分方程相结合的题目, 难度系数较高. 首先假设 $\lim\limits_{x\to+\infty} f(x)=L$ (有限或 ∞), 通过分离变量及利用 $\displaystyle\int_0^{+\infty}\mathrm{e}^{-t^2}\mathrm{d}t=\frac{\sqrt{\pi}}{2}$ 计算常数 C, 找出矛盾, 从而判定 $\lim\limits_{x\to+\infty} f(x)\neq+\infty$. 然后证明 $|f(x)|\leqslant M$.

证 从题目可以看出 $f'(x)>0$, 所以 $f(x)$ 是 $[0,+\infty)$ 上的严格增函数, 故 $\lim\limits_{x\to+\infty} f(x)=L$ (有限或为 $+\infty$), 下面证明 $L\neq+\infty$.

记 $y=f(x)$, 将所给等式分离变量并积分得

$$\int \frac{3+y^2}{(1+y^2)^2}\mathrm{d}y=\frac{2}{3}\int \mathrm{e}^{-x^2}\mathrm{d}x,$$

即 $\displaystyle\frac{y}{1+y^2}+2\arctan y=\frac{2}{3}\int \mathrm{e}^{-x^2}\mathrm{d}x+C=\frac{2}{3}\int_0^x \mathrm{e}^{-t^2}\mathrm{d}t+C$, 其中

$$C=\frac{f(0)}{1+f^2(0)}+2\arctan f(0).$$

若 $L=+\infty$, 则对上式取 $x\to+\infty$ 的极限, 并利用

$$\int_0^{+\infty}\mathrm{e}^{-t^2}\mathrm{d}t=\frac{\sqrt{\pi}}{2},$$

得 $C=\pi-\dfrac{\sqrt{\pi}}{3}>0$.

若令 $g(u)=\dfrac{u}{1+u^2}+2\arctan u$, 则 $g'(u)=\dfrac{3+u^2}{(1+u^2)^2}>0$, 所以函数 $g(u)$ 在 $(-\infty,+\infty)$ 上严格单调增加, 因此, 当 $f(0)\leqslant 1$ 时, $C=g(f(0))\leqslant g(1)=\dfrac{1+\pi}{2}$. 但 $C=\pi-\dfrac{\sqrt{\pi}}{3}>\dfrac{1+\pi}{2}$, 矛盾, 这证明了 $\lim\limits_{x\to+\infty}f(x)=L$ 为有限数, 最后, 取 $M=\max\{|f(0)|,|L|\}$, 则

$$|f(x)|\leqslant M,\ \forall x\in[0,+\infty).$$

例 19 (2020) 证明 $f(n)=\sum\limits_{m=1}^{n}\int_0^m\cos\dfrac{2\pi n[x+1]}{m}\mathrm{d}x$ 等于 n 的所有因子 (包括 1 和 n 本身) 之和, 其中 $[x+1]$ 表示不超过 $x+1$ 的最大整数, 并计算 $f(2021)$.

【思路解析】 此题技巧性比较强. 首先由积分区间可加性计算 $\int_0^m\cos\dfrac{2\pi n[x+1]}{m}\mathrm{d}x$ 的值, 然后用过分类讨论证明结论.

证

$$\begin{aligned}\int_0^m\cos\frac{2\pi n[x+1]}{m}\mathrm{d}x&=\sum_{k=1}^{m}\int_{k-1}^{k}\cos\frac{2\pi n[x+1]}{m}\mathrm{d}x\\&=\sum_{k=1}^{m}\int_{k-1}^{k}\cos\frac{2\pi nk}{m}\mathrm{d}x=\sum_{k=1}^{m}\cos k\frac{2\pi n}{m}.\end{aligned}$$

如果 m 是 n 的因子, 那么 $\int_0^m\cos\dfrac{2\pi n[x+1]}{m}\mathrm{d}x=m$; 否则, 根据三角恒等式

$$\sum_{k=1}^{m}\cos kt=\cos\frac{m+1}{2}t\cdot\frac{\sin\dfrac{mt}{2}}{\sin\dfrac{t}{2}},$$

有 $\int_0^m\cos\dfrac{2\pi n[x+1]}{m}\mathrm{d}x=\cos\left(\dfrac{m+1}{2}\cdot\dfrac{2\pi n}{m}\right)\cdot\dfrac{\sin\left(\dfrac{m}{2}\cdot\dfrac{2\pi n}{m}\right)}{\sin\dfrac{2\pi n}{2m}}=0$, 因此得证.

由此可得　$f(2021)=1+43+47+2021=2112.$

例 20 (2021)　设函数 $f(x)$ 连续, 且 $f(0)\neq 0$, 则 $\lim\limits_{x\to 0}\dfrac{2\displaystyle\int_0^x(x-t)f(t)\mathrm{d}t}{x\displaystyle\int_0^x(x-t)\mathrm{d}t}=$ ________.

【思路解析】　此题首先需明确变量 x 为积分上限, 变量 t 为积分变量, 然后利用变量替换对函数进行化简, 结合洛必达法则, 变限积分求导法则及积分中值定理求解极限.

解　原式 $=\lim\limits_{x\to 0}\dfrac{2x\displaystyle\int_0^x f(t)\mathrm{d}t-2\int_0^x tf(t)\mathrm{d}t}{x\displaystyle\int_0^x f(u)\mathrm{d}u}$,　　其中 $u=x-t$

$$=\lim_{x\to 0}\frac{2\displaystyle\int_0^x f(t)\mathrm{d}t+2xf(x)-2xf(x)}{\displaystyle\int_0^x f(u)\mathrm{d}u+xf(x)}\qquad(\text{洛必达法则})$$

$$=\lim_{x\to 0}\frac{2\displaystyle\int_0^x f(t)\mathrm{d}t}{\displaystyle\int_0^x f(u)\mathrm{d}u+xf(x)}$$

$$=\lim_{x\to 0}\frac{2xf(\xi_x)}{xf(\xi_x)+xf(x)}=1,\ \text{其中}\ \xi_x\to 0,\text{当}x\to 0\ \ (\text{积分中值定理}),$$

其中 ξ_x 介于 $0,x$ 之间.

例 21 (2021)　设函数 $f(x)$ 在闭区间 $[a,b]$ 上有连续的二阶导数, 证明:

$$\lim_{n\to\infty}n^2\left[\int_a^b f(x)\mathrm{d}x-\frac{b-a}{n}\sum_{k=1}^{n}f\left(a+\frac{2k-1}{2n}(b-a)\right)\right]=\frac{(b-a)^2}{24}[f'(b)-f'(a)].$$

【思路解析】　此题需结合泰勒公式, 牛顿–莱布尼茨公式及夹逼法则证明. 涉及的知识点较多, 难度系数较高.

证　记 $x_k=a+\dfrac{k(b-a)}{n},\xi_k=a+\dfrac{(2k-1)(b-a)}{2n},k=1,2,\cdots,n$. 将 $f(x)$ 在 $[x_{k-1},x_k]$ 上展开成泰勒公式, 得

$$f(x)=f(\xi_k)+f'(\xi_k)(x-\xi_k)+\frac{f''(\eta_k)}{2}(x-\xi_k)^2,$$

其中 $x\in[x_{k-1},x_k],\eta_k$ 介于 0 和 x 之间. 于是

$$\begin{aligned}B_n&=\int_a^b f(x)\mathrm{d}x-\frac{b-a}{n}\sum_{k=1}^n f\left(a+\frac{2k-1}{2n}(b-a)\right)\\&=\sum_{k=1}^n\int_{x_{k-1}}^{x_k}\left(f(x)-f(\xi_k)\right)\mathrm{d}x\\&=\sum_{k=1}^n\int_{x_{k-1}}^{x_k}\left[f'(\xi_k)(x-\xi_k)+\frac{f''(\eta_k)}{2}(x-\xi_k)^2\right]\mathrm{d}x\\&=\frac{1}{2}\sum_{k=1}^n\int_{x_{k-1}}^{x_k}f''(\eta_k)(x-\xi_k)^2\mathrm{d}x.\end{aligned}$$

设 $f''(x)$ 在 $[x_{k-1},x_k]$ 上取得的最大值和最小值分别为 M_k, m_k, 因为

$$\int_{x_{k-1}}^{x_k}(x-\xi_k)^2\mathrm{d}x=\frac{(b-a)^3}{12n^3},$$

所以

$$\frac{(b-a)^2}{24}\sum_{k=1}^n m_k\frac{b-a}{n}\leqslant n^2B_n\leqslant\frac{(b-a)^2}{24}\sum_{k=1}^n M_k\frac{b-a}{n}.$$

因为 $f''(x)$ 在 $[a,b]$ 上连续, 所以 $f''(x)$ 在 $[a,b]$ 上可积. 根据定积分 $\int_0^1 f''(x)\mathrm{d}x$ 的定义及牛顿-莱布尼茨公式, 得

$$\lim_{n\to\infty}\sum_{k=1}^n m_k\frac{b-a}{n}=\lim_{n\to\infty}\sum_{k=1}^n M_k\frac{b-a}{n}=\int_a^b f''(x)\mathrm{d}x=f'(b)-f'(a).$$

再根据夹逼准则, 得

$$\lim_{n\to\infty}n^2B_n=\frac{(b-a)^2}{24}\left[f'(b)-f'(a)\right].$$

例 22 (2022) 证明：对任意的正整数 n, 恒有

$$\int_0^{\frac{\pi}{2}}x\left(\frac{\sin nx}{\sin x}\right)^4\mathrm{d}x\leqslant\left(\frac{n^2}{4}-\frac{1}{8}\right)\pi^2.$$

证 首先用数学归纳法证明

$$|\sin nx|\leqslant n|\sin x|,\quad\forall x\in\mathbb{R}.$$

当 $n=1$ 时, 显然成立, 假设 $n=k$ 时成立, 则

$$\begin{aligned}|\sin(k+1)x| &= |\sin kx\cos x+\cos kx\sin x| \leqslant |\sin kx|+|\sin x| \\ &\leqslant k|\sin x|+|\sin x| = (k+1)|\sin x|.\end{aligned}$$

当 $n=1$ 时, 有 $\int_0^{\frac{\pi}{2}} x\mathrm{d}x=\dfrac{\pi^2}{8}$, 结论成立. 又

$$|\sin nx|\leqslant 1, \sin x\geqslant \frac{2}{\pi}x\left(0\leqslant x\leqslant \frac{\pi}{2}\right),$$

于是由积分性质, 得

$$\begin{aligned}\text{左边} &= \int_0^{\frac{\pi}{2n}} x\left(\frac{\sin nx}{\sin x}\right)^4\mathrm{d}x+\int_{\frac{\pi}{2n}}^{\frac{\pi}{2}} x\left(\frac{\sin nx}{\sin x}\right)^4\mathrm{d}x \\ &\leqslant \int_0^{\frac{\pi}{2n}} x\left(\frac{n\sin x}{\sin x}\right)^4\mathrm{d}x+\int_{\frac{\pi}{2n}}^{\frac{\pi}{2}} x\left(\frac{1}{\frac{2x}{\pi}}\right)^4\mathrm{d}x \\ &= n^4\cdot\frac{x^2}{2}\Big|_0^{\frac{\pi}{2n}}+\left(\frac{\pi}{2}\right)^4\int_{\frac{\pi}{2n}}^{\frac{\pi}{2}}\frac{1}{x^3}\mathrm{d}x=\frac{\pi^2n^2}{4}-\frac{1}{8}\pi^2.\end{aligned}$$

专题五　常微分方程

模块一　知识框架

一、基本概念

1. 常微分方程 $F(x,y,y',\cdots,y^{(n)})=0$
2. 常微分方程的阶
3. 常微分方程的解、通解和特解
4. 定解条件、定解问题

二、可分离变量的微分方程

1. 方程形式

$$\frac{\mathrm{d}y}{\mathrm{d}x}=f(x)\cdot g(y)$$

2. 求解方法：分离变量法
3. 齐次方程

$$\frac{\mathrm{d}y}{\mathrm{d}x}=g\left(\frac{y}{x}\right)$$

以及准齐次方程

$$\frac{\mathrm{d}y}{\mathrm{d}x}=f\left(\frac{a_1x+b_1y+c_1}{a_2x+b_2y+c_2}\right)$$

都可以通过适当的变量替换转化为可分离变量的微分方程进行求解.

三、一阶线性 (非齐次) 方程

1. 方程形式

$$\frac{\mathrm{d}y}{\mathrm{d}x}+P(x)y=Q(x)$$

2. 求解方法：常数变易法
3. 伯努利方程

$$\frac{\mathrm{d}y}{\mathrm{d}x}+P(x)y=Q(x)y^n$$

可以通过变量替换 $z=y^{1-n}$ 转化为一阶线性非齐次方程进行求解.

四、可降阶的微分方程

1. 第一种类型：$y^{(n)}=f(x)$

令 $y^{(n-1)}=p$, 则方程化为一阶微分方程

$$\frac{\mathrm{d}p}{\mathrm{d}x}=f(x)$$

2. 第二种类型：$y''=f(x,y')$

令 $y'=p$, 则方程化为一阶微分方程

$$\frac{\mathrm{d}p}{\mathrm{d}x}=f(x,p)$$

3. $y''=f(y,y')$

令 $y'=p$, 则方程化为关于 p 的一阶微分方程

$$\frac{\mathrm{d}p}{\mathrm{d}y}p=f(y,p)$$

五、高阶线性微分方程解的性质及解的结构定理

六、常系数二阶线性微分方程

1. 线性齐次方程：$y''+py'+qy=0$

2. 线性非齐次方程：$y''+py'+qy=f(x)$

3. 求解方法：利用特征方程法求齐次方程的通解, 对于特殊的非齐次项可以利用待定系数法求非齐次方程的特解, 二者相加为非齐次方程的通解

4. 欧拉方程 $x^2y''+pxy'+qy=f(x)$ 可通过变量替换 $x=\mathrm{e}^t$ 转化为常系数线性方程进行求解

模块二　基础训练

例 1　求解微分方程 $\left(x^2+1\right)\left(y^2-1\right)\mathrm{d}x+xy\mathrm{d}y=0$.

解 将方程变形为

$$\frac{x^2+1}{x}\mathrm{d}x+\frac{y}{y^2-1}\mathrm{d}y=0,$$

移项后, 方程化为

$$\frac{x^2+1}{x}\mathrm{d}x=-\frac{y}{y^2-1}\mathrm{d}y.$$

上述方程两侧同时积分可得

$$\int x\mathrm{d}x+\int\frac{1}{x}\mathrm{d}x=-\int\frac{y}{y^2-1}\mathrm{d}y+C_1,\qquad 即\ \frac{1}{2}x^2+\ln|x|=-\frac{1}{2}\ln\left|y^2-1\right|+C_2.$$

上述等式两侧同时做指数运算并化简, 则可得方程的通解为

$$y^2-1=C\frac{\mathrm{e}^{-x^2}}{x^2},$$

其中 $C=\pm\mathrm{e}^{2C_2}$ 为任意的不为零的常数.

另外, 如果将 x 视为自变量, 则由方程易知, 常值函数 $y=\pm1$ 为方程的特解. 显然, 如果在通解的表达式中补充常数 C 可以为零, 即为任意常数, 则常值解 $y=\pm1$ 可以包含在通解中.

例 2 求微分方程 $\dfrac{\mathrm{d}y}{\mathrm{d}x}=\dfrac{y}{x}+\tan\dfrac{y}{x}$ 满足定解条件 $y(1)=\dfrac{\pi}{6}$ 的解.

解 显然, 微分方程为齐次方程, 因此, 做变换 $u=\dfrac{y}{x}$, 则原方程化为

$$x\frac{\mathrm{d}u}{\mathrm{d}x}+u=u+\tan u,$$

化简后进一步分离变量可得

$$\frac{\mathrm{d}u}{\tan u}=\frac{\mathrm{d}x}{x}.$$

上式两端积分可得

$$\int\frac{\cos u}{\sin u}\mathrm{d}u=\int\frac{\mathrm{d}x}{x}+C_1,\qquad 即\ \ln|\sin u|=\ln|x|+C_1,$$

变形化简后可得变量分离方程的通解 $\sin u=Cx$. 进一步回代 $u=\dfrac{y}{x}$, 则可得齐次方程的通解

$$\sin\frac{y}{x}=Cx.$$

当 $x=1$ 时, $y=\dfrac{\pi}{6}$, 代入通解的表达式可知 $C=\dfrac{1}{2}$. 因此, 微分方程满足定解条件的解为

$$\sin\frac{y}{x}=\frac{1}{2}x.$$

练 1 求解微分方程 $\dfrac{\mathrm{d}y}{\mathrm{d}x}=\dfrac{x+y}{x-y}$.

解 显然, 微分方程也是典型的齐次方程. 对应地, 引入变换 $u=\dfrac{y}{x}$, 则原方程化为

$$u+x\frac{\mathrm{d}u}{\mathrm{d}x}=\frac{1+u}{1-u},\qquad \text{即 } x\frac{\mathrm{d}u}{\mathrm{d}x}=\frac{1+u^2}{1-u},$$

进一步分离变量后得

$$\frac{1-u}{1+u^2}\mathrm{d}u=\frac{\mathrm{d}x}{x}.$$

上式两侧积分可得

$$\int\frac{1}{1+u^2}\mathrm{d}u-\int\frac{u}{1+u^2}\mathrm{d}u=\int\frac{\mathrm{d}x}{x}+C_1,\qquad \text{即 } \arctan u-\ln\sqrt{1+u^2}=\ln|x|+C_2.$$

等式两侧同时做指数运算并化简, 则

$$\mathrm{e}^{\arctan u}=C\,|x|\,\sqrt{1+u^2},$$

其中 $C=\mathrm{e}^{C_2}$ 为常数. 最后, 回代 $u=y/x$ 可得原方程得通解为

$$\mathrm{e}^{\arctan\frac{y}{x}}=C\sqrt{x^2+y^2}.$$

例 3 求 $(2x+y-4)\mathrm{d}x+(x+y-1)\mathrm{d}y=0$ 的通解.

解法 1 将方程化为标准形式

$$\frac{\mathrm{d}y}{\mathrm{d}x}=\frac{-2x-y+4}{x+y-1},$$

显然, 上述方程为准齐次方程.

令

$$\begin{cases}-2x-y+4=0,\\ \quad x+y-1=0,\end{cases}$$

则可求得 $x=3, y=-2$. 进一步令 $\xi=x-3, \eta=y+2$, 则原微分方程化为

$$\frac{\mathrm{d}\eta}{\mathrm{d}\xi}=\frac{-2\xi-\eta}{\xi+\eta}=\frac{-2-\dfrac{\eta}{\xi}}{1+\dfrac{\eta}{\xi}}.$$

上述方程是典型的齐次方程. 再令 $\dfrac{\eta}{\xi}=u$, 即 $\eta=u\xi$, 则齐次方程化为

$$u+\xi\frac{\mathrm{d}u}{\mathrm{d}\xi}=\frac{-2-u}{1+u}.$$

分离变量可得

$$-\frac{1+u}{u^2+2u+2}\mathrm{d}u=\frac{\mathrm{d}\xi}{\xi},$$

上述方程两侧积分可得

$$-\int\frac{1+u}{u^2+2u+2}\mathrm{d}u=\int\frac{\mathrm{d}\xi}{\xi}+C_1,$$

方程左侧凑微分后

$$-\frac{1}{2}\int\frac{\mathrm{d}(u^2+2u+2)}{u^2+2u+2}=\int\frac{\mathrm{d}\xi}{\xi}+C_1,\qquad \text{即}\ -\frac{1}{2}\ln(u^2+2u+2)=\ln|\xi|+C_2,$$

化简可得变量分离方程的通解为 $u^2\xi^2+2u\xi^2+2\xi^2=C$, 其中 $C=\mathrm{e}^{-2C_2}$.

依次将 $u=\dfrac{\eta}{\xi}$, $\xi=x-3$, $\eta=y+2$ 代入上述通解化简后可得原方程的通解为

$$2x^2-8x+y^2+2xy-2y+10=C.$$

解法 2 令 $M=2x+y-4$, $N=x+y-1$, 则

$$\frac{\partial M}{\partial y}=1=\frac{\partial N}{\partial x},$$

因此, 该方程为全微分方程, 即存在函数 $\varphi(x,y)$ 使得 $\mathrm{d}\varphi(x,y)=M\mathrm{d}x+N\mathrm{d}y$.

令

$$\varphi(x,y)=\int(2x+y-4)\mathrm{d}x+\gamma(y)=x^2+xy-4x+\gamma(y)$$

其中 $\gamma(y)$ 是待定函数, 则 $\varphi(x,y)$ 还满足

$$\frac{\partial\varphi}{\partial y}=N,\qquad \text{即}\ x+\frac{\mathrm{d}\gamma}{\mathrm{d}y}=x+y-1.$$

显然, 只需 $\dfrac{\mathrm{d}\gamma}{\mathrm{d}y}=y-1$ 即可, 由此可得 $\gamma(y)=\dfrac{1}{2}y^2-y$, 进一步可得原方程的通解为

$$\varphi(x,y)=x^2+xy-4x+\frac{1}{2}y^2-y=C.$$

练 2 判断方程 $(2x\sin y+3x^2y)\mathrm{d}x+(x^3+x^2\cos y+y^2)\mathrm{d}y=0$ 是否为全微分方程, 并求解方程.

解 令 $M=2x\sin y+3x^2y,\ N=x^3+x^2\cos y+y^2$, 则

$$\frac{\partial M}{\partial y}=2x\cos y+3x^2=\frac{\partial N}{\partial x}.$$

因此, 该方程为全微分方程, 即存在函数 $\varphi(x,y)$ 使得 $\mathrm{d}\varphi(x,y)=M\mathrm{d}x+N\mathrm{d}y$.

令

$$\varphi(x,y)=\int(2x\sin y+3x^2y)\mathrm{d}x+\gamma(y)=x^2\sin y+x^3y+\gamma(y),$$

其中 $\gamma(y)$ 是待定函数, 则 $\varphi(x,y)$ 还满足

$$\frac{\partial\varphi}{\partial y}=N,\qquad 即\ x^2\cos y+x^3+\frac{\mathrm{d}\gamma(y)}{\mathrm{d}y}=x^3+x^2\cos y+y^2.$$

显然, 只需 $\dfrac{\mathrm{d}\gamma}{\mathrm{d}y}=y^2$ 即可, 由此可得 $\gamma(y)=\dfrac{1}{3}y^3+C_1$, 进一步可得原方程的通解为

$$\varphi(x,y)=x^2\sin y+x^3y+\frac{1}{3}y^3=C.$$

例 4 设 $u=u(x)$ 可微, $u(2)=1$, 且

$$\int_L(x+2y)u\mathrm{d}x+(x+u^3)u\mathrm{d}y$$

在右半平面与路径无关, 求 $u(x)$.

解 由曲线积分与路径无关可知

$$\frac{\partial\left[(x+2y)\,u\right]}{\partial y}=\frac{\partial\left[(x+u^3)\,u\right]}{\partial x},\qquad 即\ 2u=u+x\frac{\mathrm{d}u}{\mathrm{d}x}+4u^3\frac{\mathrm{d}u}{\mathrm{d}x},$$

进一步化简变形后可得

$$\frac{\mathrm{d}x}{\mathrm{d}u}-\frac{1}{u}x=4u^2.$$

显然, 上述方程可以看作以 u 为自变量、以 x 为未知函数的一阶线性非齐次方程, 其通解为

$$x=\mathrm{e}^{-\int -\frac{1}{u}\mathrm{d}u}\left(C+\int \mathrm{e}^{\int -\frac{1}{u}\mathrm{d}u}\cdot 4u^2\mathrm{d}u\right)=u\left(C+\int 4u\mathrm{d}u\right)=u\left(C+2u^2\right).$$

进一步由 $u(2)=1$ 可得 $x(1)=C+2=2$, 即 $C=0$. 因此, $x=2u^3$, 即 $u=\left(\frac{x}{2}\right)^{\frac{1}{3}}$.

例 5 求微分方程 $\frac{\mathrm{d}y}{\mathrm{d}x}=\frac{1}{xy+x^3y^3}$ 的通解.

解 将方程两端分别取倒数可得

$$\frac{\mathrm{d}x}{\mathrm{d}y}=xy+x^3y^3.$$

显然, 变形后的方程是以 y 为自变量、以 x 为未知函数的伯努利方程.

令 $z=x^{-2}$, 则上述伯努利方程进一步转化为一阶线性非齐次方程

$$\frac{\mathrm{d}z}{\mathrm{d}y}+2yz=-2y^3,$$

其通解为

$$\begin{aligned}z&=\mathrm{e}^{-\int 2y\mathrm{d}y}\left(C-\int \mathrm{e}^{\int 2y\mathrm{d}y}\cdot 2y^3\mathrm{d}y\right)=\mathrm{e}^{-y^2}\left[C-\int \mathrm{e}^{y^2}y^2\mathrm{d}(y^2)\right]\\&=C\mathrm{e}^{-y^2}-y^2+1.\end{aligned}$$

最后回代变换 $z=x^{-2}$, 则可得原方程的通解为 $Cx^2\mathrm{e}^{-y^2}-x^2y^2+x^2=1$.

练 3 当 $x>0$ 时, 求微分方程 $x\frac{\mathrm{d}y}{\mathrm{d}x}+y=(x\ln x)y^2$ 的通解.

解 将方程变形为

$$\frac{\mathrm{d}y}{\mathrm{d}x}=-\frac{y}{x}+(\ln x)y^2,$$

则易知该方程为伯努利方程. 令 $u=y^{1-2}=y^{-1}$, 则

$$\frac{\mathrm{d}u}{\mathrm{d}x}=-\frac{1}{y^2}\frac{\mathrm{d}y}{\mathrm{d}x},\quad \frac{\mathrm{d}y}{\mathrm{d}x}=-y^2\frac{\mathrm{d}u}{\mathrm{d}x},$$

对应地, 方程进一步化为

$$\frac{\mathrm{d}u}{\mathrm{d}x}=\frac{u}{x}-\ln x.$$

显然, 上述方程是一个典型的一阶线性非齐次方程, 其通解为

$$u = \mathrm{e}^{\int \frac{1}{x}\mathrm{d}x}\left(C - \int (\ln x)\mathrm{e}^{-\int \frac{1}{x}\mathrm{d}x}\right) = x\left(C - \frac{1}{2}\ln^2 x\right).$$

回代 $u = y^{-1}$, 则可得原方程的通解为

$$xy\left(C - \frac{1}{2}\ln^2 x\right) = 1.$$

例 6 求微分方程 $2y'' - \sin 2y = 0$ 满足初始条件 $y(0) = \dfrac{\pi}{2}$ 和 $y'(0) = 1$ 的特解.

解 由于方程不显含自变量 x, 因而可以将其理解为第三种可降阶的微分方程进行求解. 令 $p = y'$, 则

$$y'' = \frac{\mathrm{d}p}{\mathrm{d}x} = \frac{\mathrm{d}p}{\mathrm{d}y}\frac{\mathrm{d}y}{\mathrm{d}x} = \frac{\mathrm{d}p}{\mathrm{d}y}p.$$

将上式代入原方程, 则方程化为

$$2p\frac{\mathrm{d}p}{\mathrm{d}y} = \sin 2y.$$

显然上述方程为变量分离方程, 利用分离变量法可求得方程的通解为

$$p^2 = -\frac{1}{2}\cos 2y + C_1.$$

代入初始条件 $y(0) = \dfrac{\pi}{2}$ 和 $y'(0) = 1$ 可得 $C_1 = \dfrac{1}{2}$. 因此

$$p^2 = \frac{1}{2}(1 - \cos 2y) = \sin^2 y.$$

在初值附近,

$$p = \frac{\mathrm{d}y}{\mathrm{d}x} = \sin y.$$

继续利用分离变量法可求得上述方程的通解为

$$\ln\left|\tan\frac{y}{2}\right| = x + C_2.$$

进一步代入初始条件 $y(0)=\dfrac{\pi}{2}$ 可知 $C_2=0$. 因此, 初值问题的解为

$$\ln\left|\tan\frac{y}{2}\right|=x.$$

例 7 已知

$$\begin{cases}y_1=x\mathrm{e}^x+\mathrm{e}^{2x},\\ y_2=x\mathrm{e}^x+\mathrm{e}^{-x},\\ y_3=x\mathrm{e}^x+\mathrm{e}^{2x}-\mathrm{e}^{-x}\end{cases}$$

是某一常系数二阶线性非齐次微分方程的三个解, 试求此微分方程.

解 本题主要考查线性微分方程解的结构. 由线性非齐次方程解的结构可知

$$y_1-y_3=\mathrm{e}^{-x},\ y_1-y_2=\mathrm{e}^{2x}-\mathrm{e}^{-x}$$

是对应的线性齐次方程的两个解. 进一步根据叠加原理, $(\mathrm{e}^{2x}-\mathrm{e}^{-x})+\mathrm{e}^{-x}=\mathrm{e}^{2x}$ 也是齐次方程的解. 这样就得到了线性齐次方程的两个线性无关解 e^{-x} 和 e^{2x}.

逆推二阶线性齐次方程的求解过程可知, $\lambda_1=-1$ 和 $\lambda_2=2$ 是齐次方程对应的特征方程的两个根. 因此, 特征方程为

$$(\lambda+1)(\lambda-2)=\lambda^2-\lambda-2=0,$$

齐次方程对应为

$$y''-y'-2y=0.$$

假设线性非齐次方程为 $y''-y'-2y=f(x)$, 易知 $x\mathrm{e}^x$ 为非齐次方程的一个解, 故应当满足方程, 将其代入非齐次方程可得

$$f(x)=(x\mathrm{e}^x)''-(x\mathrm{e}^x)'-2x\mathrm{e}^x=(2+x)\mathrm{e}^x-(1+x)\mathrm{e}^x-2x\mathrm{e}^x=(1-2x)\mathrm{e}^x.$$

因此, 线性非齐次方程为 $y''-y'-2y=(1-2x)\mathrm{e}^x$.

例 8 求解微分方程 $y''+y=x\cos 2x$.

解 与非齐次方程对应的齐次方程为

$$y''+y=0,$$

与齐次方程对应的特征方程为

$$\lambda^2+1=0.$$

显然, 特征方程有一对共轭复根 $\lambda = \pm\mathrm{i}$. 因此, 齐次方程的两个线性无关解分别为 $\sin x$ 和 $\cos x$.

方程的非齐次项 $f(x) = x\cos 2x$, 根据待定系数法可设非齐次方程的特解为

$$y^* = (Ax+B)\cos 2x + (Cx+D)\sin 2x,$$

其中 A, B, C 和 D 为待定系数. 将 y^* 代入非齐次方程, 为使方程成立, A、B、C 和 D 应满足线性方程组

$$\begin{cases} -3A = 1, \\ 4C - 3B = 0, \\ -3C = 0, \\ -3D - 4A = 0, \end{cases}$$

即

$$A = -\frac{1}{3}, \quad B = 0, \quad C = 0, \quad D = \frac{4}{9}.$$

因此, 方程的通解为

$$y = C_1 \sin x + C_2 \cos x - \frac{1}{3}x\cos 2x + \frac{4}{9}\sin 2x.$$

练 4 微分方程 $y'' + y = x^2 + 1 + \sin x$ 的特解可设为何种形式?

解 与例 8 一致, 该方程对应的齐次方程亦为

$$y'' + y = 0,$$

进一步, 特征方程 $\lambda^2 + 1 = 0$ 的根为 $\lambda = \pm\mathrm{i}$.

将非齐次项拆分, 先考虑非齐次方程

$$y'' + y = x^2 + 1,$$

那么, 根据比较系数法, 可设方程的特解为 $y_1^* = ax^2 + bx + c$, 其中 a, b, c 为待定系数. 再考虑非齐次方程

$$y'' + y = \sin x,$$

则方程的特解可设为 $y_2^* = x(A\sin x + B\cos x)$, 其中 A 和 B 亦为待定系数.

最后, 由线性非齐次方程的解关于非齐次项满足的叠加原理可知, 原非齐次方程的特解可设为

$$y^* = y_1^* + y_2^* = ax^2 + bx + c + x(A\sin x + B\cos x).$$

模块三 能力进阶

例 1 (2014) 已知 $y_1=\mathrm{e}^x$ 和 $y_2=x\mathrm{e}^x$ 是常系数二阶线性齐次微分方程的解, 求该微分方程.

【思路解析】 本题主要考核二阶线性微分方程解的结构. 通常, 求解常系数线性齐次方程的方法是: 首先, 根据齐次方程写出特征方程 (二者满足一定的对应关系); 然后, 求出特征方程的根; 最后, 根据特征根的取值情况直接写出微分方程的两个线性无关解, 进一步将二者线性组合后就得到了微分方程的通解. 本题是已知线性无关解求微分方程, 那么只要逆方向执行微分方程的求解过程即可.

解 由两个线性无关解的表达式可知, 齐次线性微分方程所对应的特征方程有二重根 $\lambda=1$, 即特征方程为

$$(\lambda-1)^2=\lambda^2-2\lambda+1=0.$$

对应地, 齐次方程应当为 $y''-2y'+y=0$.

例 2 (2016) 设 $f(x)$ 有连续导数, 且 $f(1)=2$. 记 $z=f(\mathrm{e}^x y^2)$, 若 $\dfrac{\partial z}{\partial x}=z$, 求 $f(x)$ 在 $x>0$ 的表达式.

【思路解析】 本题与后续的例 4 和例 8 属于同一类型的题目, 其主要求解方法都是先根据已知条件建立函数满足的微分方程, 再通过求解微分方程或对应的初值问题得到函数的表达式. 那么具体到本题, 核心的已知条件是等式 $\dfrac{\partial z}{\partial x}=z$, 显然, 只有把偏导数 $\dfrac{\partial z}{\partial x}$ 计算出来才能够得到 $f(x)$ 所满足的条件. 计算之后容易看到, $f(x)$ 满足一微分方程, 利用常规方法就可以得到其通解. 再注意到定解条件 $f(1)=2$, 最终就可以求得 $f(x)$ 确切的表达式.

解 令 $u=\mathrm{e}^x y^2\geqslant 0$, 则 $z=f(u)$,

$$\frac{\partial z}{\partial x}=\frac{\mathrm{d}z}{\mathrm{d}u}\cdot\frac{\partial u}{\partial x}=\frac{\mathrm{d}z}{\mathrm{d}u}\cdot u.$$

由已知条件 $\dfrac{\partial z}{\partial x}=z$ 可得

$$\frac{\mathrm{d}z}{\mathrm{d}u}u=z.$$

上述方程可以看作以 u 为自变量的可分离变量的微分方程, 分离变量之后变为

$$\frac{\mathrm{d}z}{z}=\frac{\mathrm{d}u}{u},$$

两侧积分可得

$$\ln|z| = \ln u + C_1, \qquad \text{即 } z(u) = Cu.$$

由 $f(1)=2$ 可知, $z(1)=C=2$. 因此, $z=f(x)=2x$.

例 3 (2017) 已知可导函数 $f(x)$ 满足

$$f(x)\cos x + 2\int_0^x f(t)\sin t\mathrm{d}t = x+1,$$

求 $f(x)$.

【思路解析】 $f(x)$ 所满足的方程是一个积分方程, 而求解积分方程通常是通过求导将其转化为微分方程再进行求解. 但是, 本题的积分方程并不是直接等价于微分方程, 而是等价于微分方程所对应的初值问题, 其中的初始条件通常由积分方程特殊取值得到.

解 在积分方程两侧同时对 x 求导可得

$$f'(x)\cos x + f(x)\sin x = 1.$$

令 $y=f(x)$, 则其满足方程

$$\frac{\mathrm{d}y}{\mathrm{d}x} + \frac{\sin x}{\cos x}y = \sec x.$$

显然, 上述方程为一阶线性非齐次方程, 其通解为

$$\begin{aligned} y &= \mathrm{e}^{-\int \frac{\sin x}{\cos x}\mathrm{d}x}\left(C + \int \mathrm{e}^{\int \frac{\sin x}{\cos x}\mathrm{d}x}\cdot \sec x\mathrm{d}x\right) = \cos x\left(C + \int \sec^2 x\mathrm{d}x\right) \\ &= \cos x(C+\tan x) = \sin x + C\cos x. \end{aligned}$$

另外, 由积分方程易知 $f(x)$ 还满足 $f(0)=1$, 即 $y(0)=C=1$. 因此, $f(x)=\sin x+\cos x$.

例 4 (2018) 设函数 $f(t)$ 在 $t\neq 0$ 时一阶连续可导, 且 $f(1)=0$, 求 $f\left(x^2-y^2\right)$ 使得

$$\int_L y\left[2-f\left(x^2-y^2\right)\right]\mathrm{d}x + xf\left(x^2-y^2\right)\mathrm{d}y$$

与路径无关, 其中 L 为任一不与 $y=\pm x$ 相交的分段光滑曲线.

【思路解析】 提及曲线积分与路径无关, 自然会联想到一系列等价条件, 其中之一是两个偏导数相等. 根据这一转化条件也可以建立函数 f 满足的微分方程, 求得 f 的表达式.

解 令 $t=x^2-y^2$, 则由曲线积分与路径无关可得

$$2-f(t)+y[-f'(t)\cdot(-2y)]=f(t)+x\cdot f'(t)\cdot 2x,$$

进一步化简得

$$tf'(t)+f(t)=1, \qquad \text{即 } [tf(t)]'=1.$$

显然 $tf(t)=t+C$, 即 $f(t)=1+\dfrac{C}{t}$. 进一步由 $f(1)=1+C=0$ 可得 $C=-1$, 即 $f(t)=1-\dfrac{1}{t}$. 因此

$$f(x^2-y^2)=1-\frac{1}{x^2-y^2}.$$

例 5 (2021) 设 $f(x)$ 在 $[0,+\infty)$ 上是有界连续函数, 证明: 方程 $y''+14y'+13y=f(x)$ 的每一个解在 $[0,+\infty)$ 上都是有界函数.

【思路解析】 如果想证明方程的每一个解都是有界函数, 那么首先需要将方程的通解求出来, 然后根据通解的形式明确有界性. 对应的齐次方程的通解不难计算, 关键在于计算非齐次方程的一个特解. 由于非齐次项 $f(x)$ 没有具体表达式, 因而无法利用经典的待定系数法计算特解, 需要巧妙地通过将方程变形转化求得.

解 齐次方程为

$$y''+14y'+13y=0,$$

对应的特征方程为

$$\lambda^2+14\lambda+13=0.$$

容易求得特征方程的根分别为 $\lambda_1=-1$ 和 $\lambda_2=-13$. 因此, 齐次方程的通解为 $y=C_1\mathrm{e}^{-x}+C_2\mathrm{e}^{-13x}$.

接下来求非齐次方程的特解. 先将非齐次方程变形为

$$y''+14y'+13y=(y''+y')+13(y'+y)=f(x).$$

令 $u_1=y'+y$, 则方程进一步转化为 $u_1'+13u_1=f(x)$. 因此

$$u_1=\mathrm{e}^{-\int 13\mathrm{d}x}\left(C_3+\int_0^x \mathrm{e}^{\int 13\mathrm{d}x}\cdot f(x)\mathrm{d}x\right)=\mathrm{e}^{-13x}\left(C_3+\int_0^x \mathrm{e}^{13x}\cdot f(x)\mathrm{d}x\right).$$

再将非齐次方程变形为

$$y''+14y'+13y=y''+13y'+(y'+13y)=f(x).$$

令 $u_2 = y' + 13y$, 则方程进一步转化为 $u_2' + u_2 = f(x)$. 因此

$$u_2 = \mathrm{e}^{-x}\left(C_4 + \int_0^x \mathrm{e}^x \cdot f(x)\mathrm{d}x\right).$$

特殊地选取 $C_3 = C_4 = 0$, 那么

$$\begin{cases} y + y' = \mathrm{e}^{-13x} \cdot \displaystyle\int_0^x \mathrm{e}^{13x} f(x)\mathrm{d}x, \\ y' + 13y = \mathrm{e}^{-x} \cdot \displaystyle\int_0^x \mathrm{e}^{x} f(x)\mathrm{d}x. \end{cases}$$

由上述方程组可得非齐次方程的一个特解

$$y^* = \frac{1}{12}\mathrm{e}^{-x}\int_0^x \mathrm{e}^x f(x)\mathrm{d}x - \frac{1}{12}\mathrm{e}^{-13x}\int_0^x \mathrm{e}^{13x} f(x)\mathrm{d}x.$$

因此, 非齐次方程的通解为

$$y = C_1\mathrm{e}^{-x} + C_2\mathrm{e}^{-13x} + \frac{1}{12}\mathrm{e}^{-x}\int_0^x \mathrm{e}^t f(t)\mathrm{d}t - \frac{1}{12}\mathrm{e}^{-13x}\int_0^x \mathrm{e}^{13t} f(t)\mathrm{d}t.$$

当 $x \in [0, +\infty)$ 时, 显然 $0 < \mathrm{e}^{-x} \leqslant 1$, $0 < \mathrm{e}^{-13x} \leqslant 1$. 另外, $f(x)$ 有界, 即 $|f(x)| \leqslant M$, 因此

$$\begin{aligned} |y| &\leqslant |C_1| + |C_2| + \frac{M}{12}\mathrm{e}^{-x}\int_0^x \mathrm{e}^t\mathrm{d}t + \frac{M}{12}\mathrm{e}^{-13x}\int_0^x \mathrm{e}^{13t}\mathrm{d}t \\ &= |C_1| + |C_2| + \frac{M}{12}(1 - \mathrm{e}^{-x}) + \frac{M}{12 \times 13}(1 - \mathrm{e}^{-13x}) \\ &\leqslant |C_1| + |C_2| + \frac{M}{12} + \frac{M}{12 \times 13}, \end{aligned}$$

即方程的每一个解在 $[0, +\infty)$ 上都是有界函数.

例 6 (2021 补赛) 求解初值问题

$$\begin{cases} (x+1)\dfrac{\mathrm{d}y}{\mathrm{d}x} + 1 = 2\mathrm{e}^{-y}, \\ y(0) = 0. \end{cases}$$

【思路解析】 不难看出初值问题中的微分方程属于可分离变量的微分方程, 直接利用分离变量法就可以求得方程的通解. 进一步代入初始条件便可以得到初值问题的解.

解法 1 将微分方程分离变量得

$$\frac{\mathrm{d}y}{2\mathrm{e}^{-y}-1}=\frac{\mathrm{d}x}{x+1},\qquad \text{即}\ \frac{\mathrm{e}^{y}\mathrm{d}y}{2-\mathrm{e}^{y}}=\frac{\mathrm{d}x}{x+1}.$$

积分得

$$-\ln|2-\mathrm{e}^{y}|=\ln|x+1|+C_1,$$

进一步化简后可得微分方程的通解

$$\frac{1}{2-\mathrm{e}^{y}}=C(x+1).$$

将 $y(0)=0$ 代入通解可得 $C=1$. 因此, 初值问题的解为

$$\frac{1}{2-\mathrm{e}^{y}}=x+1.$$

解法 2 将微分方程变形为

$$(x+1)\mathrm{e}^{y}\cdot\frac{\mathrm{d}y}{\mathrm{d}x}+\mathrm{e}^{y}=2,\qquad \text{即}\ \frac{\mathrm{d}}{\mathrm{d}x}\left[(x+1)\mathrm{e}^{y}\right]=2,$$

显然, 上述方程的通解为

$$(x+1)\mathrm{e}^{y}=2x+C.$$

将初始条件 $y(0)=0$ 代入通解可得 $C=1$, 所以初值问题的解为

$$(x+1)\mathrm{e}^{y}=2x+1.$$

例 7 (2022) 计算方程 $\dfrac{\mathrm{d}y}{\mathrm{d}x}x\ln x\sin y+\cos y(1-x\cos y)=0$ 的通解.

【思路解析】 理论上, 能够利用经典方法解析求解的微分方程就是模块一中总结的那些类型. 当待求解的方程不属于其中的任何一种类型时, 可以尝试通过初等变换的方法转化求解, 像求解齐次方程和伯努利方程都是利用到了这一思想. 对于本题而言, 方程中包含了复合函数 $\sin[y(x)]$ 和 $\cos[y(x)]$, 而这两个三角函数刚好满足一定的求导关系, 基于此不难发现 $\sin y\dfrac{\mathrm{d}y}{\mathrm{d}x}=-\dfrac{\mathrm{d}(\cos y)}{\mathrm{d}x}$. 由此联想到, 可以引入变量替换 $z=\cos y$ 把原方程转化为以 z 为未知函数的方程, 至少方程的形式会极大简化.

解 令 $z=\cos y$, 则原方程化为

$$-\frac{\mathrm{d}z}{\mathrm{d}x}x\ln x+z-xz^2=0,\qquad \text{即}\ \frac{\mathrm{d}z}{\mathrm{d}x}-\frac{1}{x\ln x}z=-\frac{1}{\ln x}z^2.$$

显然, 上述方程是以 $z=z(x)$ 为未知函数的伯努利方程. 进一步令 $u=z^{-1}$, 则方程转化为

$$\frac{\mathrm{d}u}{\mathrm{d}x}+\frac{1}{x\ln x}u=\frac{1}{\ln x}.$$

根据一阶线性非齐次方程的通解公式可得

$$\begin{aligned}u&=\mathrm{e}^{-\int\frac{1}{x\ln x}\mathrm{d}x}\left(C+\int\mathrm{e}^{\int\frac{1}{x\ln x}\mathrm{d}x}\frac{1}{\ln x}\mathrm{d}x\right)\\&=\mathrm{e}^{-\ln(\ln x)}\left(C+\int\mathrm{e}^{\ln(\ln x)}\frac{1}{\ln x}\mathrm{d}x\right)\\&=\frac{1}{\ln x}(C+x).\end{aligned}$$

将 $u=z^{-1}$ 和 $z=\cos y$ 代入上述表达式, 可得原方程的通解为

$$\cos y=\frac{\ln x}{C+x}.$$

例 8 (2022 补赛) 设函数 $z=f(u)$ 在区间 $(0,+\infty)$ 内具有二阶连续导数, $u=\sqrt{x^2+y^2}$, 且满足

$$\frac{\partial^2 z}{\partial x^2}+\frac{\partial^2 z}{\partial y^2}=x^2+y^2,$$

求 $f(u)$ 的表达式.

【思路解析】 本题与例 2 类似, 主要求解方法也是根据已知的微分等式建立函数 f 满足的微分方程. 当然, 由于已知等式中涉及到二阶偏导数, 因此, 最后得到的微分方程应该是二阶方程. 在求解该二阶微分方程时, 注意根据方程的形式和特点选取合理的求解方法.

解 根据多元复合函数求导的链式法则可得

$$\frac{\partial z}{\partial x}=f'(u)\frac{x}{\sqrt{x^2+y^2}},\quad \frac{\partial z}{\partial y}=f'(u)\frac{y}{\sqrt{x^2+y^2}},$$

进一步

$$\frac{\partial^2 z}{\partial x^2}=f''(u)\frac{x^2}{x^2+y^2}+f'(u)\frac{y^2}{(x^2+y^2)\sqrt{x^2+y^2}}=f''(u)\frac{x^2}{u^2}+f'(u)\frac{y^2}{u^3},$$

$$\frac{\partial^2 z}{\partial y^2}=f''(u)\frac{y^2}{x^2+y^2}+f'(u)\frac{x^2}{(x^2+y^2)\sqrt{x^2+y^2}}=f''(u)\frac{y^2}{u^2}+f'(u)\frac{x^2}{u^3}.$$

将上面两式代入已知等式可得

$$f''(u)+\frac{1}{u}f'(u)=u^2.$$

上述方程可以看作关于 $f'(u)$ 的一阶线性非齐次方程. 因此

$$f'(u)=\mathrm{e}^{-\int\frac{1}{u}\mathrm{d}u}\left(C_1+\int u^2\mathrm{e}^{\int\frac{1}{u}\mathrm{d}u}\mathrm{d}u\right)=\frac{C_1}{u}+\frac{1}{4}u^3.$$

进一步积分可得 $f(u)=C_1\ln u+\dfrac{1}{16}u^4+C_2$, 其中 C_1 和 C_2 均为任意常数.

专题六　多元函数微分学

模块一　知识框架

一、多元函数的定义、极限和连续性

1. 多元函数的定义, 如二元函数 $z=f(x,y)$.

2. 多元函数极限, 如二元函数的极限 $L=\lim\limits_{\substack{x\to x_0\\y\to y_0}} f(x,y)$.

3. 多元函数极限的计算

(1) 利用换元法转化为一元函数的极限问题;

(2) 四则运算;

(3) 等价无穷小替换;

(4) 夹逼准则等.

4. 多元函数的连续性, 如二元函数的连续性 $\lim\limits_{\substack{x\to x_0\\y\to y_0}} f(x,y)=f(x_0,y_0)$.

5. 有界闭域上多元连续函数的性质.

二、偏导数和微分

1. 偏导数的定义：设 $z=f(x,y)$, 则

$$z_x(x_0,y_0)=\left.\frac{\mathrm{d}[f(x,y_0)]}{\mathrm{d}x}\right|_{x=x_0}=\lim_{x\to x_0}\frac{f(x,y_0)-f(x_0,y_0)}{x-x_0}$$

$$=\lim_{\Delta x\to 0}\frac{f(x_0+\Delta x,y_0)-f(x_0,y_0)}{\Delta x}.$$

同理可定义 $z_y(x_0,y_0)$.

2. 可微的定义 $z=f(x,y)$ 在点 $P_0(x_0,y_0)$ 可微 $\Longleftrightarrow$ $\Delta z=A\,\Delta x+B\,\Delta y+o(\rho)$, 其中 $\Delta z=f(x_0+\Delta x,y_0+\Delta y)-f(x_0,y_0)$, $\rho=\sqrt{(\Delta x)^2+(\Delta y)^2}$, A,B 为与 Δx, Δy 均无关的常数.

3. 可微的必要和充分条件: $f(x,y)$ 点 P_0 可微

$$\begin{cases} \text{必要条件: } f \text{ 在 } P_0 \text{ 连续;} \\ \qquad\qquad\quad f \text{ 在 } P_0 \text{ 有偏导数,} \\ \text{充分条件: } f \text{ 在 } P_0 \text{ 有连续偏导数.} \end{cases}$$

4. 全微分的表示, 设有函数 $z=f(x,y)$, 则 $\mathrm{d}f(x,y)=f_x(x,y)\mathrm{d}x+f_y(x,y)\mathrm{d}y$.

5. 方向导数的定义, 设有函数 $z=f(x,y)$ 和单位矢量 $\boldsymbol{n}=(\cos\alpha,\cos\beta)$, 则

$$\left.\frac{\partial z}{\partial \boldsymbol{n}}\right|_{(x_0,y_0)}=f_{\boldsymbol{n}}(x_0,y_0)=\lim_{t\to 0^+}\frac{f(x_0+t\cos\alpha,y_0+t\cos\beta)-f(x_0,y_0)}{t}.$$

6. 梯度的定义, 二元函数 $f(x,y)$ 在一点处 (x_0,y_0) 处的梯度: $\mathrm{grad}f=(f_x(x_0,y_0),f_y(x_0,y_0))$.

7. 高阶偏导数的定义, 二阶偏导数 $f_{xx}(x,y),f_{xy}(x,y),f_{yx}(x,y),f_{yy}(x,y)$.

8. 偏导数的计算

(1) 利用偏导数的定义;

(2) 多元复合函数求偏导数法则;

(3) 多元隐函数的求偏导数公式;

(4) 一阶微分形式不变性.

9. 偏导数的应用

(1) 多元函数的极值与最值;

(2) 多元函数的条件极值: 拉格朗日乘数法;

(3) 空间曲线的切线与法平面;

(4) 曲面的切平面与法线.

模块二 基础训练

一、多元函数重极限计算

⋆ 作变换, 化为一元函数极限

例 1 求重极限 $L=\lim\limits_{\substack{x\to 0\\ y\to 0}}\dfrac{xy}{\sqrt{x^2+y^2}}$ 和 $K=\lim\limits_{\substack{x\to +\infty\\ y\to +\infty}}\dfrac{x^2+y^2}{x^4+y^4}$.

解　作极坐标变换 $x=\rho\cos\theta,\ y=\rho\sin\theta$, 则

$$L=\lim_{\rho\to 0}\frac{\rho^2\sin\theta\cos\theta}{\rho}=0\quad(\text{无穷小乘以有界量仍为无穷小}),$$

$$K=\lim_{\rho\to+\infty}\frac{\rho^2}{\rho^4(\cos^4\theta+\sin^4\theta)}=\lim_{\rho\to+\infty}\frac{1}{\rho^2[(\cos^2\theta+\sin^2\theta)^2-2\sin^2\theta\cos^2\theta]}$$

$$=\lim_{\rho\to+\infty}\frac{1}{\rho^2\left(1-\dfrac{1}{2}\sin^2 2\theta\right)}=0.$$

⋆ 应用一元函数的等价无穷小代换

例 2　求重极限 $L=\lim\limits_{\substack{x\to1\\y\to1}}\dfrac{\sqrt{1+x(x-y)}-1}{x-y}$ 和 $K=\lim\limits_{\substack{x\to1\\y\to0}}\dfrac{\ln(1+xy)}{xy+y}$.

解　$L=\lim\limits_{\substack{x\to1\\y\to1}}\dfrac{\sqrt{1+x(x-y)}-1}{x-y}=\lim\limits_{\substack{x\to1\\y\to1}}\dfrac{x(x-y)/2}{x-y}=\dfrac{1}{2}$.

$K=\lim\limits_{\substack{x\to1\\y\to0}}\dfrac{\ln(1+xy)}{xy+y}=\lim\limits_{\substack{x\to1\\y\to0}}\dfrac{xy}{xy+y}=\lim\limits_{\substack{x\to1\\y\to0}}\dfrac{x}{x+1}=\dfrac{1}{2}$.

注　二重极限可用四则运算法则, 可用迫敛性 (夹逼定理), 可作等价无穷小代换, 但不可用洛必达法则.

二、多元函数的偏导数, 可微性与方向导数

1. 求偏导数

⋆ 用定义, 简化计算

例 3　设 $f(x,y)=x^{2y}y^{2x}$, 求 $f_x(1,1)$, $f_y(1,1)$.

解　$f(x,1)=x^2$, $f_x(x,1)=2x$, $f_x(1,1)=2$. 由对称性知 $f_y(1,1)=2$.

⋆ 用链式法则

例 4　设 $u(x,t)$ 具有二阶连续偏导数. 作变换 $\xi=x-2t$, 求 $u(x,y)=u(\xi)$, 使之满足偏微分方程　$u_{xx}+u_{xt}-u_t-u=0$.

解　$u_x=u'(\xi)\,\xi_x=u'(\xi)$,　　$u_t=u'(\xi)\,\xi_t=-2u'(\xi)$,

$u_{xx}=u''(\xi)\,\xi_x=u''(\xi)$,　$u_{xt}=u_{tx}=-2u''(\xi)$.

代入原方程得

$$u''(\xi)-2u''(\xi)+2u'(\xi)-u(\xi)=0,\quad\text{即}\quad u''(\xi)-2u'(\xi)+u(\xi)=0.$$

解特征方程 $\lambda^2-2\lambda+1=0$ 得 $\lambda_{1,2}=1$. 由此得原方程的解

$$u(x,t)=c_1\mathrm{e}^{\xi}+c_2\,\xi\,\mathrm{e}^{\xi}=\left[c_1+c_2(x-2t)\right]\mathrm{e}^{x-2t}.$$

例 5 设 $f(x)$ 在 $(-\infty,+\infty)$ 上连续, $u(x,y)=\int_0^x y\,f(y\,t)\,\mathrm{d}t$, 求 $\mathrm{d}u$.

解 令 $\tau=y\,t$, 则 $u=\int_0^{xy} f(\tau)\,\mathrm{d}\tau$. 因 f 连续, 故 u 有连续偏导数

$$u_x=f(xy)\,y,\quad u_y=f(xy)\,x.$$

于是 u 可微, 且 $\mathrm{d}u=f(xy)\,[y\,\mathrm{d}x+x\,\mathrm{d}y]$.

练 1 设 $f(x,y)=x^2\cos y+(x-1)\arctan(y/x)$, 求 $f_x(1,0)$.

解 $f(x,0)=x^2$, $f_x(x,0)=2\,x$, $f_x(1,0)=2$.

练 2 设 $u(x,y)$ 有二阶连续偏导数, 可逆变换 $\xi=x-2\,y$, $\eta=x+a\,y$ 把方程 $6\,u_{xx}+u_{xy}-u_{yy}=0$ 化为 $u_{\xi\eta}=0$, 求 a.

解法 1 在所给变换下, 有

$$u_x=u_\xi\,\xi_x+u_\eta\,\eta_x=u_\xi+u_\eta,\quad u_y=u_\xi\,\xi_y+u_\eta\,\eta_y=-2\,u_\xi+a\,u_\eta;$$

$$u_{xx}=(u_\xi+u_\eta)_x=[u_{\xi\xi}\,\xi_x+u_{\xi\eta}\,\eta_x]+[u_{\eta\xi}\,\xi_x+u_{\eta\eta}\,\eta_x]=u_{\xi\xi}+2u_{\xi\eta}+u_{\eta\eta},$$

$$\begin{aligned}u_{xy}&=(u_\xi+u_\eta)_y=[u_{\xi\xi}\,\xi_y+u_{\xi\eta}\,\eta_y]+[u_{\eta\xi}\,\xi_y+u_{\eta\eta}\,\eta_y]\\&=-2\,u_{\xi\xi}+(a-2)\,u_{\xi\eta}+a\,u_{\eta\eta},\end{aligned}$$

$$\begin{aligned}u_{yy}&=(-2\,u_\xi+a\,u_\eta)_y=-2\,[u_{\xi\xi}\,\xi_y+u_{\xi\eta}\,\eta_y]+a\,[u_{\eta\xi}\,\xi_y+u_{\eta\eta}\,\eta_y]\\&=4\,u_{\xi\xi}-4\,a\,u_{\xi\eta}+a^2\,u_{\eta\eta}.\end{aligned}$$

代入原方程得

$$(5\,a+10)\,u_{\xi\eta}+(6+a-a^2)\,u_{\eta\eta}=0.$$

可见 $6+a-a^2=0$, $5\,a+10\neq 0$, 即 $a=3$ 时原方程化为 $u_{\xi\eta}=0$.

解法 2 由 $u_{\xi\eta}=0$ 得

$$u_\xi=f(\xi),\qquad u=F(\xi)+g(\eta)=F(x-2\,y)+g(x+a\,y),$$

其中 $F'(u)=f(u)$, 且 g 是任意函数. 于是有

$$u_{xx}=F''(x-2\,y)+g''(x+a\,y),$$

$$u_{xy}=-2\,F''(x-2\,y)+a\,g''(x+a\,y).$$

$$u_{yy}=4\,F''(x-2\,y)+a^2\,g''(x+a\,y),$$

代入原方程得

$$(6+a-a^2)\,g''(x+a\,y)=0.$$

因此 $6+a-a^2=0$. 解得 $a=-2$, $a=3$. 要使变换可逆, 须有 $a=3$.

注 g 需是任意函数, 因此只能令 $a=3$, 而不能令 $g''=0$.

例 6 设 $f(x,y)=x^3\sin\dfrac{y}{x}$, 求 $f_{xy}(1,0)$.

解 $f_y(x,y)=x^2\cos\dfrac{y}{x}$, $\quad f_y(x,0)=x^2$, $\quad f_{xy}(x,0)=2\,x$, $\quad f_{xy}(1,0)=2$.

练 3 设 $f(x,y)=\displaystyle\int_0^{xy}\mathrm{e}^{xt^2}\,\mathrm{d}t$, 求 $f_{xy}(1,1)$.

解 $f_y(x,y)=\mathrm{e}^{x^3y^2}\,x$, $\qquad f_y(x,1)=x\,\mathrm{e}^{x^3}$.

$f_{xy}(x,1)=\mathrm{e}^{x^3}+x\,\mathrm{e}^{x^3}\,(3x^2)=\mathrm{e}^{x^3}\,(1+3x^3)$, $\quad f_{xy}(1,1)=4\mathrm{e}$.

⋆ 兼用链式法则和定义求混合偏导. 需注意求导次序

练 4 设函数 $z=f(x\,y,y\,g(x))$, 函数 f 具有二阶连续偏导数, 函数 $g(x)$ 可导且在 $x=1$ 处取得极值 $g(1)=1$. 求 $z_{xy}(1,1)$.

解 $z_x=y\,f_1'+y\,g'(x)\,f_2'$, $\quad z_x(1,y)=y\,f_1'(y,y)$,

$z_{xy}(1,y)=f_1'(y,y)+y\,[\,f_{11}''(y,y)+f_{12}''(y,y)]$,

$f_{xy}(1,1)=f_1'(1,1)+f_{11}''(1,1)+f_{12}''(1,1)$.

⋆ 用一阶微分形式不变性

例 7 求方程组 $\begin{cases} x=\mathrm{e}^u+u\sin v, \\ y=\mathrm{e}^u-u\cos v \end{cases}$ 确定的隐函数组的偏导数 u_x, v_x.

解法 1 方程组对 x 求偏导数得 $\begin{cases} \mathrm{e}^u\,u_x+u_x\sin v+u\,v_x\cos v=1, \\ \mathrm{e}^u\,u_x-u_x\cos v+u\,v_x\sin v=0. \end{cases}$

由此解得

$$u_x=\frac{\begin{vmatrix} 1 & u\cos v \\ 0 & u\sin v \end{vmatrix}}{\begin{vmatrix} \mathrm{e}^u+\sin v & u\cos v \\ \mathrm{e}^u-\cos v & u\sin v \end{vmatrix}}=\frac{u\sin v}{\mathrm{e}^u\,u\,(\sin v-\cos v)+u},$$

$$v_x=\frac{\begin{vmatrix} \mathrm{e}^u+\sin v & 1 \\ \mathrm{e}^u-\cos v & 0 \end{vmatrix}}{\begin{vmatrix} \mathrm{e}^u+\sin v & u\cos v \\ \mathrm{e}^u-\cos v & u\sin v \end{vmatrix}}=\frac{\cos v-\mathrm{e}^u}{\mathrm{e}^u\,u\,(\sin v-\cos v)+u}.$$

解法 2 方程组求微分得

$$\begin{cases} \mathrm{d}x = \mathrm{e}^u\,\mathrm{d}u + u\cos v\,\mathrm{d}v + \sin v\,\mathrm{d}u = (\mathrm{e}^u + \sin v)\,\mathrm{d}u + u\cos v\,\mathrm{d}v, \\ \mathrm{d}y = \mathrm{e}^u\,\mathrm{d}u - \cos v\,\mathrm{d}u + u\sin v\,\mathrm{d}v = (\mathrm{e}^u - \cos v)\,\mathrm{d}u + u\sin v\,\mathrm{d}v. \end{cases}$$

解得

$$\mathrm{d}u = \frac{\begin{vmatrix} \mathrm{d}x & u\cos v \\ \mathrm{d}y & u\sin v \end{vmatrix}}{\begin{vmatrix} \mathrm{e}^u + \sin v & u\cos v \\ \mathrm{e}^u - \cos v & u\sin v \end{vmatrix}}, \qquad \mathrm{d}v = \frac{\begin{vmatrix} \mathrm{e}^u + \sin v & \mathrm{d}x \\ \mathrm{e}^u - \cos v & \mathrm{d}y \end{vmatrix}}{\begin{vmatrix} \mathrm{e}^u + \sin v & u\cos v \\ \mathrm{e}^u - \cos v & u\sin v \end{vmatrix}}.$$

由此得

$$u_x = \frac{u\sin v}{\mathrm{e}^u u(\sin v - \cos v) + u}, \qquad v_x = \frac{\cos v - \mathrm{e}^u}{\mathrm{e}^u u(\sin v - \cos v) + u}.$$

2. 判断可微性

例 8 讨论 $f(x,y) = \begin{cases} xy\dfrac{x^2 - y^2}{x^2 + y^2}, & (x,y) \neq (0,0), \\ 0, & (x,y) = (0,0) \end{cases}$ 在原点的可微性.

解 $f_x(0,0) = \lim\limits_{x\to 0}\dfrac{f(x,0) - f(0,0)}{x} = \lim\limits_{x\to 0}\dfrac{0}{x} = 0$. 类似可得 $f_y(0,0) = 0$.

记 $\Delta f = f(\Delta x, \Delta y) - f(0,0)$,

$$h = \Delta f - [\,f_x(0,0)\,\Delta x + f_y(0,0)\,\Delta y\,] = \Delta x \cdot \Delta y \cdot \frac{(\Delta x)^2 - (\Delta y)^2}{(\Delta x)^2 + (\Delta y)^2},$$

$$\rho = \sqrt{(\Delta x)^2 + (\Delta y)^2},$$

由于

$$0 \leqslant \left|\frac{h}{\rho}\right| = \left|\frac{\Delta x \cdot \Delta y}{\rho} \cdot \frac{(\Delta x)^2 - (\Delta y)^2}{(\Delta x)^2 + (\Delta y)^2}\right| \leqslant \left|\frac{\Delta x \cdot \Delta y}{\rho}\right| \leqslant |\Delta x|,$$

且 $\lim\limits_{\substack{\Delta x\to 0\\ \Delta y\to 0}} |\Delta x| = 0$, 故有 $\lim\limits_{\substack{\Delta x\to 0\\ \Delta y\to 0}} \dfrac{h}{\rho} = 0$, 即 $f(x,y)$ 在原点可微.

练 5 讨论函数 $f(x,y) = \sqrt{|xy|}$ 在原点 $(0,0)$ 处的可微性.

解 $f_x(0,0) = \lim\limits_{\Delta x\to 0}\dfrac{f(\Delta x,0) - f(0,0)}{\Delta x} = \lim\limits_{\Delta x\to 0}\dfrac{0}{\Delta x} = 0.$

类似可得 $f_y(0,0)=0$. 记

$$h=\Delta f-[f_x(0,0)\Delta x+f_y(0,0)\Delta y]=\sqrt{|\Delta x\Delta y|},$$
$$\rho=\sqrt{(\Delta x)^2+(\Delta y)^2}.$$

下面考查是否成立 $\lim\limits_{\substack{\Delta x\to 0\\ \Delta y\to 0}}\dfrac{h}{\rho}=0$.

若取 $\Delta y=\Delta x$, 则 $h=|\Delta x|$, $\rho=\sqrt{2}|\Delta x|$, 于是有

$$\lim_{\substack{\Delta x\to 0\\ \Delta y\to 0}}\frac{h}{\rho}=\lim_{|\Delta x|\to 0}\frac{|\Delta x|}{\sqrt{2}|\Delta x|}=\frac{\sqrt{2}}{2}\neq 0,$$

故 f 在原点处不可微.

例 9　设 $f(x,y)$ 在点 $(0,0)$ 的某邻域内连续, 且 $\lim\limits_{\substack{x\to 0\\ y\to 0}}\dfrac{f(x,y)}{1-\cos(x+y)}=-1$, 则 __D__.

A.　$(0,0)$ 不是 $f(x,y)$ 的可微点, 但是极值点

B.　$(0,0)$ 不是 $f(x,y)$ 的可微点, 也不是极值点

C.　$(0,0)$ 是 $f(x,y)$ 的可微点, 但非极值点

D.　$(0,0)$ 是 $f(x,y)$ 的可微点, 且是极值点

解　由已知极限可得

$$\lim_{\substack{x\to 0\\ y\to 0}}\frac{f(x,y)}{\frac{1}{2}(x+y)^2}=-1,\qquad f(x,y)=-\frac{1}{2}(x+y)^2+o[(x+y)^2].$$

因 $f(x,y)$ 在原点连续, 故 $f(0,0)=\lim\limits_{\substack{x\to 0\\ y\to 0}}f(x,y)=0$. 于是

$$f(x,y)-f(0,0)=0\cdot x+0\cdot y+o[\sqrt{x^2+y^2}],$$

即 $f(x,y)$ 在 $(0,0)$ 可微.

在原点的一个充分小的去心邻域内, $f(x,y)$ 与 $\dfrac{1}{2}(x+y)^2$ 符号相反, 因此 $f(x,y)-f(0,0)<0$, 即 $(0,0)$ 是极大值点.

3. 求方向导数

⋆ 用定义求方向导数

例 10　求 $f(x,y)=\sqrt{x^2+y^2}$ 在原点处沿方向 $\boldsymbol{l}=(3,4)$ 的方向导数.

解 与 $\boldsymbol{l}$ 同向的单位矢量为 $\boldsymbol{l}_0=(\cos\alpha,\cos\beta)=\left(\dfrac{3}{5},\dfrac{4}{5}\right)$. 因此

$$f_{\boldsymbol{l}}(0,0)=\lim_{t\to0^+}\frac{f(t\cos\alpha,t\cos\beta)-f(0,0)}{t}=\lim_{t\to0^+}\frac{t}{t}=1.$$

注 本例中 $f(x,y)$ 在原点处存在任意方向的方向导数. 但易知它在原点处不存在对 x 和对 y 的偏导数, 因而也不可微.

例 11 求 $f(x,y)=\begin{cases}0, & y=x^2 \text{ 且 } (x,y)\neq(0,0),\\ 1, & \text{其他情况}\end{cases}$ 在原点处沿 $\boldsymbol{l}=(\cos\alpha,\cos\beta)$ 的方向导数.

解 在原点 O 的某去心邻域内, 指向 $\boldsymbol{l}$ 方向的射线上, 任意点 $P(x,y)$ 的坐标满足 $y\neq x^2$ 且 $(x,y)\neq(0,0)$. 因此

$$\begin{aligned}f_{\boldsymbol{l}}(0,0)&=\lim_{|OP|\to0}\frac{f(P)-f(O)}{|OP|}=\lim_{t\to0^+}\frac{f(t\cos\alpha,t\cos\beta)-f(0,0)}{t}\\&=\lim_{t\to0^+}\frac{1-1}{t}=0.\end{aligned}$$

注 本例中 $f(x,y)$ 在原点存在任意方向的方向导数, 但它在原点不连续. 因为 (x,y) 沿 $y=x^2$ 趋于原点时, $f(x,y)$ 的极限值为 0, 不等于 $f(0,0)$.

⋆ 用梯度求可微点处函数的方向导数

若 $f(x,y)$ 在点 (x_0,y_0) 可微, $\boldsymbol{l}_0=(\cos\alpha,\cos\beta)$ 为向量 $\boldsymbol{l}$ 的同向单位向量, 则

$$\begin{aligned}f_{\boldsymbol{l}}(x_0,y_0)&=f_x(x_0,y_0)\cos\alpha+f_y(x_0,y_0)\cos\beta\\&=(f_x(x_0,y_0),f_y(x_0,y_0))\cdot(\cos\alpha,\cos\beta)=\operatorname{grad}f\cdot\boldsymbol{l}_0\end{aligned}$$

例 12 设 $f(x,y)=3x^2-xy+y^2$, 试求它在点 $M(1,2)$ 处的

(1) 最大方向导数

(2) 沿 x 轴正向 $\boldsymbol{i}=(1,0)$ 的方向导数

(3) 沿 x 轴负向 $-\boldsymbol{i}$ 的方向导数.

解 $f_x=6x-y$, $f_y=2y-x$. $\boldsymbol{v}=\operatorname{grad}f(1,2)=(4,3)$, 则:

(1) 最大方向导数为该点处梯度方向的方向导数, 即

$$f_{\boldsymbol{v}}(1,2)=\operatorname{grad}f(1,2)\cdot\frac{\operatorname{grad}f(1,2)}{\left|\operatorname{grad}f(1,2)\right|}=\left|\operatorname{grad}f(1,2)\right|=5.$$

(2) 沿 x 轴正向 $\boldsymbol{i}=(1,0)$ 的方向导数为

$$f_{\boldsymbol{i}}(1,2)=\operatorname{grad} f(1,2)\cdot \boldsymbol{i}=(4,3)\cdot(1,0)=4.$$

(3) 沿 x 轴负向的方向导数为

$$f_{-\boldsymbol{i}}(1,2)=\operatorname{grad} f(1,2)\cdot(-\boldsymbol{i})=(4,3)\cdot(-1,0)=-4.$$

由此可见坐标轴方向的方向导数和偏导数的关系.

函数在一点处方向导数存在, 不意味着函数在该点连续, 有偏导数, 或可微.

可微点处必有方向导数.

例 13 一蚂蚁在高处觅食时, 不小心跌落到一块热的平石上. 假设建立直角坐标系后平石上的温度分布函数为 $T(x,y)=100-x^2-4y^2$, 蚂蚁掉落的位置为 $M(1,-2)$. 若蚂蚁想沿温度降低最快的方向逃离到凉爽的地方, 试确定其逃跑路线 L 的方程.

分析 曲线 L 上每一点处的切线方向和该点处温度函数的梯度方向相反.

解 曲线 L 上任意点 (x,y) 处的切向量为 $(1,y')$, 对应的温度函数的梯度方向为 $(T_x,T_y)=(-2x,-8y)$. 于是

$$\frac{1}{x}=\frac{y'}{4y},\quad y(1)=-2.$$

解此初值问题得 L 的方程 $y=-2x^4$.

三、多元函数的极值

⋆ 判断极值存在性

例 14 设 $f(x,y)$ 在点 $(0,0)$ 的某邻域内连续, 且 $\lim\limits_{\substack{x\to 0\\ y\to 0}}\dfrac{f(x,y)-xy}{(x^2+y^2)^2}=1$, 判断点 $(0,0)$ 是否 $f(x,y)$ 的极值点, 是否 $f(x,y)$ 在条件 $x=0$ 下的条件极值点.

解 由已知极限得

$$f(x,y)=xy+(x^2+y^2)^2+o[(x^2+y^2)^2].$$

而 $f(x,y)$ 连续, 因此 $f(0,0)=0$. 在原点的一个充分小的去心邻域内, 令 $y=-x$, 则

$$f(x,y)=-x^2+4x^4+o(x^4)<0=f(0,0);$$

令 $y=x$, 则

$$f(x,y)=x^2+4x^4+o(x^4)>0=f(0,0),$$

因此 $(0,0)$ 非极值点.

在原点的一个充分小的去心邻域内, 条件 $x=0$ 下,

$$f(x,y)=y^4+o(y^4)>0=f(0,0),$$

故 $(0,0)$ 是条件极小值点.

⋆ 求极值和最值

例 15 求函数 $f(x,y)=(y-x^2)^2-4x^3+3x^4$ 的极值.

解 解方程组

$$\begin{cases} f_x=2(y-x^2)(-2x)-12x^2+12x^3=12x^2(x-1)-4x(y-x^2)=0, \\ f_y=2(y-x^2)=0 \end{cases}$$

得驻点 $(1,1)$ 和 $(0,0)$. 且

$$f_{xx}=48x^2-24x-4y,\quad f_{xy}=-4x,\quad f_{yy}=2.$$

在驻点 $(1,1)$ 处, 有

$$A=f_{xx}(1,1)=20>0,\ \ B=f_{xy}(1,1)=-4,\ \ C=f_{yy}(1,1)=2,$$
$$AC-B^2=24>0,$$

因此该驻点是极小值点.

在驻点 $(0,0)$ 处, 有

$$A=f_{xx}(0,0)=0,\ \ B=f_{xy}(0,0)=0,\ \ C=f_{yy}(0,0)=2,\ AC-B^2=0.$$

在点 $(0,0)$ 的一个充分小的去心邻域内, 当 $y=x^2$ 时, $f(x,y)=-4x^3+3x^4$ 可正可负, 因此 $(0,0)$ 不是极值点.

注 若 $f(x,y)=(y-x^2)^2+4x^4+3x^5$, 则原点依然是其驻点, 且 $AC-B^2=0$. 在原点的充分小去心邻域内, $4x^4>\left|3x^5\right|$, 故 $f(x,y)\geqslant 0$, 原点是极小值点.

例 16 求函数 $f(x,y)=x^2+2y^2-x^2y^2$ 在闭区域 $D=\{(x,y)\big|\,x^2+y^2\leqslant 4,\ y\geqslant 0\}$ 上的最值.

解 $f(x,y)$ 在闭区域 D 上连续, 故必有最值. 解方程组

$$\begin{cases} f_x = 2x - 2xy^2 = 0, \\ f_y = 4y - 2x^2y = 0 \end{cases}$$

得开区域内驻点 $(\pm\sqrt{2},1)$, 对应函数值为 $f(\pm\sqrt{2},1)=2$.

当 $y=0$ 时, $f(x,y)=x^2$, $x\in[-2,2]$. 对应的最大值为 $f(\pm 2,0)=4$, 最小值为 $f(0,0)=0$.

当 $x^2+y^2=4$, $y>0$ 时, 构造拉格朗日函数

$$F(x,y,\lambda)=x^2+2y^2-x^2y^2+\lambda(x^2+y^2-4),$$

解方程组

$$\begin{cases} F_x = 2x - 2xy^2 + 2\lambda x = 0, \\ F_y = 4y - 2x^2y + 2\lambda y = 0, \\ F_\lambda = x^2 + y^2 - 4 = 0 \end{cases}$$

得条件驻点 $\left(\pm\dfrac{\sqrt{10}}{2},\dfrac{\sqrt{6}}{2}\right)$, $(0,2)$, 对应的函数值为

$$f\left(\pm\frac{\sqrt{10}}{2},\frac{\sqrt{6}}{2}\right)=\frac{7}{4},\quad f(0,2)=8.$$

比较以上所有驻点处的函数值得 $f(x,y)$ 在 D 上最大值和最小值分别为 $f(0,2)=8$ 和 $f(0,0)=0$.

四、偏导数的几何应用

例 17 设直线 $l:\begin{cases} x+y+b=0, \\ x+ay-z-3=0 \end{cases}$ 在平面 Π 上, 而平面 Π 与曲面 $z=x^2+y^2$ 相切于点 $(1,-2,5)$, 求 a, b 的值.

解 令 $f(x,y)=x^2+y^2$, 则 $f_x(1,-2)=2$, $f_y(1,-2)=-4$, 因此平面 Π 的方程为

$$z-5=2(x-1)-4(y+2).$$

直线 l 在平面 Π 上, 故存在参数 λ 使得

$$(x+y+b)+\lambda(x+ay-z-3)=2(x-1)-4(y+2)-(z-5).$$

由此得

$$\frac{1+\lambda}{2}=\frac{1+a\lambda}{-4}=\frac{-1}{-\lambda}=\frac{b-3\lambda}{-5},\quad 解得\ a=-5,\ b=-2\ \ (\lambda=1).$$

例 18 设 $f(x,y)$ 可微, 且 $\forall t\in\mathbb{R}$ 有 $f(tx,ty)=t^2f(x,y)$. 又设 $P_0(1,-2,2)$ 是曲面 $z=f(x,y)$ 上一点, 且 $f_x(1,-2)=2$. 求曲面在 P_0 的切平面的方程.

解 方程 $f(tx,ty)=t^2f(x,y)$ 两边对 t 求导得

$$x\,f_1{}'(tx,ty)+y\,f_2{}'(tx,ty)=2t\,f(x,y).$$

上式中令 $t=1$ 得

$$x\,f_1{}'(x,y)+y\,f_2{}'(x,y)=2\,f(x,y).$$

上式中令 $x=1,\ y=-2$ 可得

$$f_1{}'(1,-2)-2\,f_2{}'(1,-2)=2\,f(1,-2),\quad 即\quad 2-2\,f_2{}'(1,-2)=4.$$

解得 $f_2{}'(1,-2)=-1$. 因此所求切平面方程为 $z-2=2(x-1)-(y+2)$.

练 6 求过直线 $l:\begin{cases}3x-2y-z=5,\\ x+y+z=0\end{cases}$ 且与曲面 $x^2-y^2+z=\dfrac{5}{16}$ 相切的平面的方程.

解 设所求切平面方程为

$$(3x-2y-z-5)+\lambda(x+y+z)=0,\quad 即\quad (3+\lambda)x+(\lambda-2)y+(\lambda-1)z=5.$$

由此得其法矢量 $\boldsymbol{n}=(3+\lambda,\ \lambda-2,\ \lambda-1)$.

令 $F(x,y,z)=x^2-y^2+z-\dfrac{5}{16}$, 并设切点为 $P_0(x_0,y_0,z_0)$, 得切平面法向量

$$\boldsymbol{n}=(F_x(P_0),F_y(P_0),F_z(P_0))=(2x_0,\ -2y_0,\ 1).$$

于是有

$$\begin{cases}\dfrac{3+\lambda}{2x_0}=\dfrac{\lambda-2}{-2y_0}=\lambda-1=t,\\(3+\lambda)\,x_0+(\lambda-2)\,y_0+(\lambda-1)\,z_0=5,\\x_0^2-y_0^2+z_0=\dfrac{5}{16}.\end{cases}$$

解前两个方程得

$$x_0=\frac{4+t}{2t},\quad y_0=\frac{1-t}{2t},\quad z_0=-\frac{15}{2t^2},$$

代入第三个方程得 $t^2-4t+3=0$, 即 $t=2$ 或 $t=6$. 进而得 $\lambda_1=3$, $\lambda_2=7$. 因此所求切平面方程为

$$(3x-2y-z-5)+3(x+y+z)=0,\quad 或\quad (3x-2y-z-5)+7(x+y+z)=0,$$

即 $6x+y+2z=5$ 或 $10x+5y+6z=5$.

模块三 能力进阶

一、多元函数的偏导数与可微性

1. 求偏导数

例 1 (2017) 设 $w=f(u,v)$ 具有二阶连续偏导数, 且 $u=x-cy$, $v=x+cy$, 其中 c 为常数. 则 $w_{xx}-\dfrac{w_{yy}}{c^2}=$ $\underline{\ 4f_{uv}\ }$.

【思路解析】 用链式法则. 函数 $w=f(u,v)$ 的结构为二元函数，其中 u, v 分别是 x, y 的二元函数.

解 $w_x=f_u\,u_x+f_v\,v_x=f_u+f_v$, $w_y=f_u\,u_y+f_v\,v_y=c\,f_v-c\,f_u$;

$$w_{xx}=(w_x)_u\,u_x+(w_x)_v\,v_x=(f_u+f_v)_u+(f_u+f_v)_v=f_{uu}+2f_{uv}+f_{vv},$$

$$\begin{aligned}w_{yy}&=(w_y)_u\,u_y+(w_y)_v\,v_y=-c^2(f_v-f_u)_u+c^2(f_v-f_u)_v\\&=c^2(f_{uu}-2f_{uv}+f_{vv}).\end{aligned}$$

代入所求表达式即可.

例 2 (2015) 设函数 $z=z(x,y)$ 由方程 $F\left(x+\dfrac{z}{y},y+\dfrac{z}{x}\right)=0$ 所确定, 其中 $F(u,v)$ 具有连续偏导数, 且 $xF_u+yF_v\neq 0$, 则 $x\,z_x+y\,z_y=$ $\underline{\ z-xy\ }$. (要求结果中不含 F 及其偏导数)

【思路解析】 用链式法则. 函数 F 为 u, v 的二元函数，其中 u, v 分别是 x, y, z 的三元函数，而 z 又为 x, y 的二元函数.

解 已知方程两边对 x 求导得 $F_1' \cdot \left(x + \dfrac{z}{y}\right)_x + F_2' \cdot \left(y + \dfrac{z}{x}\right)_x = 0$, 即

$$\left(1 + \frac{z_x}{y}\right) F_1' + \left(\frac{z_x}{x} - \frac{z}{x^2}\right) F_2' = 0, \qquad x\, z_x = \frac{y\,(z\,F_2' - x^2\,F_1')}{x\,F_1' + y\,F_2'}.$$

类似计算可得

$$y\, z_y = \frac{x\,(z\,F_1' - y^2\,F_2')}{x\,F_1' + y\,F_2'}.$$

两式相加得结果.

例 3 (2021) 设 $z = z(x, y)$ 是由方程 $2\sin(x + 2y - 3z) = x + 2y - 3z$ 所确定的二元隐函数, 则 $z_x + z_y =$ __1__.

【思路解析】 用链式法则. 多元隐函数的求偏导问题，z 为 x, y 的二元函数.

解 方程两边对 x, y 分别求偏导得

$$2\cos(x + 2y - 3z) \cdot (1 - 3z_x) = 1 - 3z_x,$$

$$2\cos(x + 2y - 3z) \cdot (2 - 3z_y) = 2 - 3z_y.$$

由于 $\cos(x + 2y - 3z) \neq \dfrac{1}{2}$ (否则已知方程不成立), 解得

$$z_x = \frac{1}{3}, \qquad z_y = \frac{2}{3}. \qquad z_x + z_y = 1.$$

例 4 (2020) 已知 $z = x f\left(\dfrac{y}{x}\right) + 2y\phi\left(\dfrac{x}{y}\right)$, 其中 f, ϕ 均为二阶可微函数.

(1) 求 z_x, z_{xy};

(2) 当 $f = \phi$ 且 $z_{xy}\big|_{x=a} = -b y^2$ 时, 求 $f(y)$.

【思路解析】 兼用链式法则和四则运算求偏导. 需注意函数 z 为 x, y 的二元函数，而 f, ϕ 分别又是 $u = \dfrac{y}{x}$, $v = \dfrac{x}{y}$ 的一元函数，其中 u, v 分别是 x, y 的二元函数.

解 (1) 据链式法则得

$$z_x = f\left(\frac{y}{x}\right) - \frac{y}{x} f'\left(\frac{y}{x}\right) + 2\phi'\left(\frac{x}{y}\right),$$

$$z_{xy}=\frac{1}{x}f'\left(\frac{y}{x}\right)-\frac{1}{x}f'\left(\frac{y}{x}\right)-\frac{y}{x^2}f''\left(\frac{y}{x}\right)-\frac{2x}{y^2}\phi''\left(\frac{x}{y}\right)$$
$$=-\frac{y}{x^2}f''\left(\frac{y}{x}\right)-\frac{2x}{y^2}\phi''\left(\frac{x}{y}\right).$$

(2) 当 $f=\phi$ 且 $z_{xy}\big|_{x=a}=-by^2$ 时, 有

$$\frac{y}{a^2}f''\left(\frac{y}{a}\right)+\frac{2a}{y^2}f''\left(\frac{a}{y}\right)=by^2.$$

令 $u=\dfrac{y}{a}$, 则

$$\frac{u}{a}f''(u)+\frac{2}{a\,u^2}f''\left(\frac{1}{u}\right)=b\,a^2u^2,\quad 即\quad u^3f''(u)+2f''\left(\frac{1}{u}\right)=a^3bu^4.\quad (A)$$

再令 $u=\dfrac{1}{u}$ 得

$$\frac{1}{u^3}f''\left(\frac{1}{u}\right)+2f''(u)=\frac{a^3b}{u^4},\quad 即\quad uf''\left(\frac{1}{u}\right)+2u^4f''(u)=a^3b.\quad (B)$$

联合 (A),(B) 两式解得

$$f''(u)=\frac{a^3b}{3}\left(\frac{2}{u^4}-u\right).$$

积分两次得

$$f(u)=\frac{a^3b}{3}\left(\frac{1}{3u^3}-\frac{u^3}{6}\right)+C_1u+C_2,\qquad f(y)=\frac{a^3b}{3}\left(\frac{1}{3y^3}-\frac{y^3}{6}\right)+C_1y+C_2.$$

例 5 (2016) 设 $f(x)$ 有连续导数, 且 $f(1)=2$, 记 $z=f(\mathrm{e}^xy^2)$, 若 $\dfrac{\partial z}{\partial x}=z$, $f(x)$ 在 $x>0$ 的表达式为 $\underline{\ f(x)=2x\ }$.

【思路解析】 兼用链式法则和四则运算求偏导. 需注意函数 z 为 x,y 的二元函数，而 f 是 u 的一元函数，其中 u 是 x,y 的二元函数. 利用已知条件解具有初值条件的常微分方程.

解 由题设, 得 $\dfrac{\partial z}{\partial x}=f'(\mathrm{e}^xy^2)\mathrm{e}^xy^2=f(\mathrm{e}^xy^2)$. 令 $u=\mathrm{e}^xy^2$, 得到当 $u>0$, 有 $f'(u)u=f(u)$, 即

$$\frac{f'(u)}{f(u)}=\frac{1}{u}\Rightarrow(\ln f(u))'=(\ln u)'.$$

所以有 $\ln f(u)=\ln u+C_1$，$f(u)=Cu$. 再由初值条件 $f(1)=2$, 可得 $C=2$, 即 $f(u)=2u$. 所以当 $x>0$ 时有 $f(x)=2x$.

2. 微分相关计算

例 6 (2019) 已知 $\mathrm{d}u(x,y)=\dfrac{y\,\mathrm{d}x-x\,\mathrm{d}y}{x^2-2xy+2y^2}$，则 $u(x,y)=$ $\underline{\arctan\left(\dfrac{x}{y}-1\right)+C}$.

【思路解析】 利用 $\mathrm{d}\left(\dfrac{x}{y}\right)=\dfrac{y\,\mathrm{d}x-x\,\mathrm{d}y}{y^2}$.

解 等式右边分子分母同时除以 y，则可有

$$\mathrm{d}u=\frac{\mathrm{d}\left(\dfrac{x}{y}\right)}{\left(\dfrac{x}{y}\right)^2-2\left(\dfrac{x}{y}\right)+2}=\frac{\mathrm{d}\left(\dfrac{x}{y}-1\right)}{\left(\dfrac{x}{y}-1\right)^2+1}=\mathrm{d}\left[\arctan\left(\frac{x}{y}-1\right)\right].$$

由此得结果. [此题数字稍作改动. 原题分母中三项系数分别为 3, −2, 3.]

例 7 (2022) 设 $z=f(x,y)$ 是区域 $D=\{(x,y)|0\leqslant x\leqslant 1,0\leqslant y\leqslant 1\}$ 上的可微函数，$f(0,0)=0$，且 $\mathrm{d}z\big|_{(0,0)}=3\mathrm{d}x+2\mathrm{d}y$，求极限 $\lim\limits_{x\to 0^+}\dfrac{\displaystyle\int_0^{x^2}\mathrm{d}t\int_x^{\sqrt{t}}f(t,u)\,\mathrm{d}u}{1-\sqrt[4]{1-x^4}}$.

【思路解析】 交换累次积分次序，并将分母进行等价无穷小替换，之后利用洛必达法则化简极限. 结合微分的定义及已知条件求解.

解

$$\lim_{x\to 0^+}\frac{\displaystyle\int_0^{x^2}\mathrm{d}t\int_x^{\sqrt{t}}f(t,u)\,\mathrm{d}u}{1-\sqrt[4]{1-x^4}}=\lim_{x\to 0^+}\frac{-\displaystyle\int_0^{x}\mathrm{d}u\int_0^{u^2}f(t,u)\,\mathrm{d}t}{\dfrac{1}{4}x^4}$$

$$=\lim_{x\to 0^+}\frac{-\displaystyle\int_0^{x^2}f(t,x)\,\mathrm{d}t}{x^3}=-\lim_{x\to 0^+}\frac{f(\xi,x)}{x}(0<\xi<x^2).$$

由于函数可微且 $f(0,0)=0$，且 $\mathrm{d}z\big|_{(0,0)}=3\mathrm{d}x+2\mathrm{d}y$，故 $f(\xi,x)=f(0,0)+f'_x(0,0)\xi+f'_y(0,0)x+o(\sqrt{\xi^2+x^2})=3\xi+2x+o(x)$.

代入上式的极限表达式，并由 $0<\xi<x^2$，得 $\lim\limits_{x\to0^+}\dfrac{\displaystyle\int_0^{x^2}\mathrm{d}t\int_x^{\sqrt{t}}f(t,u)\,\mathrm{d}u}{1-\sqrt[4]{1-x^4}}=$ $-\lim\limits_{x\to0^+}\dfrac{f(\xi,x)}{x}=-\lim\limits_{x\to0^+}\dfrac{3\xi+2x+o(x)}{x}=-2.$

例 8 (2022 补赛) 设函数 $z=f(u)$ 在区间 $(0,+\infty)$ 上具有二阶连续导数，$u=\sqrt{x^2+y^2}$，且满足 $\dfrac{\partial^2 z}{\partial x^2}+\dfrac{\partial^2 z}{\partial y^2}=x^2+y^2$ 求函数 $f(u)$ 的表达式.

【思路解析】 用链式法则求偏导. 需注意函数 f 为 u 的一元函数，而 u 是 x, y 的二元函数. 利用已知条件转化为微分方程求解.

解 根据复合函数求导法则，得 $\dfrac{\partial z}{\partial x}=f'(u)\dfrac{x}{u}$, $\dfrac{\partial z}{\partial y}=f'(u)\dfrac{y}{u}$. 对以上结果继续分别关于 x,y 求导，得

$$\frac{\partial^2 z}{\partial x^2}=f''(u)\frac{x^2}{u^2}+f'(u)\left[\frac{1}{u}-\frac{x^2}{u^3}\right]=f''(u)\frac{x^2}{u^2}+f'(u)\frac{y^2}{u^3}.$$

同理可得，$\dfrac{\partial^2 z}{\partial y^2}=f''(u)\dfrac{y^2}{u^2}+f'(u)\dfrac{x^2}{u^3}$.

代入题设等式，整理得 $f''(u)+\dfrac{1}{u}f'(u)=u^2$, 为可降阶的二阶微分方程.

令 $p=f'(u)$，方程转换为一阶线性微分方程 $\dfrac{\mathrm{d}p}{\mathrm{d}u}+\dfrac{1}{u}p=u^2$.

由一阶线性微分方程通解计算公式，得通解为

$$p=\mathrm{e}^{-\int\frac{1}{u}\mathrm{d}u}\left(\int u^2\mathrm{e}^{\int\frac{1}{u}\mathrm{d}u}\mathrm{d}u+C_1\right)=\frac{1}{4}u^3+\frac{C_1}{u}=f'(u),$$

积分得 $f(u)=\dfrac{1}{16}u^4+C_1\ln u+C_2$, 其中 C_1,C_2 为任意常数.

二、多元函数的极值

⋆ 判断极值存在性

例 9 (2017) 设函数 $f(x,y)$ 在平面上有连续二阶偏导数. 对任意角 α, 定义一元函数 $g_\alpha(t)=f(t\cos\alpha,t\sin\alpha)$. 若对任意 α 都有 $\dfrac{\mathrm{d}g_\alpha(0)}{\mathrm{d}t}=0$, 且 $\dfrac{\mathrm{d}^2g_\alpha(0)}{\mathrm{d}t^2}>0$, 证明: $f(0,0)$ 是 $f(x,y)$ 的极小值.

【思路解析】 用链式法则求出 $g_\alpha(t)$ 的一阶偏导和二阶偏导，利用一阶偏导求函数的驻点，利用二阶偏导数大于零判断极值. 需注意函数 f 为 x, y 的二元函数.

证 因 $f(x,y)$ 具有二阶连续偏导数, 因此 $g_\alpha(t)$ 具有二阶连续导数.

$$g_\alpha{}'(t) = f_x(t\cos\alpha, t\sin\alpha)\cos\alpha + f_y(t\cos\alpha, t\sin\alpha)\sin\alpha,$$

$$g_\alpha{}'(0) = f_x(0,0)\cos\alpha + f_y(0,0)\sin\alpha = \big(f_x(0,0), f_y(0,0)\big)\cdot\big(\cos\alpha, \sin\alpha\big) = 0.$$

而 $\big(\cos\alpha, \sin\alpha\big) \neq (0,0)$, 因此 $\big(f_x(0,0), f_y(0,0)\big) = (0,0)$, 点 $(0,0)$ 是 $f(x,y)$ 的驻点. 另外

$$\begin{aligned} g_\alpha{}''(t) = {} & \cos\alpha\left[f_{xx}(t\cos\alpha, t\sin\alpha)\cos\alpha + f_{xy}(t\cos\alpha, t\sin\alpha)\sin\alpha\right] + \\ & \sin\alpha\left[f_{xy}(t\cos\alpha, t\sin\alpha)\cos\alpha + f_{yy}(t\cos\alpha, t\sin\alpha)\sin\alpha\right], \end{aligned}$$

$$\begin{aligned} g_\alpha{}''(0) &= f_{xx}(0,0)\cos^2\alpha + 2f_{xy}(0,0)\sin\alpha\cos\alpha + f_{yy}(0,0)\sin^2\alpha \\ &= \big(\cos\alpha, \sin\alpha\big)\cdot\begin{bmatrix} f_{xx}(0,0) & f_{xy}(0,0) \\ f_{xy}(0,0) & f_{yy}(0,0) \end{bmatrix}\cdot\begin{pmatrix} \cos\alpha \\ \sin\alpha \end{pmatrix} > 0, \end{aligned}$$

由 α 的任意性知矩阵

$$\begin{bmatrix} f_{xx}(0,0) & f_{xy}(0,0) \\ f_{xy}(0,0) & f_{yy}(0,0) \end{bmatrix}$$

正定, 即 $f_{xx}(0,0) > 0$, $f_{xx}(0,0)f_{yy}(0,0) - f_{xy}^2(0,0) > 0$, 因此 $f(x,y)$ 在 $(0,0)$ 取得极小值.

三、偏导数的几何应用 (曲面的切平面和法线)

例 10 (2019) 设 $a, b, c, \mu > 0$, 曲面 $xyz = \mu$ 与曲面 $\dfrac{x^2}{a^2} + \dfrac{y^2}{b^2} + \dfrac{z^2}{c^2} = 1$ 相切, 则 $\mu = \underline{\dfrac{abc}{3\sqrt{3}}}$.

【思路解析】 偏导数的应用，求两个曲面的切平面的法向量.

解 设切点为 (x_0, y_0, z_0), 则据已知, $(y_0 z_0, x_0 z_0, x_0 y_0) = \lambda\left(\dfrac{2x_0}{a^2}, \dfrac{2y_0}{b^2}, \dfrac{2z_0}{c^2}\right)$.

$$\mu = \frac{2\lambda x_0^2}{a^2} = \frac{2\lambda y_0^2}{b^2} = \frac{2\lambda z_0^2}{c^2}, \quad \mu^3 = \frac{8\lambda^3\mu^2}{a^2b^2c^2}, \quad 3\mu = 2\lambda\left(\frac{x_0^2}{a^2} + \frac{y_0^2}{b^2} + \frac{z_0^2}{c^2}\right) = 2\lambda.$$

后两式联立可解得结果.

例 11 (2014) 设有曲面 $S: z=x^2+2y^2$ 和平面 $L: 2x+2y+z=0$, 则 S 的平行于 L 的切平面的方程为 $\underline{2(x+1)+2\left(y+\frac{1}{2}\right)+\left(z-\frac{3}{2}\right)=0}$.

解 曲面在任意点 (x,y,z) 处的法向量可以取为

$$\boldsymbol{n}_s=(f_x',f_y',-1)=(2x,4y,-1).$$

平面 $\pi: 2x+2y+z=0$ 的法向量为 $\boldsymbol{n}_\pi=(2,2,1)$. 切平面的法向量与平面 π 的法向量平行，也就有

$$\boldsymbol{n}_s // \boldsymbol{n}_\pi=(2x,4y,-1) // (2,2,1),$$

所以 $\frac{2x}{2}=\frac{4y}{2}=\frac{1}{1}$, 即 $x=2y=1$, 得 $x=1, y=\frac{1}{2}$, 从而得 $z\left(1,\frac{1}{2}\right)=(x^2+2y^2)_{\left(1,\frac{1}{2}\right)}=\frac{3}{2}$.

因此, 所求平面即为经过点 $\left(1,\frac{1}{2},\frac{3}{2}\right)$ 法向量为 $\boldsymbol{n}_s=(2,2,1)$ 的平面, 于是切平面的点法式方程为 $2(x+1)+2\left(y+\frac{1}{2}\right)+\left(z-\frac{3}{2}\right)=0$, 即展开化简后有

$$2x+2y+z+\frac{3}{2}=0.$$

例 12 (2016) 求曲面 $z=\frac{x^2}{2}+y^2$ 平行于平面 $2x+2y-z=0$ 的切平面的方程.

【思路解析】同例 11, 偏导数的应用，曲面的切平面的法向量与已知平面的法向量平行.

解 设切点为 $P_0(x_0,y_0,z_0)$, 则 $(x_0,2y_0,-1)=\lambda(2,2,-1)$, $x_0=2$, $y_0=1$. 代入平面方程得 $z_0=3$. 因此所求切平面方程为

$$2(x-2)+2(y-1)-(z-3)=0.$$

例 13 (2018) 设 $f(x,y)$ 在区域 D 内可微, 且 $\sqrt{f_x^2+f_y^2}\leqslant M$. $A(x_1,y_1)$, $B(x_2,y_2)$ 是 D 内两点且线段 AB 含于 D. 证明: $\left|f(B)-f(A)\right|\leqslant M\left|AB\right|$, 其中 $\left|AB\right|$ 是线段 AB 的长度.

【思路解析】 利用线段 AB 的距离, 构造关于 (x,y) 的二元函数，当 $t=0$ 时为点 A 对应的函数值, 当 $t=1$ 时为点 B 对应的函数值. 从而该函数为关于 t 的一元函数. 利用一元函数的中值定理、二元函数的偏导数以及距离公式.

证 令 $F(t)=f(x_1+t(x_2-x_1),y_1+t(y_2-y_1))$, 则由已知, $t\in[0,1]$ 时 $F(t)$ 可微, 并有 $F(0)=f(x_1,y_1),F(1)=f(x_2,y_2)$, 则

$$\begin{aligned}\left|f(x_2,y_2)-f(x_1,y_1)\right|&=\left|F(1)-F(0)\right|=\left|F'(c)\right|\\&=\left|f_x(\xi,\tau)(x_2-x_1)+f_y(\xi,\tau)(y_2-y_1)\right|=\left|\alpha\cdot\beta\right|\\&\leqslant\sqrt{f_x^2(\xi,\tau)+f_y^2(\xi,\tau)}\sqrt{(x_2-x_1)^2+(y_2-y_1)^2}\leqslant M\left|AB\right|,\end{aligned}$$

其中 $\alpha=(f_x(\xi,\tau),f_y(\xi,\tau))$, $\beta=(x_2-x_1,\ y_2-y_1)$.

例 14 (2022 补赛) 设可微函数 $f(x,y)$ 对任意 u,v,t 满足 $f(tu,tv)=t^2f(u,v)$, 点 $P(1,-1,2)$ 位于曲面 $z=f(x,y)$ 上. 又设 $f_x'(1,-1)=3$, 则该曲面在点 P 处的切平面的方程为 $\underline{\ 3(x-1)-(y+1)-(z-2)=0\ }$.

【思路解析】 注意 $x=tu,y=tv$, 利用已知条件求点 P 处的偏导数 $f_x'(P),f_y'(P)$, 从而求得曲面在该点处的切平面的法向量.

解 对等式 $f(tu,tv)=t^2f(u,v)$ 两边关于 t 求导, 得

$$uf_x'(tu,tv)+vf_y'(tu,tv)=2tf(u,v).$$

两边同乘以 t，得 $xf_x'(x,y)+yf_y'(x,y)=2f(x,y)$.

将 $x=1,y=-1$ 和 $f_x'(1,-1)=3,f(1,-1)=2$ 代入上式,得 $f_y'(1,-1)=-1$. 故得 $P(1,-1,2)$ 处切平面的法向量为

$$\boldsymbol{n}_p=(f_x'(P),f_y'(P),-1)=(3,-1,-1),$$

因此点 $P(1,-1,2)$ 的切平面方程为 $3(x-1)-(y+1)-(z-2)=0$,即 $3x-y-z-2=0$.

专题七　重　积　分

模块一　知识框架

一、二重积分

1. 二重积分的概念

D 是一般区域时: $\iint_D f(x,y)\,\mathrm{d}x\mathrm{d}y=\lim\limits_{\lambda\to 0}\sum\limits_{i=1}^{n} f(x_i,y_i)\,\Delta\sigma_i$;

D 是矩形区域 $[a,b]\times[c,d]$ 时: $\iint_D f(x,y)\,\mathrm{d}x\mathrm{d}y=\lim\limits_{\lambda\to 0}\sum\limits_{i=1}^{n}\sum\limits_{j=1}^{m} f(x_i,y_j)\,\Delta x_i\,\Delta y_j$.

2. 二重积分的性质 (线性性质、度量性、积分区域可加性、估值不等式、积分中值定理等).

3. 二重积分的几何意义——曲顶柱体的体积.

4. 计算二重积分的基本步骤

(1) 考虑对称性;

(2) 确定坐标系 (直角坐标系、极坐标系或考虑是否作坐标变换);

(3) 化累次积分 (考虑先后次序);

(4) 计算累次积分.

5. 二重积分极坐标变换 $x=r\cos\theta$, $y=r\sin\theta$, 积分公式为

$$\iint_D f(x,y)\,\mathrm{d}x\,\mathrm{d}y=\iint_{D'} f(r\cos\theta,r\sin\theta)\;r\,\mathrm{d}\theta\,\mathrm{d}r,$$

其中 D' 是 D 的极坐标表示.

6. 二重积分广义极坐标变换 $x=a\,r\cos\theta$, $y=b\,r\sin\theta$, 积分公式为

$$\iint_D f(x,y)\,\mathrm{d}x\,\mathrm{d}y=\iint_{D'} f(r\cos\theta,r\sin\theta)\;(a\,b\,r)\,\mathrm{d}\theta\,\mathrm{d}r,$$

其中 D' 是 D 的广义极坐标表示.

7. 对称性相关结论

设 D 是平面闭区域, 二重积分 $\iint_D f(x,y)\,\mathrm{d}\sigma$ 存在, 则有如下定理:

定理 1 若 D 关于 x(或 y) 轴对称, 且 $f(x,y)$ 是关于 y(或 x) 的奇函数, 则 $\iint_D f(x,y)\,\mathrm{d}\sigma = 0$.

定理 2 若 D 与 $\widetilde{D}$ 关于直线 $y=x$ 对称, 则

$$\iint_D f(x,y)\,\mathrm{d}x\mathrm{d}y = \iint_{\widetilde{D}} f(y,x)\,\mathrm{d}x\mathrm{d}y.$$

定理 2 也可表达为: 若将 D 的表达式中 x,y 互换后所得表达式确定闭区域 $\widetilde{D}$, 那么

$$\iint_D f(x,y)\,\mathrm{d}\sigma = \iint_{\widetilde{D}} f(y,x)\,\mathrm{d}\sigma.$$

推论 1 若 D 关于直线 $y=x$ 对称 (即 D 的表达式中 x,y 互换后表达式不变), 则

$$\iint_D f(x,y)\,\mathrm{d}\sigma = \iint_D f(y,x)\,\mathrm{d}\sigma.$$

推论 2 若 $f(x,y)=f(y,x)$, 则 $\iint_D f(x,y)\,\mathrm{d}\sigma = \iint_{\widetilde{D}} f(x,y)\,\mathrm{d}\sigma$, 其中 D 和 $\widetilde{D}$ 关于直线 $y=x$ 对称.

二、三重积分

1. 三重积分的概念

$\varOmega$ 是一般区域时: $\iiint_\varOmega f(x,y,z)\,\mathrm{d}x\mathrm{d}y\mathrm{d}z = \lim\limits_{\lambda\to 0}\sum\limits_{i=1}^{n} f(x_i,y_i,z_i)\,\Delta v_i$,

$\varOmega$ 是长方体区域 $[a,b]\times[c,d]\times[e,f]$ 时:

$$\iiint_\varOmega f(x,y,z)\,\mathrm{d}x\mathrm{d}y\mathrm{d}z = \lim_{\lambda\to 0}\sum_{i=1}^{n}\sum_{j=1}^{m}\sum_{k=1}^{t} f(x_i,y_j,z_k)\,\Delta x_i\,\Delta y_j,\Delta z_k.$$

2. 三重积分的性质 (同二重积分).

3. 计算三重积分的基本步骤 (直角坐标、柱面坐标及球面坐标)

(1) 考虑对称性;

(2) 确定坐标系 (直角坐标、柱坐标、球坐标);

(3) 化累次积分 (“先一后二” 或 “先二后一”);

(4) 计算累次积分.

4. 三重积分“先二后一”

设 Ω 在 z 轴的投影区间为 $[c,d]$. 对任意 $z\in(c,d)$, 过点 $(0,0,z)$ 作垂直于 z 轴的平面, 该平面截 Ω 所得的截面区域记作 D_z, 则

$$\iiint_{\Omega} f(x,y,z)\,\mathrm{d}x\mathrm{d}y\mathrm{d}z=\int_c^d \mathrm{d}z\iint_{D_z} f(x,y,z)\mathrm{d}x\mathrm{d}y.$$

5. 球坐标变换 $x=r\sin\varphi\cos\theta$, $y=r\sin\varphi\sin\theta$, $z=r\cos\varphi$, 积分公式为

$$\iiint_{\Omega} f(x,y,z)\mathrm{d}x\mathrm{d}y\mathrm{d}z=\iiint_{\Omega'} f(r\sin\varphi\cos\theta,r\sin\varphi\sin\theta,r\cos\varphi)\,r^2\sin\varphi\,\mathrm{d}\theta\mathrm{d}\varphi\mathrm{d}r$$

其中 Ω' 是 Ω 的球坐标表示.

6. 广义球坐标变换 $x=ar\sin\varphi\cos\theta$, $y=br\sin\varphi\sin\theta$, $z=cr\cos\varphi$, 积分公式为

$$\begin{aligned}&\iiint_{\Omega} f(x,y,z)\,\mathrm{d}x\mathrm{d}y\mathrm{d}z\\=&\iiint_{\Omega'} f(r\sin\varphi\cos\theta,r\sin\varphi\sin\theta,r\cos\varphi)\,(abcr^2\sin\varphi)\,\mathrm{d}\theta\mathrm{d}\varphi\mathrm{d}r\end{aligned}$$

其中 Ω' 是 Ω 的广义球坐标表示.

7. 坐标变换

作变换 $x=x(u,v,w)$, $y=y(u,v,w)$, $z=z(u,v,w)$, 可得

$$\iiint\limits_{\Omega} f(x,y,z)\,\mathrm{d}x\mathrm{d}y\mathrm{d}z=\iiint\limits_{\Omega'} f\big[x(u,v,w),y(u,v,w),z(u,v,w)\big]\,\big|J\big|\,\mathrm{d}u\mathrm{d}v\mathrm{d}w,$$

其中 Ω' 是 Ω 在新坐标系下的表示, $J=\begin{vmatrix}x_u & y_u & z_u\\ x_v & y_v & z_v\\ x_w & y_w & z_w\end{vmatrix}$, $\big|J\big|$ 是 J 的绝对值.

8. 对称性 (三重积分也有类似上述定理 1, 2 的对称性质).

三、重积分的应用

平面或曲面图形的面积、体积、质量、质心、形心、转动惯量等.

模块二 基础训练

一、二重积分

1. 二重积分的定义

例 1 求极限 $L=\lim\limits_{n\to\infty}\sum\limits_{i=1}^{n}\sum\limits_{j=1}^{n}\dfrac{n}{(n+i)(n^2+j^2)}$;

解 $L=\lim\limits_{n\to\infty}\sum\limits_{i=1}^{n}\sum\limits_{j=1}^{n}\dfrac{1}{\left(1+\dfrac{i}{n}\right)\left[1+\left(\dfrac{j}{n}\right)^2\right]}\cdot\dfrac{1}{n^2}$

$$=\iint\limits_{[0,1]\times[0,1]}\frac{\mathrm{d}x\mathrm{d}y}{(1+x)(1+y^2)}=\int_0^1\frac{\mathrm{d}x}{1+x}\int_0^1\frac{\mathrm{d}y}{1+y^2}=\frac{\pi\ln 2}{4}.$$

2. 二重积分的计算

直角坐标下的二重积分

例 2 求 $I=\iint_D\dfrac{1}{1+\mathrm{e}^{x-y}}\mathrm{d}\sigma$, 其中 $D:\ x^2+y^2\leqslant 1$.

解 D 关于 $y=x$ 对称, 因此

$$I=\iint_D\frac{\mathrm{e}^y}{\mathrm{e}^y+\mathrm{e}^x}\mathrm{d}\sigma=\frac{1}{2}\iint_D\left[\frac{\mathrm{e}^y}{\mathrm{e}^y+\mathrm{e}^x}+\frac{\mathrm{e}^x}{\mathrm{e}^x+\mathrm{e}^y}\right]\mathrm{d}\sigma=\frac{\pi}{2}.$$

例 3 求 $I=\iint_D 3(x+y)^2\mathrm{d}\sigma$, 其中 D 由 $y=x,\ y=-1,\ x=1$ 围成.

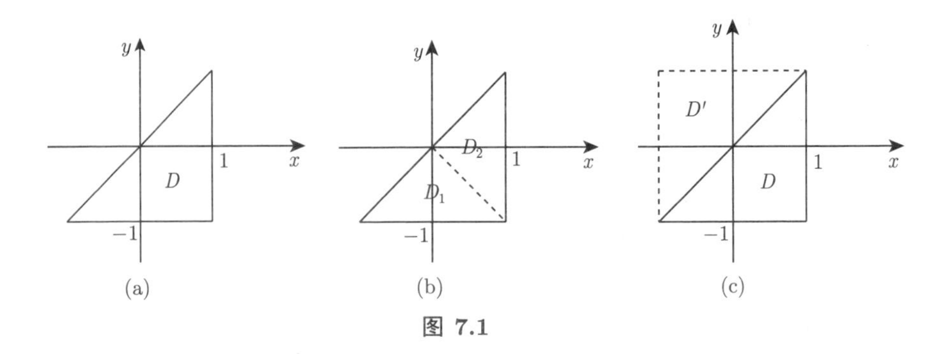

图 7.1

解法 1　如图 7.1(a) 所示

$$I=\int_{-1}^{1}\mathrm{d}x\int_{-1}^{x}3\,(x+y)^2\,\mathrm{d}y=\int_{-1}^{1}\left[8x^3-(x-1)^3\right]\mathrm{d}x=-\int_{-1}^{1}(x-1)^3\mathrm{d}x=4.$$

解法 2　如图 7.1(b) 所示，$D=D_1\cup D_2$，D_1，D_2 分别关于 y 轴和 x 轴对称. 因此

$$\int_{D_1}xy\,\mathrm{d}\sigma=\int_{D_2}xy\,\mathrm{d}\sigma=0.$$

$$\begin{aligned}I&=\iint_D 3\,(x^2+y^2)\,\mathrm{d}\sigma=\int_{-1}^{1}\mathrm{d}x\int_{-1}^{x}3\,(x^2+y^2)\,\mathrm{d}y\\&=\int_{-1}^{1}\left[3\,x^2\,(x+1)+(x^3+1)\right]\mathrm{d}x=\int_{-1}^{1}(3\,x^2+1)\mathrm{d}x=4.\end{aligned}$$

解法 3　如图 7.1(c) 所示, 据对称性, 有

$$\begin{aligned}I&=\iint_D 3\,(x^2+y^2)\,\mathrm{d}\sigma=\frac{1}{2}\iint_{D\cup D'}3\,(x^2+y^2)\,\mathrm{d}\sigma\\&=3\iint_{D\cup D'}x^2\,\mathrm{d}\sigma=3\int_{-1}^{1}\mathrm{d}x\int_{-1}^{1}x^2\,\mathrm{d}y=4.\end{aligned}$$

例 4　设 $f(x)\in C[0,1]$, $\int_0^1 f(x)\mathrm{d}x=K$, 求 $I=\int_0^1\mathrm{d}x\int_x^1 f(x)f(y)\mathrm{d}y$.

解法 1　记 $F(x,y)=f(x)\,f(y)$, 则 $F(x,y)=F(y,x)$,

$$\begin{aligned}I&=\int_0^1\mathrm{d}x\int_x^1 F(x,y)\mathrm{d}y=\frac{1}{2}\int_0^1\mathrm{d}x\int_0^1 F(x,y)\mathrm{d}y\\&=\frac{1}{2}\left[\int_0^1 f(x)\mathrm{d}x\right]^2=\frac{K^2}{2}.\end{aligned}$$

解法 2　记 $F(x)=\int_x^1 f(y)\mathrm{d}y$, 则 $F'(x)=-f(x)$, 且

$$I=\int_0^1 f(x)\,F(x)\mathrm{d}x=-\int_0^1 F(x)\,\mathrm{d}[F(x)]=-\frac{F^2(x)}{2}\bigg|_0^1=\frac{K^2}{2}.$$

极坐标下的二重积分

例 5　求 $I=\iint_D(x^2+3y^2)\mathrm{d}\sigma$, 其中 D: $x^2+y^2\leqslant 1$.

解 D 关于 $y=x$ 对称，因此 $\iint_D x^2\mathrm{d}\sigma=\iint_D y^2\mathrm{d}\sigma$. 作极坐标变换得

$$I=2\iint_D(x^2+y^2)\mathrm{d}\sigma=2\int_0^{2\pi}\mathrm{d}\theta\int_0^1 r^3\,\mathrm{d}r=\pi.$$

练 1 求 $I=\iint_D(x^2+y^2-1)\mathrm{d}\sigma$, 其中 D: $(x-1)^2+y^2\leqslant 1$.

解法 1 作极坐标变换 $x=r\cos\theta,\ y=r\sin\theta$, 则

$$\begin{aligned}I&=\int_{-\pi/2}^{\pi/2}\mathrm{d}\theta\int_0^{2\cos\theta}r^3\mathrm{d}r-\iint_D\mathrm{d}\sigma=\int_{-\pi/2}^{\pi/2}4\cos^4\theta\mathrm{d}\theta-\pi\\&=8\int_0^{\pi/2}\cos^4\theta\mathrm{d}\theta-\pi=8\cdot\frac{3}{4}\cdot\frac{1}{2}\cdot\frac{\pi}{2}-\pi=\frac{\pi}{2}.\end{aligned}$$

解法 2 作坐标变换 $x-1=r\cos\theta,\ y=r\sin\theta$, 则

$$\begin{aligned}I&=\int_0^{2\pi}\mathrm{d}\theta\int_0^1\left[(1+r\cos\theta)^2+r^2\sin^2\theta-1\right]r\mathrm{d}r\\&=\int_0^{2\pi}\mathrm{d}\theta\int_0^1\left(r^3+2r^2\cos\theta\right)\mathrm{d}r\\&=2\pi\int_0^1 r^3\mathrm{d}r+2\int_0^{2\pi}\cos\theta\mathrm{d}\theta\int_0^1 r^2\mathrm{d}r=\frac{\pi}{2}.\end{aligned}$$

例 6 求 $I=\iint_D(x^2+y^2)\mathrm{d}\sigma$, 其中 D: $\sqrt{2x-x^2}\leqslant y\leqslant\sqrt{4-x^2}$.

解法 1 如图 7.2 所示，曲线 $y=\sqrt{2x-x^2}$ 和 $y=\sqrt{4-x^2}$ 的极坐标方程分别为 $r=2\cos\theta$ 和 $r=2$. 因此

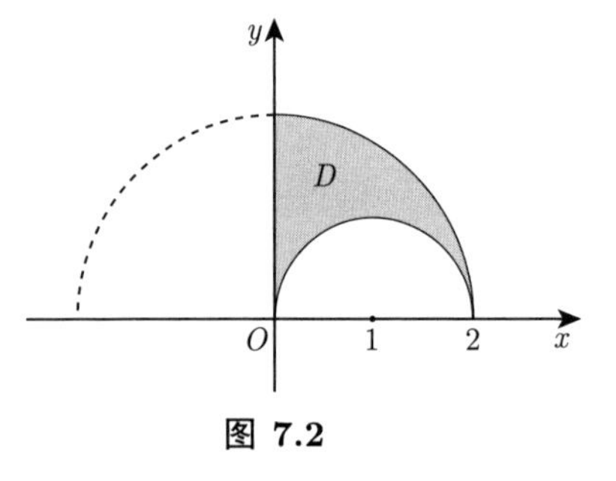

图 7.2

$$\begin{aligned}I&=\int_0^{\pi/2}\mathrm{d}\theta\int_{2\cos\theta}^2 r^3\,\mathrm{d}r\\&=\int_0^{\pi/2}4\left(1-\cos^4\theta\right)\mathrm{d}\theta\\&=4\left(\frac{\pi}{2}-\frac{3}{4}\cdot\frac{1}{2}\cdot\frac{\pi}{2}\right)=\frac{5\pi}{4}.\end{aligned}$$

解法 2 $I=\int_0^{\pi/2}\mathrm{d}\theta\int_0^2 r^3\,\mathrm{d}r-\int_0^{\pi/2}\mathrm{d}\theta\int_0^{2\cos\theta}r^3\,\mathrm{d}r=\frac{5\pi}{4}.$

练 2 求 $I=\iint_D (x+2y)^2\mathrm{d}\sigma$, 其中 $D=\left\{(x,y)\middle|\left(\dfrac{x}{2}\right)^2+\left(\dfrac{y}{3}\right)^2\leqslant 1\right\}$.

解 据对称性有 $\iint_D xy\,\mathrm{d}\sigma=0$, $\iint_D \left(\dfrac{x}{2}\right)^2\mathrm{d}\sigma=\iint_D\left(\dfrac{y}{3}\right)^2\mathrm{d}\sigma$.

$$\begin{aligned}I&=\iint_D x^2\mathrm{d}\sigma+4\iint_D y^2\mathrm{d}\sigma\\&=4\iint_D\left(\frac{x}{2}\right)^2\mathrm{d}\sigma+36\iint_D\left(\frac{y}{3}\right)^2\mathrm{d}\sigma\\&=20\iint_D\left[\left(\frac{x}{2}\right)^2+\left(\frac{y}{3}\right)^2\right]\mathrm{d}\sigma.\end{aligned}$$

作广义极坐标变换 $x=2r\cos\theta$, $y=3r\sin\theta$, 则

$$I=20\int_0^{2\pi}\mathrm{d}\theta\int_0^1 6r^3\,\mathrm{d}r=60\,\pi.$$

累次积分

例 7 设 $f(x)$ 连续, 将极坐标下累次积分 $I=\int_0^{\frac{\pi}{2}}\mathrm{d}\theta\int_{2\cos\theta}^{2}r^2\,\mathrm{d}r$ 化为直角坐标下先 y 后 x 的累次积分.

解 积分区域为第一象限中 $y=\sqrt{1-(x-1)^2}$, $x^2+y^2=4$ 及 y 轴正半轴围成的图形. 因此

$$I=\int_0^2\mathrm{d}x\int_{\sqrt{1-(x-1)^2}}^{\sqrt{4-x^2}}\sqrt{x^2+y^2}\mathrm{d}y.$$

例 8 设 $F(t)=\int_1^t\mathrm{d}y\int_y^t\big|(x-1)(x-2)\big|\,\mathrm{d}x$, 求 $F(t)$ 的极值.

解 $F(t)=\int_1^t\mathrm{d}x\int_1^x\big|(x-1)(x-2)\big|\mathrm{d}y=\int_1^t\big|(x-1)(x-2)\big|\cdot(x-1)\,\mathrm{d}x.$

令 $F'(t)=\big|(t-1)(t-2)\big|(t-1)=0$ 解得驻点 $t=1$, $t=2$.

当 $t<1$ 时, $F'(t)<0$, $F(t)$ 单减; 当 $t>1$ 时, $F'(t)>0$, $F(t)$ 单增, 因此 $F(1)$ 是极小值, $F(2)$ 非极值, 即 $F(t)$ 的极小值为 $F(1)=0$.

例 9 求 $I=\iint_D\dfrac{\sin(x+y)}{x+y}\mathrm{d}x\mathrm{d}y$, 其中 D: $x\geqslant 0$, $y\geqslant 0$, $x+y\leqslant\pi$.

解 $I=\int_0^{\pi}\mathrm{d}x\int_0^{\pi-x}\dfrac{\sin(x+y)}{x+y}\mathrm{d}y.$

令 $t=x+y$, 则

$$\int_0^{\pi-x}\frac{\sin(x+y)}{x+y}\,\mathrm{d}y=\int_x^{\pi}\frac{\sin t}{t}\,\mathrm{d}t,$$

$$I=\int_0^{\pi}\mathrm{d}x\int_x^{\pi}\frac{\sin t}{t}\,\mathrm{d}t=\int_0^{\pi}\mathrm{d}t\int_0^{t}\frac{\sin t}{t}\,\mathrm{d}x=\int_0^{\pi}\sin t\,\mathrm{d}t=2.$$

例 10 设 D 是 x 轴与摆线的一拱 $x=t-\sin t,\ y=1-\cos t,\ t\in[0,2\pi]$ 围成的闭区域. 求 $I=\iint_D y^2\mathrm{d}x\mathrm{d}y$.

解 如图 7.3 所示，有

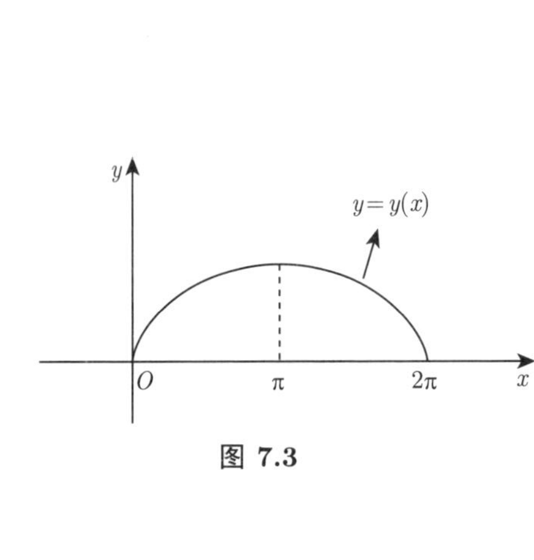

图 7.3

$$\begin{aligned}I&=\int_0^{2\pi}\mathrm{d}x\int_0^{y(x)}y^2\mathrm{d}y\\&=\frac{1}{3}\int_0^{2\pi}y^3(x)\mathrm{d}x\\&=\frac{1}{3}\int_0^{2\pi}(1-\cos t)^3\,\mathrm{d}(t-\sin t)\\&=\frac{1}{3}\int_0^{2\pi}(1-\cos t)^4\,\mathrm{d}t=\frac{16}{3}\int_0^{2\pi}\sin^8\frac{t}{2}\,\mathrm{d}t\\&=\frac{32}{3}\int_0^{\pi}\sin^8\frac{t}{2}\,\mathrm{d}t=\frac{64}{3}\int_0^{\pi/2}\sin^8 u\,\mathrm{d}u\\&=\frac{64}{3}\cdot\frac{7!!}{8!!}\cdot\frac{\pi}{2}=\frac{35\pi}{12}.\end{aligned}$$

3. 定积分问题的二重积分解法

例 11 设 $a>0$, 证明: $\dfrac{\pi}{4}\displaystyle\int_0^{N^2}a^x\mathrm{d}x\leqslant\left[\int_0^{N}a^{x^2}\,\mathrm{d}x\right]^2\leqslant\frac{\pi}{4}\int_0^{2N^2}a^x\mathrm{d}x$.

证 记 $D_1:\ x^2+y^2\leqslant N^2\ (x\geqslant 0,\ y\geqslant 0)$; $D_2:\ [0,N]\times[0,N]$; $D_3:\ x^2+y^2\leqslant 2N^2\ (x\geqslant 0,\ y\geqslant 0)$, 则 $D_1\subset D_2\subset D_3$. 由于 $a^{x^2+y^2}>0$, 故有

$$\iint_{D_1}a^{x^2+y^2}\,\mathrm{d}\sigma\leqslant\iint_{D_2}a^{x^2+y^2}\,\mathrm{d}\sigma\leqslant\iint_{D_3}a^{x^2+y^2}\,\mathrm{d}\sigma.$$

上式左右两边化为极坐标形式得

$$\int_0^{\pi/2}\mathrm{d}\theta\int_0^{N}a^{r^2}\,r\,\mathrm{d}r\leqslant\int_0^{N}a^{x^2}\,\mathrm{d}x\int_0^{N}a^{y^2}\,\mathrm{d}y\leqslant\int_0^{\pi/2}\mathrm{d}\theta\int_0^{\sqrt{2}N}a^{r^2}\,r\,\mathrm{d}r,$$

$$\frac{\pi}{4}\int_0^{N^2} a^x\,\mathrm{d}x \leqslant \left[\int_0^N a^{x^2}\,\mathrm{d}x\right]^2 \leqslant \frac{\pi}{4}\int_0^{2N^2} a^x\,\mathrm{d}x.$$

例 12 设 $f(x)$ 在 $[0,1]$ 上严格递增且连续, 证明:

$$\frac{\int_0^1 x\,f^3(x)\,\mathrm{d}x}{\int_0^1 x\,f^2(x)\,\mathrm{d}x} \geqslant \frac{\int_0^1 f^3(x)\,\mathrm{d}x}{\int_0^1 f^2(x)\,\mathrm{d}x}.$$

证 令 $I=\int_0^1 x\,f^3(x)\,\mathrm{d}x\int_0^1 f^2(x)\,\mathrm{d}x-\int_0^1 x\,f^2(x)\,\mathrm{d}x\int_0^1 f^3(x)\,\mathrm{d}x$, $D=[0,1]\times[0,1]$, 则

$$\begin{aligned}I&=\iint_D x\,f^3(x)\,f^2(y)\,\mathrm{d}x\mathrm{d}y-\iint_D x\,f^2(x)\,f^3(y)\,\mathrm{d}x\mathrm{d}y\\&=\iint_D x\,f^2(x)\,f^2(y)\,\big[f(x)-f(y)\big]\,\mathrm{d}x\mathrm{d}y.\end{aligned}\tag{1}$$

另一方面,

$$I=\iint_D y\,f^2(x)\,f^2(y)\,\big[f(y)-f(x)\big]\,\mathrm{d}x\mathrm{d}y,\tag{2}$$

(1), (2) 两式相加得

$$2\,I=\iint_D (x-y)\,f^2(x)\,f^2(y)\,\big[f(x)-f(y)\big]\,\mathrm{d}x\mathrm{d}y.$$

据 $f(x)$ 的单调性知 $(x-y)\,[f(x)-f(y)]\geqslant 0$, $I\geqslant 0$. 而 $f(x)$ 不恒为 0, 故

$$\int_0^1 x\,f^2(x)\mathrm{d}x\neq 0,\qquad \int_0^1 f^2(x)\mathrm{d}x\neq 0.$$

整理可得结论.

4. 分片函数的二重积分

例 13 求 $I=\iint_D \mathrm{e}^{\max\{x^2,\,y^2\}}\mathrm{d}x\mathrm{d}y$, 其中 $D=[0,1]\times[0,1]$.

解 直线 $y=x$ 将 D 分为上下两个区域 D_1, D_2, 则

$$I=\iint_{D_1}\mathrm{e}^{y^2}\mathrm{d}x\mathrm{d}y+\iint_{D_2}\mathrm{e}^{x^2}\mathrm{d}x\mathrm{d}y=2\iint_{D_2}\mathrm{e}^{x^2}\mathrm{d}x\mathrm{d}y$$

$$= 2\int_0^1 \mathrm{d}x \int_0^x \mathrm{e}^{x^2}\,\mathrm{d}y = 2\int_0^1 x\,\mathrm{e}^{x^2}\mathrm{d}x = \mathrm{e}^{x^2}\Big|_0^1 = \mathrm{e}-1.$$

(区域及被积函数中 x, y 互换)

例 14 设 $f(x,y)=\begin{cases}\dfrac{2x}{x^2+y^2}, & x+y\geqslant 1,\\ \dfrac{x-y}{1+x^2+y^2}, & x+y<1,\end{cases}$ 求 $I=\iint_D f(x,y)\mathrm{d}\sigma$, 其中 $D=\{(x,y)\big|x\in[0,1],\ \ x^2+y^2\leqslant 1\}$.

解 如图 7.4 所示, $D=D_1\cup D_2\cup D_3$, 其中 D_1, D_2 都关于直线 $y=x$ 对称.

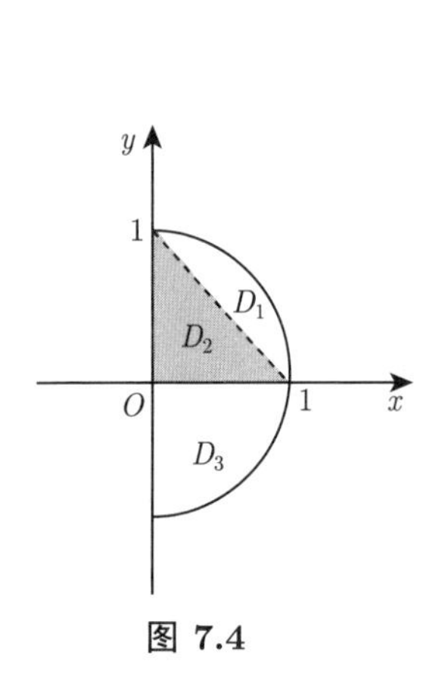

图 7.4

$$\begin{aligned}I &= \iint_{D_1}\frac{2x}{x^2+y^2}\mathrm{d}\sigma + \iint_{D_2\cup D_3}\frac{x-y}{1+x^2+y^2}\mathrm{d}\sigma\\
&= \iint_{D_1}\frac{x+y}{x^2+y^2}\mathrm{d}\sigma + \iint_{D_3}\frac{x-y}{1+x^2+y^2}\mathrm{d}\sigma\\
&= \int_0^{\pi/2}\mathrm{d}\theta\int_{1/(\sin\theta+\cos\theta)}^1\big(\sin\theta+\cos\theta\big)\mathrm{d}r+\\
&\quad \int_{-\pi/2}^0\mathrm{d}\theta\int_0^1\frac{r^2}{1+r^2}\big(\cos\theta-\sin\theta\big)\mathrm{d}r\\
&= \int_0^{\pi/2}\big(\sin\theta+\cos\theta-1\big)\mathrm{d}\theta+2\left(1-\frac{\pi}{4}\right)\\
&= 4-\pi.\end{aligned}$$

5. 二重积分的比较与估值

例 15 设直线 $y=1-x$ 将 $D=[0,1]\times[0,1]$ 分为上下两部分, 分别记作 D_1, D_2. 比较如下积分的大小:

$$I_1=\iint_{D_1}(x+y)^2\,\mathrm{d}\sigma,\qquad I_2=\iint_{D_1}(x+y)^3\,\mathrm{d}\sigma,$$

$$I_3=\iint_{D_2}(x+y)^2\,\mathrm{d}\sigma,\qquad I_4=\iint_{D_2}(x+y)^3\,\mathrm{d}\sigma.$$

解 在 D_1 中, $x+y\geqslant 1$; 在 D_2 中, $0\leqslant x+y\leqslant 1$. 因此 $I_1<I_2$, $I_4<I_3$. 而

$$I_1>\iint_{D_1}\mathrm{d}\sigma=\frac{1}{2},\qquad I_3<\iint_{D_2}\mathrm{d}\sigma=\frac{1}{2},$$

故 $I_4 < I_3 < I_1 < I_2$.

注 比较同一区域上积分的大小, 就是比较函数值的大小.

练 3 设 D: $x^2+y^2 \leqslant 1$, 则下列积分值为 0 的是 __B__:

A. $\iint_D \mathrm{e}^{xy}\,|xy|\,\mathrm{d}\sigma$, B. $\iint_D \ln\dfrac{1+y^2}{1+x^2}\,\mathrm{d}\sigma$,

C. $\iint_D \cos(x-y)\,\mathrm{d}\sigma$, D. $\iint_D (x-y)\sin(x-y)\,\mathrm{d}\sigma$.

解 在闭区域 D 的面积非零的子集上, A, C, D 的被积函数都大于 0, 因此积分值都大于 0. 由对称性, $\iint_D \ln(1+y^2)\,\mathrm{d}\sigma = \iint_D \ln(1+x^2)\,\mathrm{d}\sigma$, 两边作差可得 B. 或由 D 的对称性知

$$I = \iint_D \ln\frac{1+x^2}{1+y^2}\mathrm{d}\sigma = -\iint_D \ln\frac{1+y^2}{1+x^2}\mathrm{d}\sigma = -I. \quad \text{故 } I=0.$$

6. 二重积分的几何意义

例 16 设 $a>0$, 圆柱面 $x^2+y^2=a^2$ 和 $x^2+z^2=a^2$ 与坐标面在第一卦限围成一个立体, 如图 7.5 所示. 求其体积 V.

解 根据二重积分的几何意义, 有

$$\begin{aligned} V &= \iint_D \sqrt{a^2-x^2}\,\mathrm{d}x\mathrm{d}y \\ &= \int_0^a \mathrm{d}x \int_0^{\sqrt{a^2-x^2}} \sqrt{a^2-x^2}\,\mathrm{d}y \\ &= \int_0^a (a^2-x^2)\mathrm{d}x = \frac{2a^3}{3}. \end{aligned}$$

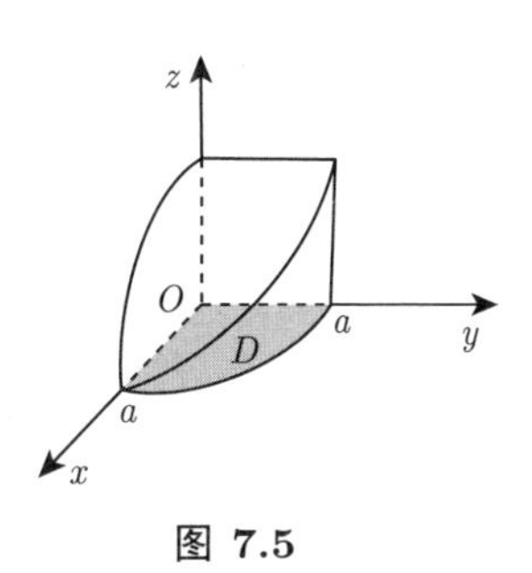

图 7.5

二、三重积分

三重积分和二重积分有类似的定义和性质, 考查相应性质的习题也类似, 这里不作过多介绍. 下面重点说明三重积分的计算.

例 17 求 $I = \iiint_\Omega (x+y+z)\,\mathrm{d}v$, 其中 Ω 是由三个坐标面及平面 $x+y+z=1$ 围成的闭区域.

解法 1 如图 7.6(a) 所示，根据对称性，有

$$I = 3\iiint_\Omega x\,\mathrm{d}v = 3\iint_D \mathrm{d}x\mathrm{d}y \int_0^{1-x-y} x\,\mathrm{d}z$$

$$
\begin{aligned}
&= 3\int_0^1 \mathrm{d}x \int_0^{1-x} \mathrm{d}y \int_0^{1-x-y} x\,\mathrm{d}z \\
&= 3\int_0^1 \mathrm{d}x \int_0^{1-x} x\,(1-x-y)\mathrm{d}y \\
&= 3\int_0^1 \mathrm{d}x \int_0^{1-x} x\,(1-x)\mathrm{d}y - 3\int_0^1 \mathrm{d}x \int_0^{1-x} x\,y\mathrm{d}y \\
&= 3\int_0^1 x\,(1-x)^2\mathrm{d}x - \frac{3}{2}\int_0^1 x\,(1-x)^2\mathrm{d}x = \frac{1}{8}.
\end{aligned}
$$

解法 2 如图 7.6(b) 所示，根据对称性，有

$$
I = 3\iiint_{\Omega} z\,\mathrm{d}v = 3\int_0^1 \mathrm{d}z \iint_{D_z} z\,\mathrm{d}x\mathrm{d}y = \frac{3}{2}\int_0^1 z\,(1-z)^2\mathrm{d}z = \frac{1}{8}.
$$

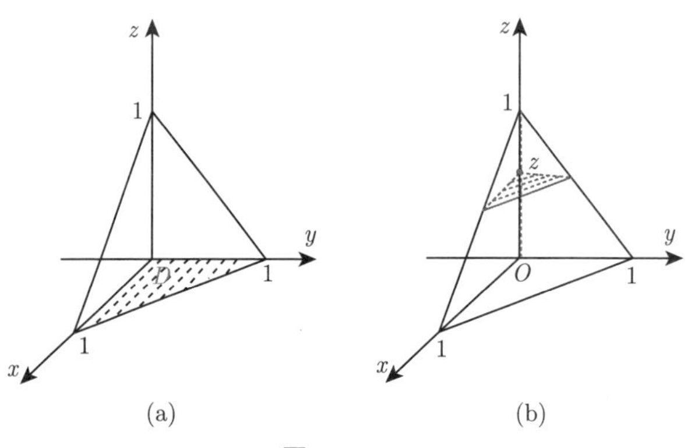

图 7.6

例 18 求 $I = \iiint_{\Omega}(x+y+z)\,\mathrm{d}v$, 其中 Ω: $x \geqslant 0,\ y \geqslant 0,\ z \geqslant 0,\ x^2+y^2+z^2 \leqslant 4R^2$.

解法 1 根据对称性

$$
I = 3\iiint_{\Omega} z\,\mathrm{d}v = 3\int_0^{2R} \mathrm{d}z \iint_{D_z} z\mathrm{d}x\mathrm{d}y = \frac{3\pi}{4}\int_0^{2R} z\,(4R^2 - z^2)\mathrm{d}z = 3\pi R^4.
$$

解法 2 利用对称性及柱坐标

$$
I = 3\iiint_{\Omega} z\,\mathrm{d}v = 3\int_0^{\pi/2} \mathrm{d}\theta \int_0^{2R} \mathrm{d}r \int_0^{\sqrt{4R^2-r^2}} z\,r\mathrm{d}z
$$

$$= \frac{3\pi}{4}\int_0^{2R}(4R^2 - r^2)r\mathrm{d}r = 3\pi R^4.$$

解法 3　利用对称性和球坐标

$$I = 3\iiint_\Omega z\,\mathrm{d}v = 3\int_0^{\pi/2}\mathrm{d}\theta\int_0^{\pi/2}\mathrm{d}\varphi\int_0^{2R}(r\cos\varphi)(r^2\sin\varphi)\mathrm{d}r$$
$$= \frac{3\pi R^4}{2}\int_0^{\pi/2}\sin 2\varphi\,\mathrm{d}(2\varphi) = 3\pi R^4.$$

练 4　设 yOz 平面内曲线段 $z = \dfrac{y^2}{2}$ $(0 \leqslant y \leqslant \sqrt{2})$ 绕 z 轴旋转一周所得曲面与平面 $z = 1$ 围成立体 Ω, 求 $I = \iiint_\Omega \mathrm{e}^{z^2}\,\mathrm{d}v$.

解　如图 7.7 所示, D_z 为圆面, 其半径为 $y = \sqrt{2z}$.

$$I = \int_0^1\mathrm{d}z\iint_{D_z}e^{z^2}\,\mathrm{d}x\mathrm{d}y$$
$$= \int_0^1\mathrm{e}^{z^2}\cdot(2\pi z)\,\mathrm{d}z$$
$$= \pi\int_0^1\mathrm{e}^{z^2}\,\mathrm{d}(z^2)$$
$$= \pi\,\mathrm{e}^{z^2}\Big|_0^1 = \pi(\mathrm{e}-1).$$

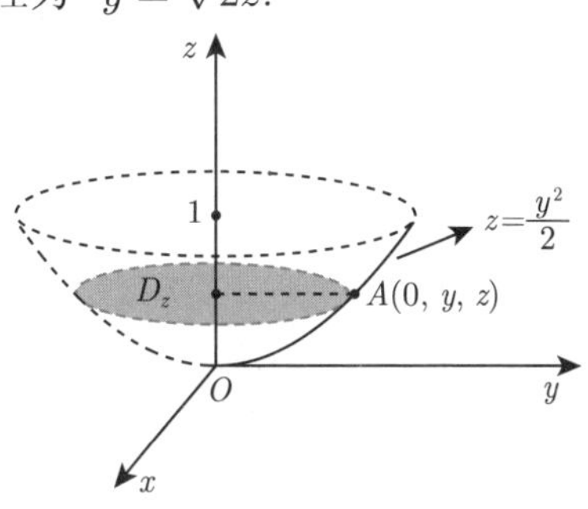

图 7.7

注　不论用直角坐标还是柱坐标, 此例若先对 z 积分, 则无法计算.

例 19　设 $f(x)$ 有连续导数且 $f(0) = 0$, 求

$$I = \lim_{t\to 0^+}\frac{\iiint_\Omega f(\sqrt{x^2+y^2+z^2})\,\mathrm{d}v}{\pi t^4},$$

其中 $\Omega: x^2 + y^2 + z^2 \leqslant t^2$.

解　作球坐标变换得

$$\iiint_\Omega f(\sqrt{x^2+y^2+z^2})\,\mathrm{d}v = \int_0^{2\pi}\mathrm{d}\theta\int_0^{\pi}\sin\varphi\,\mathrm{d}\varphi\int_0^t f(r)\,r^2\,\mathrm{d}r$$
$$= 4\pi\int_0^t f(r)\,r^2\,\mathrm{d}r.$$

据已知有

$$I=\lim_{t\to0^+}\frac{4\pi\int_0^t f(r)\,r^2\,\mathrm{d}r}{\pi\,t^4}=\lim_{t\to0^+}\frac{f(t)\,t^2}{t^3}=f'_+(0)=f'(0).$$

练 5 设 V 是 $z=\sqrt{4-x^2-y^2}$ 与 $z=\sqrt{x^2+y^2}$ 围成的闭区域, 求

$$I=\iiint_V(3\,x^2-y^2)\,z\,\mathrm{d}v.$$

解 根据对称性, 有

$$\begin{aligned}I&=\iiint_V(x^2+y^2)\,z\,\mathrm{d}v\\&=\int_0^{2\pi}\mathrm{d}\theta\int_0^{\pi/4}\mathrm{d}\varphi\int_0^2(r^2\,\sin^2\varphi)\,(r\,\cos\varphi)\,(r^2\,\sin\varphi)\,\mathrm{d}r\\&=2\pi\int_0^{\pi/4}\sin^3\varphi\,\cos\varphi\mathrm{d}\varphi\int_0^2 r^5\,\mathrm{d}r=\frac{4\pi}{3}.\end{aligned}$$

例 20 求 $I=\iiint_\Omega(x+y+z)^2\,\mathrm{d}v$, 其中 $\Omega:\dfrac{x^2}{a^2}+\dfrac{y^2}{b^2}+\dfrac{z^2}{c^2}\leqslant1$, $a>0$, $b>0$, $c>0$.

解法 1 Ω 关于各坐标面对称, 因此 (可舍去奇函数)

$$I=\iiint_\Omega(x^2+y^2+z^2)\,\mathrm{d}v.$$

而

$$\iiint_\Omega z^2\,\mathrm{d}v=2\int_0^c\mathrm{d}z\iint_{D_z}z^2\mathrm{d}x\mathrm{d}y=2\int_0^c z^2\,\pi\,a\,b\left(1-\frac{z^2}{c^2}\right)\mathrm{d}z=\frac{4\pi}{15}\,a\,b\,c^3,$$

因此据轮换对称性, 得

$$\iiint_\Omega\frac{x^2}{a^2}\,\mathrm{d}v=\iiint_\Omega\frac{y^2}{b^2}\,\mathrm{d}v=\iiint_\Omega\frac{z^2}{c^2}\,\mathrm{d}v=\frac{4\pi}{15}\,a\,b\,c.$$

于是

$$I=\frac{4\pi}{15}\,a\,b\,c\,(a^2+b^2+c^2).$$

解法 2 Ω 关于各坐标面对称，因此，$I=\iiint_{\Omega}(x^2+y^2+z^2)\,\mathrm{d}v$. 作广义球坐标变换 $x=a\,r\,\sin\varphi\cos\theta,\ y=b\,r\,\sin\varphi\sin\theta,\ z=r\,\cos\varphi$，可得

$$\iiint_{\Omega}\frac{z^2}{c^2}\,\mathrm{d}v=\frac{1}{3}\iiint_{\Omega}\left(\frac{x^2}{a^2}+\frac{y^2}{b^2}+\frac{z^2}{c^2}\right)\mathrm{d}v$$

$$=\frac{1}{3}\int_0^{2\pi}\mathrm{d}\theta\int_0^{\pi}\mathrm{d}\varphi\int_0^1 r^2\,(a\,b\,c\,r^2\,\sin\varphi)\mathrm{d}r=\frac{4\pi}{15}\,a\,b\,c.$$

于是

$$\iiint_{\Omega}z^2\,\mathrm{d}v=\frac{4\pi}{15}\,a\,b\,c^3,\qquad I=\frac{4\pi}{15}\,a\,b\,c\,(a^2+b^2+c^2).$$

注 所有第一型积分 (含定积分, 二重, 三重, 第一型曲线, 第一型曲面积分) 都满足如下对称法则:

若将积分域 D 的表达式中某两个变量, 如 x,y 互换后, 所得表达式不变, 则将被积函数中这两个自变量互换, 积分值不变.

以三重积分举例. 设 D: $x^2+y^2+3z^2\leqslant 1$， 将其表达式中 x, y 互换后, 所得表达式为 $y^2+x^2+3z^2\leqslant 1$, 表达式不变. 于是

$$\iiint_D f(x,y,z)\,\mathrm{d}v=\iiint_D f(y,x,z)\,\mathrm{d}v.$$

推而广之, 设 D: $\dfrac{x^2}{a^2}+\dfrac{y^2}{b^2}+\dfrac{z^2}{c^2}\leqslant 1$，则 D 的表达式中, $\dfrac{x}{a}$ 和 $\dfrac{y}{b}$ 互换后表达式不变, 于是

$$\iiint_D f\left(\frac{x}{a}\right)\mathrm{d}v=\iiint_D f\left(\frac{y}{b}\right)\mathrm{d}v.$$

例 21 证明曲面 $z=4+x^2+y^2$ 上任一点处切平面与曲面 $z=x^2+y^2$ 所围成的立体的体积 V 为常数.

解 曲面 $z=4+x^2+y^2$ 上任一点 $P_0(x_0,y_0,z_0)$ 处的法向量为 $\boldsymbol{n}=(2x_0,2y_0,-1)$. 对应的切平面为

$$2x_0\,(x-x_0)+2y_0\,(y-y_0)-(z-z_0)=0,\quad 即$$

$$z=2x_0\,x+2y_0\,y+(z_0-2x_0^2-2y_0^2).$$

记该平面与曲面 $z=x^2+y^2$ 围成的立体为 Ω, Ω 在 xOy 面的投影区域为 D, 则 D 为曲线 $(x-x_0)^2+(y-y_0)^2=4$, $(z=0)$ 围成的区域. 于是

$$V=\iiint_{\Omega}\mathrm{d}x\mathrm{d}y\mathrm{d}z=\iint_D\mathrm{d}x\mathrm{d}y\int_{x^2+y^2}^{2x_0\,x+2y_0\,y+(z_0-2x_0^2-2y_0^2)}\mathrm{d}z$$

$$= \iint_D [4-(x-x_0)^2+(y-y_0)^2]\mathrm{d}x\mathrm{d}y.$$

作极坐标变换 $x-x_0=r\cos\theta,\ y-y_0=r\sin\theta$, 则

$$V=\int_0^{2\pi}\mathrm{d}\theta\int_0^2(4-r^2)r\mathrm{d}r=8\pi.$$

可见 V 的值为常数 (与 P_0 的位置无关).

模块三 能力进阶

一、坐标变换

例 1 (2017) 设曲面 $z^2=x^2+y^2$ 和 $z=\sqrt{4-x^2-y^2}$ 围成区域 Ω, 求 $I=\iiint_\Omega z\,\mathrm{d}v$.

【思路解析】 曲面为锥面及半球面, 用球坐标解答为宜.

解 $I=\int_0^{2\pi}\mathrm{d}\theta\int_0^{\pi/4}\mathrm{d}\varphi\int_0^2(r\cos\varphi)(r^2\sin\varphi)\,\mathrm{d}r$

$$=2\pi\int_0^{\pi/4}\sin\varphi\cos\varphi\,\mathrm{d}\varphi\int_0^2 r^3\,\mathrm{d}r=2\pi.$$

例 2 (2019) 求 $I=\iiint_\Omega \dfrac{xyz}{x^2+y^2}\mathrm{d}v$, 其中 Ω 是曲面 $(x^2+y^2+z^2)^2=2xy$ 围成的区域在第一卦限的部分.

【思路解析】 曲面含有 $x^2+y^2+z^2$ 形式, 用球坐标解答为宜.

解 在球坐标系下, 曲面的方程为 $r=\sin\varphi\sqrt{\sin 2\theta}$.

$$I=\int_0^{\pi/2}\mathrm{d}\theta\int_0^{\pi/2}\mathrm{d}\varphi\int_0^{\sin\varphi\sqrt{\sin 2\theta}}\frac{r^3\sin^2\varphi\cos\theta\sin\theta\cos\varphi}{r^2\sin^2\varphi}\cdot r^2\sin\varphi\mathrm{d}r$$

$$=\frac{1}{2}\int_0^{\pi/2}\mathrm{d}\theta\int_0^{\pi/2}\mathrm{d}\varphi\int_0^{\sin\varphi\sqrt{\sin 2\theta}}r^3\sin 2\theta\sin\varphi\cos\varphi\mathrm{d}r$$

$$=\frac{1}{8}\int_0^{\pi/2}\sin^3 2\theta\mathrm{d}\theta\int_0^{\pi/2}\sin^5\varphi\cos\varphi\mathrm{d}\varphi=\frac{1}{72}.$$

例 3 (2015)　曲面 $z=x^2+y^2+1$ 在点 $M(1,-1,3)$ 的切平面与曲面 $z=x^2+y^2$ 所围区域的体积为 $\underline{\dfrac{\pi}{2}}$.

【思路解析】 先求出曲面的切平面方程, 之后便可利用二重积分求出该切平面与抛物面所围区域的体积, 也可利用三重积分求解.

解　曲面 $z=x^2+y^2+1$ 在点 $M(1,-1,3)$ 切平面为

$$2(x-1)-2(y+1)-(z-3)=0,\quad 即\quad z=2x-2y-1.$$

联立 $\begin{cases} z=x^2+y^2, \\ z=2x-2y-1 \end{cases}$ 所围区域在 xOy 面上的投影 D 为

$$D=\{(x,y)\,|\,(x-1)^2+(y+1)^2\leqslant 1\}.$$

所求体积为 $V=\displaystyle\iint_D\left[(2x-2y-1)-(x^2+y^2)\right]\mathrm{d}\sigma=\iint_D\left[1-(x-1)^2-(y+1)^2\right]\mathrm{d}\sigma.$

令 $x-1=r\cos t,\ y+1=r\sin t$, 则原积分为 $V=\displaystyle\int_0^{2\pi}\mathrm{d}t\int_0^1(1-r^2)r\,\mathrm{d}r=\frac{\pi}{2}.$

例 4 (2015)　设区间 $(0,+\infty)$ 上的函数 $u(x)$ 定义为 $u(x)=\displaystyle\int_0^{+\infty}\mathrm{e}^{-xt^2}\mathrm{d}t$, 则 $u(x)$ 的初等函数表达式为 $\underline{u(x)=\dfrac{\sqrt{\pi}}{2\sqrt{x}}}$.

【思路解析】 不能直接求解该广义积分, 故可扩展为广义二重积分求解.

解　由于 $u^2(x)=\displaystyle\int_0^{+\infty}\mathrm{e}^{-xt^2}\mathrm{d}t\int_0^{+\infty}\mathrm{e}^{-xs^2}\mathrm{d}s=\iint_{s\geqslant 0,t\geqslant 0}\mathrm{e}^{-x(t^2+s^2)}\mathrm{d}s\mathrm{d}t,$

所以 $u^2(x)=\displaystyle\int_0^{\pi/2}\mathrm{d}\varphi\int_0^{+\infty}\mathrm{e}^{-x\rho^2}\rho\mathrm{d}\rho=\frac{\pi}{4x}\int_0^{+\infty}\mathrm{e}^{-x\rho^2}\mathrm{d}(x\rho^2)$

$$=-\frac{\pi}{4x}\mathrm{e}^{-x\rho^2}\Big|_{\rho=0}^{\rho=+\infty}=\frac{\pi}{4x}.$$

所以有 $u(x)=\dfrac{\sqrt{\pi}}{2\sqrt{x}}.$

例 5 (2021 补赛)　设函数 $f(x,y)$ 在闭区域 $D=\{(x,y)\,|\,x^2+y^2\leqslant 1\}$ 上具有二阶连续偏导数，且 $\dfrac{\partial^2 f}{\partial x^2}+\dfrac{\partial^2 f}{\partial y^2}=x^2+y^2$, 求

$$\lim_{r\to 0^+}\frac{\displaystyle\iint_{x^2+y^2\leqslant r^2}\left(x\frac{\partial f}{\partial x}+y\frac{\partial f}{\partial y}\right)\mathrm{d}x\mathrm{d}y}{(\tan r-\sin r)^2}.$$

【思路解析】 求极限的关键在于分子上的二重积分, 将被积函数中的一阶偏导数与已知条件中的二阶偏导数联系起来. 将二重积分化为累次积分，之后将定积分化为曲线积分，利用格林公式将曲线积分转化为二重积分，从而与已知条件的二阶偏导数建立了联系. 最后计算三重积分得到关于 r 的多项式. 分母上的多项式可以用泰勒公式展开为 r 的多项式.

解 采用极坐标，令 $\begin{cases} x=\rho\cos\theta, \\ y=\rho\sin\theta, \end{cases}$ 则 $\mathrm{d}x\mathrm{d}y=\rho\mathrm{d}\rho\mathrm{d}\theta$, 且 $\begin{cases} \mathrm{d}x=-\rho\sin\theta\mathrm{d}\theta, \\ \mathrm{d}y=\rho\cos\theta\mathrm{d}\theta, \end{cases}$ 于是

$$
\begin{aligned}
&\iint_{x^2+y^2\leqslant r^2}\left(x\frac{\partial f}{\partial x}+y\frac{\partial f}{\partial y}\right)\mathrm{d}x\mathrm{d}y\\
&=\int_0^r \mathrm{d}\rho\int_0^{2\pi}\left(\rho\cos\theta\frac{\partial f}{\partial x}+\rho\sin\theta\frac{\partial f}{\partial y}\right)\rho\mathrm{d}\theta\\
&=\int_0^r \rho\mathrm{d}\rho\oint_{x^2+y^2=\rho^2}\left(\frac{\partial f}{\partial x}\mathrm{d}y-\frac{\partial f}{\partial y}\mathrm{d}x\right)\\
&=\int_0^r \rho\mathrm{d}\rho\iint_{x^2+y^2\leqslant\rho^2}\left(\frac{\partial^2 f}{\partial x^2}+\frac{\partial^2 f}{\partial y^2}\right)\mathrm{d}x\mathrm{d}y\\
&=\int_0^r \rho\mathrm{d}\rho\iint_{x^2+y^2\leqslant\rho^2}(x^2+y^2)\mathrm{d}x\mathrm{d}y\\
&=\int_0^r \rho\mathrm{d}\rho\int_0^\rho\mathrm{d}\mu\int_0^{2\pi}\mu^2\mu\mathrm{d}\theta=\frac{\pi}{12}r^6;
\end{aligned}
$$

另一方面，由泰勒公式，将分母展开为 r^6 的表达式： $(\tan r-\sin r)^2=\left(r+\frac{r^3}{3}-r+\frac{r^3}{6}+o(r^3)\right)^2\sim\frac{r^6}{4}$, 从而

$$
\lim_{r\to 0^+}\frac{\iint_{x^2+y^2\leqslant r^2}\left(x\frac{\partial f}{\partial x}+y\frac{\partial f}{\partial y}\right)\mathrm{d}x\mathrm{d}y}{(\tan r-\sin r)^2}=\frac{\pi}{3}.
$$

二、积分次序

例 6 (2014) 设区域 D： $[0,\ 1]\times[0,\ 1]$，$I=\iint\limits_D f(x,y)\mathrm{d}x\mathrm{d}y$，其中函数 $f(x,y)$ 在 D 上有连续二阶偏导数. 若对任何 x, y 有 $f(0,y)=f(x,0)=0$，且

$\dfrac{\partial^2 f}{\partial x\partial y} \leqslant A$，证明：$I \leqslant \dfrac{A}{4}$.

【思路解析】 由于所给条件是关于二阶偏导数的，因此需要先将二重积分化为累次积分，再对累次积分中的一部分应用分部积分，使得出现偏导数.

证 $I = \int_0^1 \mathrm{d}y\int_0^1 f(x,y)\mathrm{d}x = -\int_0^1 \mathrm{d}y\int_0^1 f(x,y)\mathrm{d}(1-x)$，注意到对固定的 y，$(1-x)f(x,y)|_{x=0}^{x=1} = 0$，由分部积分法得

$$\int_0^1 f(x,y)\mathrm{d}(1-x) = -\int_0^1 (1-x)\frac{\partial f(x,y)}{\partial x}\mathrm{d}x,$$

从而得 $I = \int_0^1 \mathrm{d}y\int_0^1 (1-x)\dfrac{\partial f(x,y)}{\partial x}\mathrm{d}x = \int_0^1 (1-x)\mathrm{d}x\int_0^1 \dfrac{\partial f(x,y)}{\partial x}\mathrm{d}y$.

由 $f(x,0)=0$，则 $\dfrac{\partial f(x,0)}{\partial x} = 0$，进而 $(1-y)\dfrac{\partial f(x,0)}{\partial x}|_{y=0}^{y=1} = 0$. 再由分部积分法得

$$\int_0^1 \frac{\partial f(x,y)}{\partial x}\mathrm{d}y = -\int_0^1 \frac{\partial f(x,y)}{\partial x}\mathrm{d}(1-y) = \int_0^1 (1-y)\frac{\partial^2 (x,y)}{\partial x\partial y}\mathrm{d}y,$$

故有 $I = \int_0^1 (1-x)\mathrm{d}x\int_0^1 (1-y)\dfrac{\partial f(x,y)}{\partial x}\mathrm{d}y = \iint_D (1-x)(1-y)\dfrac{\partial^2 (x,y)}{\partial x\partial y}\mathrm{d}x\mathrm{d}y$.
因为 $\dfrac{\partial^2 f}{\partial x\partial y} \leqslant A$，且 $(1-x)(1-y)$ 在 D 上非负，故

$$I \leqslant A\iint_D (1-x)(1-y)\mathrm{d}x\mathrm{d}y = \frac{A}{4}.$$

三、对称性

例 7 (2022) 记 $D = \left\{(x,y)\middle|\, 0 \leqslant x+y \leqslant \dfrac{\pi}{2}, 0 \leqslant x-y \leqslant \dfrac{\pi}{2}\right\}$，则 $I = \iint_D y\sin(x+y)\mathrm{d}x\mathrm{d}y = \underline{\dfrac{\pi}{8} - \dfrac{\pi^2}{32}}$.

【思路解析】 根据被积函数的特点，可以先对 x 或 y 积分，或者利用三角函数的诱导公式将 $\sin(x+y)$ 整理变形，并根据积分区域的特点，利用积分区域的对称性 (关于 x 轴对称) 进行计算. 也可以根据积分区域包含 $x+y$ 和 $x-y$ 项的特点，做坐标变换后再积分.

解法 1 先对 x 积分，记积分区域上半部分为 $D_1: 0 \leqslant y \leqslant \dfrac{\pi}{4}, y \leqslant x \leqslant \dfrac{\pi}{2} - y$，

积分区域下半部分为 $D_2: 0 \leqslant y \leqslant \dfrac{\pi}{4}, -y \leqslant x \leqslant \dfrac{\pi}{2}+y$，则有

$$
\begin{aligned}
I &= \int_0^{\pi/4} y\mathrm{d}y \int_y^{(\pi/2)-y} \sin(x+y)\,\mathrm{d}x + \int_{-\pi/4}^{0} y\mathrm{d}y \int_{-y}^{(\pi/2)+y} \sin(x+y)\,\mathrm{d}x \\
&= \int_0^{\pi/4} y\cos 2y\mathrm{d}y + \int_{-\pi/4}^{0} y\left[1-\cos\left(\frac{\pi}{2}+2y\right)\right]\mathrm{d}y \\
&= \frac{\pi}{8} - \frac{1}{4} + \left(-\frac{\pi^2}{32}+\frac{1}{4}\right) = \frac{\pi}{8} - \frac{\pi^2}{32}.
\end{aligned}
$$

解法 2 先对 y 积分. 用 $x=\dfrac{\pi}{4}$ 分割积分区域为左右两部分，则

$$
D_1: 0 \leqslant x \leqslant \frac{\pi}{4}, -x \leqslant y \leqslant x, \qquad D_2: \frac{\pi}{4} \leqslant x \leqslant \frac{\pi}{2}, x-\frac{\pi}{2} \leqslant y \leqslant \frac{\pi}{2}-x.
$$

故由直接坐标计算法，可得

$$
I = \int_0^{\pi/4} \mathrm{d}x \int_{-x}^{x} y\sin(x+y)\,\mathrm{d}y + \int_{\pi/4}^{\pi/2} \mathrm{d}x \int_{x-(\pi/2)}^{(\pi/2)-x} y\sin(x+y)\,\mathrm{d}y,
$$

由分部积分得 $\displaystyle\int y\sin(x+y)\,\mathrm{d}y = \sin(x+y) - y\cos(x+y) + C$, 故

$$
\begin{aligned}
&\int_{-x}^{x} y\sin(x+y)\,\mathrm{d}y = 2\sin x\cos x - 2x\cos^2 x, \\
&\int_{x-(\pi/2)}^{(\pi/2)-x} y\sin(x+y)\,\mathrm{d}y = \left(x-\frac{\pi}{2}\right)\sin(2x) + \cos(2x) + 1.
\end{aligned}
$$

所以，有

$$
I = \int_0^{\pi/4} [2\sin x\cos x - 2x\cos^2 x]\mathrm{d}x + \int_{\pi/4}^{\pi/2} \left[\left(x-\frac{\pi}{2}\right)\sin(2x)+\cos(2x)+1\right]\mathrm{d}x,
$$

$$
I = \frac{1}{32}(24-4\pi-\pi^2) + \frac{1}{4}(\pi-3) = \frac{\pi}{8} - \frac{\pi^2}{32}.
$$

解法 3 积分区域关于 x 轴对称，记上半部分为 $D_1: 0 \leqslant y \leqslant \dfrac{\pi}{4}, y \leqslant x \leqslant \dfrac{\pi}{2}-y$, 由于 $\sin(x+y) = \sin x\cos y + \cos x\sin y$, 得

$$
I = \iint_D y\left[\sin x\cos y + \cos x\sin y\right]\mathrm{d}x\mathrm{d}y
$$

$$= \iint_D y\cos x\sin y\mathrm{d}x\mathrm{d}y = 2\iint_{D_1} y\cos x\sin y\mathrm{d}x\mathrm{d}y$$

$$= 2\int_0^{\pi/4} y\sin y\mathrm{d}y\int_y^{(\pi/2)-y}\cos x\mathrm{d}x = 2\int_0^{\pi/4} y\sin y(\cos y-\sin y)\mathrm{d}y$$

$$= \int_0^{\pi/4} y\sin 2y\mathrm{d}y - 2\int_0^{\pi/4} y\sin^2 y\mathrm{d}y = \frac{1}{4}-\left(\frac{1}{4}-\frac{\pi}{8}+\frac{\pi^2}{32}\right) = \frac{\pi}{8}-\frac{\pi^2}{32}.$$

解法 4　令 $u=x+y, v=x-y$, 则 $x=\dfrac{u+v}{2}, y=\dfrac{u-v}{2}$, 得 $J=\dfrac{1}{2}$, $D': 0\leqslant v\leqslant\dfrac{\pi}{2}, 0\leqslant u\leqslant\dfrac{\pi}{2}$. 由二重积分换元法，得

$$I=\int_0^{\pi/2}\mathrm{d}v\int_0^{\pi/2}\frac{u-v}{2}\sin u\cdot\frac{1}{2}\mathrm{d}v=\frac{\pi}{8}-\frac{\pi^2}{32}.$$

例 8 (2022 补赛)　设 $D=\{(x,y)\,|\,x^2+y^2\leqslant 1\}$, 则 $\iint_D (x+y-x^2)\mathrm{d}x\mathrm{d}y =$ $\underline{-\dfrac{\pi}{4}}$.

【思路解析】　利用积分区域 D 的对称性，化简被积函数，之后利用极坐标计算，或者利用轮换对称性计算.

解法 1　积分区域 D 关于 x 轴和 y 轴对称，故得

$\iint_D x\mathrm{d}x\mathrm{d}y=\iint_D y\mathrm{d}x\mathrm{d}y=0$, 并由极坐标计算方法，得

$$\iint_D (x+y-x^2)\mathrm{d}x\mathrm{d}y=\iint_D(-x^2)\mathrm{d}x\mathrm{d}y=-\int_0^{2\pi}\mathrm{d}\theta\int_0^1(\rho\cos\theta)^2\cdot\rho\mathrm{d}\rho=-\frac{\pi}{4}.$$

解法 2　由轮换对称性，得

$$\iint_D (x+y-x^2)\mathrm{d}x\mathrm{d}y=\iint_D(-x^2)\mathrm{d}x\mathrm{d}y=-\frac{1}{2}\iint_D(x^2+y^2)\mathrm{d}x\mathrm{d}y$$

$$=-\frac{1}{2}\int_0^{2\pi}\mathrm{d}\theta\int_0^1\rho^2\cdot\rho\mathrm{d}\rho=-\frac{1}{2}\cdot 2\pi\cdot\left[\frac{\rho^4}{4}\right]_0^1=-\frac{\pi}{4}.$$

例 9 (2021)　记 $D=\{(x,y)\,|\,x^2+y^2\leqslant\pi\}$, 则

$$\iint_D(\sin x^2\cos y^2+x\sqrt{x^2+y^2})\mathrm{d}x\mathrm{d}y=\underline{\pi}.$$

【思路解析】 首先利用积分区域 D 的对称性，化简被积函数. 但化简后的被积函数不能直接积分. 根据被积函数的特点，可以利用轮换对称性并利用三角函数的诱导公式，将被积函数转化为容易积分的函数，再进行计算.

解 根据积分区域对称性，以及轮换对称性，并由极坐标得

$$\begin{aligned}I&=\iint_D \sin x^2\cos y^2\mathrm{d}x\mathrm{d}y=\iint_D \sin y^2\cos x^2\mathrm{d}x\mathrm{d}y\\&=\frac{1}{2}\iint_D(\sin x^2\cos y^2+\sin y^2\cos x^2)\mathrm{d}x\mathrm{d}y=\frac{1}{2}\iint_D\sin(x^2+y^2)\mathrm{d}x\mathrm{d}y.\\&=\frac{1}{2}\int_0^{2\pi}\mathrm{d}\theta\int_0^{\sqrt{\pi}}r\sin r^2\mathrm{d}r=\frac{\pi}{2}(-\cos r^2)\Big|_0^{\sqrt{\pi}}=\pi.\end{aligned}$$

在计算二重、三重、第一型曲线、第一型曲面积分时

若积分区域的表达式中某两个量可互换，则被积函数中那两个量互换后，积分不变.

例 10 (2018) 计算三重积分 $I=\iiint_\Omega(x^2+y^2)\,\mathrm{d}v$, 其中 Ω 是由曲面 $x^2+y^2+(z-2)^2\geqslant 4$, $x^2+y^2+(z-1)^2\leqslant 9$ 及 $z\geqslant 0$ 围成的区域.

【思路解析】 首先利用积分区域的可加性，积分区域可以转化为大球减去小球以及大球在 $z=0$ 下方的部分，然后利用轮换对称性及球坐标计算. 积分区域也可转化为大球在 $z=0$ 上方的部分减去小球，但大球这部分不易计算.

解 如图 7.8 所示，记 Ω_1, Ω_2, Ω_3 分别为大球, 小球, 以及大球在 $z=0$ 下方的部分, 则

$$I=\iiint_{\Omega_1-\Omega_2-\Omega_3}(x^2+y^2)\,\mathrm{d}v=I_1-I_2-I_3.$$

其中 I_1, I_2 可用球坐标计算:

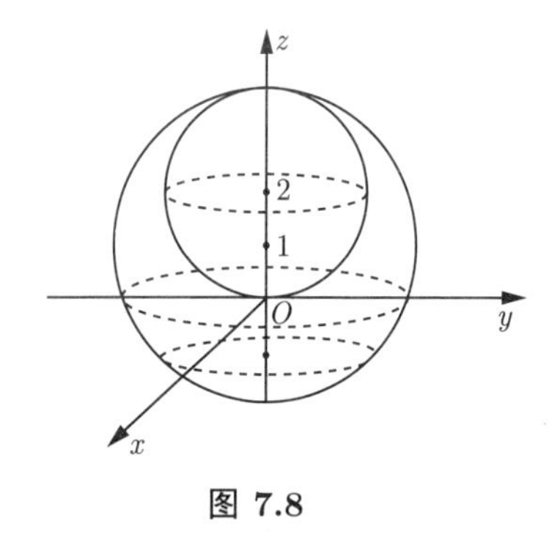

图 7.8

$$\begin{aligned}I_1&=\iiint_{\Omega_1}(x^2+y^2)\,\mathrm{d}v\\&=\frac{2}{3}\iiint_{\Omega_1}\left[x^2+y^2+(z-1)^2\right]\mathrm{d}v\\&=\frac{2}{3}\int_0^{2\pi}\mathrm{d}\theta\int_0^{\pi}\mathrm{d}\varphi\int_0^3 r^4\sin\varphi\mathrm{d}r\\&=\frac{8\pi}{3}\int_0^3 r^4\mathrm{d}r=\frac{648\pi}{5}.\end{aligned}$$

$$\begin{aligned}I_2&=\iiint_{\Omega_2}(x^2+y^2)\,\mathrm{d}v\\&=\frac{2}{3}\iiint_{\Omega_2}\left[x^2+y^2+(z-2)^2\right]\mathrm{d}v\\&=\frac{2}{3}\int_0^{2\pi}\mathrm{d}\theta\int_0^{\pi}\mathrm{d}\varphi\int_0^2 r^4\sin\varphi\mathrm{d}r\\&=\frac{8\pi}{3}\int_0^2 r^4\mathrm{d}r=\frac{256\,\pi}{15}.\end{aligned}$$

I_3 可“先二后一”积分:

$$I_3=\int_{-2}^0\mathrm{d}z\iint_{D_z}(x^2+y^2)\,\mathrm{d}x\mathrm{d}y=\int_{-2}^0\mathrm{d}z\int_0^{2\pi}\mathrm{d}\theta\int_0^{\sqrt{9-(1-z)^2}}r^3\,\mathrm{d}r=\frac{136\pi}{5}.$$

于是 $I=I_1-I_2-I_3=\dfrac{256\pi}{3}.$

例 11 (2016) 设某物体所在空间区域为 Ω: $x^2+y^2+2z^2\leqslant x+y+2z$, 其密度函数为 $x^2+y^2+z^2$, 求其质量 M.

【思路解析】 首先利用坐标变换将积分区域转化为球体，将区域简化，之后再利用球坐标计算.

解 作坐标变换 $x=u+\dfrac{1}{2}$, $y=v+\dfrac{1}{2}$, $z=\dfrac{\sqrt{2}}{2}w+\dfrac{1}{2}$, 则 Ω 化为 $u^2+v^2+w^2\leqslant 1$.

$$\begin{aligned}M&=\iiint_{\Omega}(x^2+y^2+z^2)\,\mathrm{d}x\mathrm{d}y\mathrm{d}z\\&=\iiint_{\Omega}\left[\left(u+\frac{1}{2}\right)^2+\left(v+\frac{1}{2}\right)^2+\left(\frac{\sqrt{2}}{2}w+\frac{1}{2}\right)^2\right]\cdot\frac{\sqrt{2}}{2}\mathrm{d}u\mathrm{d}v\mathrm{d}w\\&=\frac{\sqrt{2}}{2}\iiint_{\Omega}(u^2+v^2+\frac{w^2}{2})\,\mathrm{d}u\mathrm{d}v\mathrm{d}w+\frac{\sqrt{2}}{2}\iiint_{\Omega}\left(\frac{1}{4}+\frac{1}{4}+\frac{1}{4}\right)\mathrm{d}u\mathrm{d}v\mathrm{d}w\\&=\frac{\sqrt{2}}{2}\iiint_{\Omega}(u^2+v^2+w^2)\,\mathrm{d}u\mathrm{d}v\mathrm{d}w-\frac{\sqrt{2}}{2}\iiint_{\Omega}\frac{w^2}{2}\mathrm{d}u\mathrm{d}v\mathrm{d}w+\frac{3\sqrt{2}}{8}\cdot\frac{4\pi}{3}.\end{aligned}$$

作球坐标变换 $u=r\sin\varphi\cos\theta$, $v=r\sin\varphi\sin\theta$, $w=r\cos\varphi$, 并利用轮换对称性，则

$$\iiint_{\Omega}(u^2+v^2+w^2)\,\mathrm{d}u\mathrm{d}v\mathrm{d}w=\int_0^{2\pi}\mathrm{d}\theta\int_0^{\pi}\mathrm{d}\varphi\int_0^1 r^4\sin\varphi\,\mathrm{d}r=\frac{4\pi}{5}.$$

$$\iiint_{\Omega} \frac{w^2}{2} \,\mathrm{d}u\mathrm{d}v\mathrm{d}w = \frac{1}{6} \iiint_{\Omega} (u^2+v^2+w^2)\,\mathrm{d}u\mathrm{d}v\mathrm{d}w = \frac{2\pi}{15}.$$

因此

$$M = \frac{\sqrt{2}}{2}\left(\frac{4\pi}{5} - \frac{2\pi}{15}\right) + \frac{\sqrt{2}\,\pi}{2} = \frac{5\sqrt{2}\,\pi}{6}.$$

四、二重积分补充

例 12 (2015) 设 $f(x,y)$ 在 $D: x^2+y^2 \leqslant 1$ 上有二阶连续偏导数, $f_{xx}^2 + 2f_{xy}^2 + f_{yy}^2 \leqslant M$. 若 $f(0,0) = f_x(0,0) = f_y(0,0) = 0$, 证明

$$\left| \iint\limits_D f(x,y)\mathrm{d}x\mathrm{d}y \right| \leqslant \frac{\sqrt{M}\,\pi}{4}.$$

【思路解析】 此题运用多元函数的泰勒公式，将被积函数进行缩放，并表示为向量点积形式. 利用已知条件转化为容易积分的函数. 之后再利用重积分的保序性得到不等式.

证 在原点处对 f 应用泰勒公式得

$$\begin{aligned} f(x,y) &= \frac{1}{2}\left(x\frac{\partial}{\partial x} + y\frac{\partial}{\partial y}\right)^2 f(\theta x, \theta y) \\ &= \frac{1}{2}\left[f_{xx}(\theta x,\theta y)\,x^2 + 2\,f_{xy}(\theta x,\theta y)\,xy + f_{yy}(\theta x,\theta y)y^2\right] = \frac{1}{2}\boldsymbol{\alpha}\cdot\boldsymbol{\beta}, \end{aligned}$$

其中向量 $\boldsymbol{\alpha}$, $\boldsymbol{\beta}$ 分别为

$$\boldsymbol{\alpha} = \left(f_{xx}(\theta x,\theta y), \sqrt{2}\,f_{xy}(\theta x,\theta y), f_{yy}(\theta x,\theta y)\right), \qquad \boldsymbol{\beta} = \left(x^2, \sqrt{2}\,xy, y^2\right).$$

于是

$$\begin{aligned} |\,f(x,y)\,| &= \left|\frac{1}{2}\boldsymbol{\alpha}\cdot\boldsymbol{\beta}\right| \leqslant \frac{1}{2}\,|\boldsymbol{\alpha}|\,|\boldsymbol{\beta}| = \frac{1}{2}\sqrt{\,f_{xx}^2 + 2\,f_{xy}^2 + f_{yy}^2}\,\sqrt{\,x^4 + 2x^2y^2 + y^4} \\ &\leqslant \frac{\sqrt{M}}{2}(x^2+y^2). \end{aligned}$$

故得

$$\left| \iint\limits_D f(x,y)\mathrm{d}x\mathrm{d}y \right| \leqslant \iint\limits_D |f(x,y)|\mathrm{d}x\mathrm{d}y \leqslant \frac{\sqrt{M}}{2} \iint\limits_D (x^2+y^2)\mathrm{d}x\mathrm{d}y \leqslant \frac{\sqrt{M}\,\pi}{4}.$$

专题八　曲线积分与曲面积分

模块一　知识框架

一、第一型曲线积分

设空间曲线 L 的参数方程是 $x=x(t), y=y(t), z=z(t), t\in[\alpha,\beta]$，则

$$\int_L f(x,y,z)\mathrm{d}s=\int_\alpha^\beta f[x(t),y(t),z(t)]\sqrt{[x'(t)]^2+[y'(t)]^2+[z'(t)]^2}\mathrm{d}t;$$

若 L 的方程为 $y=y(x), z=z(x), x\in[a,b]$，则

$$\int_L f(x,y,z)\mathrm{d}s=\int_a^b f[x,y(x),z(x)]\sqrt{[1+[y'(x)]^2+[z'(x)]^2}\mathrm{d}x;$$

若 L 是平面极坐标曲线 $r=r(\theta)$, 则

$$\int_L f(x,y)\,\mathrm{d}s=\int_\alpha^\beta f[r\cos\theta,r\sin\theta]\sqrt{r^2+(r')^2}\mathrm{d}\theta.$$

二、第二型曲线积分

设 L： $x=x(t)$, $y=y(t)$, $z=z(t)$ 为空间有向曲线，起点和终点分别对应参数 $t=a, t=b$, 则 $\int_L P(x,y,z)\mathrm{d}x+Q(x,y,z)\mathrm{d}y+R(x,y,z)\mathrm{d}z=\int_a^b[P(x(t),y(t),z(t))x'(t)+Q(x(t),y(t),z(t))y'(t)+R(x(t),y(t),z(t))z'(t)]\mathrm{d}t.$

计算第二型曲线积分有如下思路:

1. 利用格林公式;
2. 利用斯洛克斯公式;
3. 利用积分与路径无关的条件;
4. 利用曲线的特点直接化为定积分.

三、第一型曲面积分

设 Σ: $z=z(x,y)$ 是空间光滑曲面，其在 xOy 的投影区域设为 D, 则

$$\int_{\Sigma} f(x,y,z)\,\mathrm{d}S=\int_{D} f(x,y,z(x,y))\sqrt{1+z_x^2+z_y^2}\,\mathrm{d}x\mathrm{d}y.$$

四、第二型曲面积分

化二重积分

$$\int_{\Sigma} R(x,y,z)\mathrm{d}x\mathrm{d}y=\pm\int_{D} R[x,y,z(x,y)]\mathrm{d}x\mathrm{d}y.\quad (\text{曲面取上侧时为正})$$

为第一型曲面积分.

假设曲面 Σ 上 (x,y,z) 处的单位外法向量为 $(\cos\alpha,\cos\beta,\cos\gamma)$, 则

$$\begin{aligned}&\int_{\Sigma} P(x,y,z)\,\mathrm{d}y\mathrm{d}z+Q(x,y,z)\,\mathrm{d}z\mathrm{d}x+R(x,y,z)\,\mathrm{d}x\mathrm{d}y\\=&\int_{\Sigma}[P(x,y,z)\,\cos\alpha+Q(x,y,z)\,\cos\beta+R(x,y,z)\,\cos\gamma]\,\mathrm{d}S.\end{aligned}$$

化为三重积分.

假设封闭曲面 Σ 围成的立体区域为 Ω, 且 P, Q, R 具有连续的偏导数，那么

$$\begin{aligned}&\int_{\Sigma} P(x,y,z)\,\mathrm{d}y\mathrm{d}z+Q(x,y,z)\,\mathrm{d}z\mathrm{d}x+R(x,y,z)\,\mathrm{d}x\mathrm{d}y\\=&\int_{\Omega}(P_x+Q_y+R_z)\,\mathrm{d}v.\end{aligned}$$

模块二 基础训练

1. 第一型曲线积分

例 1 假设 Γ 为曲线 $\begin{cases}x^2+y^2+z^2=a^2,\\ x+y=0,\end{cases}$ $a>0$, 求 $\displaystyle\int_{\Gamma}\frac{(x+2)^2+(y-3)^2}{x^2+y^2+z^2}\mathrm{d}s$.

解 因为 Γ 上的点满足 $x^2+y^2+z^2=a^2$, 所以

$$\int_{\Gamma}\frac{(x+2)^2+(y-3)^2}{x^2+y^2+z^2}\mathrm{d}s=\int_{\Gamma}\frac{x^2+y^2+4x-6y+13}{a^2}\mathrm{d}s$$

$$
\begin{aligned}
&= \frac{1}{a^2}\left(\int_\Gamma 13\mathrm{d}s + \int_\Gamma \left(4x-6y+x^2+y^2\right)\mathrm{d}s\right)\\
&= \frac{1}{a^2}\left(\int_\Gamma 13\mathrm{d}s + \int_\Gamma \left(4x-6(-x)+x^2+(-x)^2\right)\mathrm{d}s\right)\\
&= \frac{1}{a^2}\left(\int_\Gamma 13\mathrm{d}s + \int_\Gamma \left(10x+2x^2\right)\mathrm{d}s\right),
\end{aligned}
$$

其中 $\int_\Gamma 13\mathrm{d}s = 13\cdot 2\pi a = 26\pi a$ （Γ 是球面 $x^2+y^2+z^2=a^2$ 上的大圆).

以下我们计算 $\int_\Gamma \left(2x^2+10x\right)\mathrm{d}s$, 方法是: 用一个参数 θ 表示 x,y,z, 进而将第一类曲线积分化为定积分.

$$
\begin{cases} x^2+y^2+z^2=a^2, \\ x+y=0 \end{cases} \Rightarrow x^2+(-x)^2+z^2=a^2 \Rightarrow 2x^2+z^2=a^2
$$

$$
\Rightarrow \begin{cases} x = a/\sqrt{2}\cos\theta, \\ y=-a/\sqrt{2}\cos\theta, \theta\in[0,2\pi), \\ z=a\sin\theta. \end{cases}
$$

此时

$$
\mathrm{d}s = \sqrt{(\mathrm{d}x)^2+(\mathrm{d}y)^2+(\mathrm{d}z)^2} = \sqrt{\left(\mathrm{d}\frac{a}{\sqrt{2}}\cos\theta\right)^2+\left(\mathrm{d}\frac{-a}{\sqrt{2}}\cos\theta\right)^2+(\mathrm{d}a\sin\theta)^2} = a\mathrm{d}.
$$

因此 $\int_\Gamma \left(2x^2+10x\right)\mathrm{d}s = \int_0^{2\pi}\left(a^2\cos^2\theta + \frac{10}{\sqrt{2}}a\cos\theta\right)\mathrm{d}\theta = a^2\pi$. 进而

$$
\begin{aligned}
\int_\Gamma \frac{(x+2)^2+(y-3)^2}{x^2+y^2+z^2}\mathrm{d}s &= \frac{1}{a^2}\left(\int_\Gamma 13\mathrm{d}s + \int_\Gamma \left(10x+2x^2\right)\mathrm{d}s\right)\\
&= \frac{1}{a^2}\left(26\pi a+\pi a^2\right) = \frac{26\pi}{a}+\pi.
\end{aligned}
$$

2. 第二型曲线积分

例 2　设 $f(x,y)$ 有二阶连续偏导数, 且满足 $f(tx,ty)=t^2f(x,y), \forall t,x,y\in\mathbb{R}$. 再设 D 是曲线 $L: x^2+y^2=4$ 围成的圆盘.

(1) 求证: $xf_x(x,y)+yf_y(x,y)=2f(x,y)$;

(2) 求证: $\oint_L f(x,y)\mathrm{d}s = \iint_D \left(\frac{\partial^2 f}{\partial x^2}+\frac{\partial^2 f}{\partial y^2}\right)\mathrm{d}x\mathrm{d}y$.

证 (1) 等式 $f(tx,ty)=t^2f(x,y)$ 两边同时对 t 求导得:

$$xf_x(tx,ty)+yf_y(tx,ty)=2tf(x,y).$$

令 $t=1$ 即得 $xf_x(x,y)+yf_y(x,y)=2f(x,y)$.

(2) 根据第一问的结论: $\oint_L 2f(x,y)\mathrm{d}s=\oint_L[xf_x(x,y)+yf_y(x,y)]\mathrm{d}s.\quad (*)$

以下我们打算把上面这个第一型曲线积分向第二型转化, 所以先给 L 赋予逆时针方向. 按照常规方法, 我们可以求出 L 上 (x,y) 点处的与 L 方向一致的单位切向量 $\boldsymbol{\tau}(x,y)=\left(\frac{-y}{2},\frac{x}{2}\right)$. 由经典的关系: $(\mathrm{d}x,\mathrm{d}y)=\boldsymbol{\tau}(x,y)\mathrm{d}s=\left(\frac{-y}{2},\frac{x}{2}\right)\mathrm{d}s$, 可知: $y\mathrm{d}s=-2\mathrm{d}x, x\mathrm{d}s=2\mathrm{d}y$. 代入 $(*)$ 式可得

$$2\oint_L f(x,y)\mathrm{d}s=\oint_L f_x(x,y)x\mathrm{d}s+f_y(x,y)y\mathrm{d}s=\oint_L f_x(x,y)2\mathrm{d}y-f_y(x,y)2\mathrm{d}x,$$

即

$$\begin{aligned}\oint_L f(x,y)\mathrm{d}s&=\oint_L -f_y(x,y)\mathrm{d}x+f_x(x,y)\mathrm{d}y\\ (\text{由格林公式})\ &=\iint_D\left(\frac{\partial f_x(x,y)}{\partial x}-\frac{-\partial f_y(x,y)}{\partial y}\right)\mathrm{d}x\mathrm{d}y\\ &=\iint_D\left(\frac{\partial^2 f}{\partial x^2}+\frac{\partial^2 f}{\partial y^2}\right)\mathrm{d}x\mathrm{d}y\end{aligned}$$

例 3 设函数 $u=u(x,y)$ 满足 $\frac{\partial^2 u}{\partial x^2}+\frac{\partial^2 u}{\partial y^2}=0$, 记 $L:(x-a)+(y-b)=R^2$. 求证: $u(a,b)=\frac{1}{2\pi}\int_0^{2\pi}u(a+R\cos\theta,b+R\sin\theta)\mathrm{d}\theta$.

解 记 $h(R)=\int_0^{2\pi}u(a+R\cos\theta,b+R\sin\theta)\mathrm{d}\theta$, 则

$$\begin{aligned}h'(R)&=\int_0^{2\pi}\frac{\partial}{\partial R}u(a+R\cos\theta,b+R\sin\theta)\mathrm{d}\theta\\ &=\int_0^{2\pi}[u_x(a+R\cos\theta,b+R\sin\theta)\cos\theta+u_y(a+R\cos\theta,b+R\sin\theta)\sin\theta]\,\mathrm{d}\theta\\ &=\int_0^{2\pi}[u_x(a+R\cos\theta,b+R\sin\theta)\cos\theta\mathrm{d}\theta+u_y(a+R\cos\theta,b+R\sin\theta)\sin\theta\mathrm{d}\theta]\\ &=\int_0^{2\pi}[u_x(a+R\cos\theta,b+R\sin\theta)\mathrm{d}\sin\theta-u_y(a+R\cos\theta,b+R\sin\theta)\mathrm{d}\cos\theta]\end{aligned}$$

$$= \int_0^{2\pi} [u_x(a+R\cos\theta, b+R\sin\theta)\frac{1}{R}\mathrm{d}R\sin\theta -$$

$$u_y(a+R\cos\theta, b+R\sin\theta)\frac{1}{R}\mathrm{d}R\cos\theta].$$

记 $x=a+R\cos\theta, y=a+R\sin\theta$, 注意到当 θ 从 0 变到 2π 的过程中, (x,y) 正好扫过以 (a,b) 为心、以 R 为半径的圆, 所以

$$\begin{aligned}
h'(R) &= \frac{1}{R}\oint_L [u_x(x,y)\mathrm{d}(y-b) - u_y(x,y)\mathrm{d}(x-a)] \\
&= \frac{1}{R}\oint_L [u_x(x,y)\mathrm{d}y - u_y(x,y)\mathrm{d}x] \\
&= \frac{1}{R}\oint_L [-u_y(x,y)\mathrm{d}x + u_x(x,y)\mathrm{d}y]
\end{aligned}$$

根据格林公式

$$\begin{aligned}
h'(R) &= \frac{1}{R}\oint_L [-u_y(x,y)\mathrm{d}x + u_x(x,y)\mathrm{d}y] \\
&= \frac{1}{R}\iint_D \left(\frac{\partial u_x(x,y)}{\partial x} - \frac{-\partial u_y(x,y)}{\partial y}\right)\mathrm{d}x\mathrm{d}y \\
&= \frac{1}{R}\iint_D \left(\frac{\partial^2 u}{\partial x^2} + \frac{\partial u^2}{\partial^2 y}\right)\mathrm{d}x\mathrm{d}y \\
&= \frac{1}{R}\iint_D 0\mathrm{d}x\mathrm{d}y = 0.
\end{aligned}$$

所以 $h(R) = \int_0^{2\pi} u(a+R\cos\theta, b+R\sin\theta)\mathrm{d}\theta$ 的值与 R 无关. 令 $R=0$, 可得

$$\int_0^{2\pi} u(a+R\cos\theta, b+R\sin\theta)\mathrm{d}\theta = \int_0^{2\pi} u(a,b)\mathrm{d}\theta = 2\pi u(a,b).$$

整理即得 $\dfrac{1}{2\pi}\displaystyle\int_0^{2\pi} u(a+R\cos\theta, b+R\sin\theta)\mathrm{d}\theta = u(a,b).$

例 4　已知平面区域 $D=\{(x,y)\mid 0\leqslant x\leqslant\pi, 0\leqslant y\leqslant\pi\}, L$ 是 D 的正向边界, 试证:

(1) $\displaystyle\oint_L x\mathrm{e}^{\sin y}\mathrm{d}y - y\mathrm{e}^{-\sin x}\mathrm{d}x = \oint_L x\mathrm{e}^{-\sin y}\mathrm{d}y - y\mathrm{e}^{\sin x}\mathrm{d}x;$

(2) $\oint_L x\mathrm{e}^{\sin y}\mathrm{d}y - y\mathrm{e}^{-\sin x}\mathrm{d}x \geqslant \dfrac{5}{2}\pi^2$.

证 (1) 根据格林公式有

$$\oint_L x\mathrm{e}^{\sin y}\mathrm{d}y - y\mathrm{e}^{-\sin x}\mathrm{d}x = \iint_D \left[\frac{\partial x\mathrm{e}^{\sin y}}{\partial x} - \frac{\partial\left(-y\mathrm{e}^{-\sin x}\right)}{\partial y}\right]\mathrm{d}\sigma = \iint_D (\mathrm{e}^{\sin y} + \mathrm{e}^{-\sin x})\mathrm{d}\sigma,$$

$$\oint_L x\mathrm{e}^{-\sin y}\mathrm{d}y - y\mathrm{e}^{\sin x}\mathrm{d}x = \iint_D \left[\frac{\partial x\mathrm{e}^{-\sin y}}{\partial x} - \frac{\partial\left(-y\mathrm{e}^{\sin x}\right)}{\partial y}\right]\mathrm{d}\sigma = \iint_D (\mathrm{e}^{-\sin y} + \mathrm{e}^{\sin x})\mathrm{d}\sigma.$$

再由轮换对称性，有

$$\begin{aligned}\iint_D \left(\mathrm{e}^{\sin y} + \mathrm{e}^{-\sin x}\right)\mathrm{d}\sigma &= \iint\limits_{\substack{0\leqslant x\leqslant\pi \\ 0\leqslant y\leqslant\pi}} \left(\mathrm{e}^{\sin y} + \mathrm{e}^{-\sin x}\right)\mathrm{d}\sigma \quad (\text{交换}x,y\text{ 可得}) \\ &= \iint\limits_{\substack{0\leqslant y\leqslant\pi \\ 0\leqslant x\leqslant\pi}} \left(\mathrm{e}^{\sin x} + \mathrm{e}^{-\sin y}\right)\mathrm{d}\sigma \\ &= \iint_D \left(\mathrm{e}^{-\sin y} + \mathrm{e}^{\sin x}\right)\mathrm{d}\sigma.\end{aligned}$$

至此, 我们证明了两个曲线积分化成的二重积分是相等的, 所以

$$\oint_L x\mathrm{e}^{\sin y}\mathrm{d}y - y\mathrm{e}^{-\sin x}\mathrm{d}x = \oint_L x\mathrm{e}^{-\sin y}\mathrm{d}y - y\mathrm{e}^{\sin x}\mathrm{d}x.$$

(2) 根据 (1) 的结论有

$$\oint_L x\mathrm{e}^{\sin y}\mathrm{d}y - y\mathrm{e}^{-\sin x}\mathrm{d}x = \oint_L x\mathrm{e}^{-\sin y}\mathrm{d}y - y\mathrm{e}^{\sin x}\mathrm{d}x,$$

所以

$$\begin{aligned}&\oint_L x\mathrm{e}^{\sin y}\mathrm{d}y - y\mathrm{e}^{-\sin x}\mathrm{d}x \\ =&\ \frac{1}{2}\left(\oint_L x\mathrm{e}^{\sin y}\mathrm{d}y - y\mathrm{e}^{-\sin x}\mathrm{d}x + \oint_L x\mathrm{e}^{-\sin y}\mathrm{d}y - y\mathrm{e}^{\sin x}\mathrm{d}x\right) \\ =&\ \frac{1}{2}\left(\iint_D \left(\mathrm{e}^{\sin y} + \mathrm{e}^{-\sin x}\right)\mathrm{d}\sigma + \iint_D \left(\mathrm{e}^{-\sin y} + \mathrm{e}^{\sin x}\right)\mathrm{d}\sigma\right) \\ =&\ \frac{1}{2}\iint_D \left[\left(\mathrm{e}^{\sin y} + \mathrm{e}^{-\sin y}\right) + \left(\mathrm{e}^{\sin x} + \mathrm{e}^{-\sin x}\right)\right]\mathrm{d}\sigma.\end{aligned}$$

仿照上一问的证法, 对 $\iint_D \left(e^{\sin x}+e^{-\sin x}\right) d\sigma$ 再次使用轮换对称性, 可得

$$\iint_D \left(e^{\sin x}+e^{-\sin x}\right) d\sigma = \iint_D \left(e^{\sin y}+e^{-\sin y}\right) d\sigma,$$

进而

$$\begin{aligned}\oint_L xe^{\sin y}dy - ye^{-\sin x}dx &= \frac{1}{2}\iint_D \left[\left(e^{\sin y}+e^{-\sin y}\right)+\left(e^{\sin x}+e^{-\sin x}\right)\right] d\sigma \\ &= \iint_D \left(e^{\sin x}+e^{-\sin x}\right) d\sigma. \qquad (*)\end{aligned}$$

根据泰勒公式: $e^t = 1+\frac{t}{1!}+\frac{t^2}{2!}+\frac{t^3}{3!}+\cdots$, 将 t 换成 $-t$ 可得: $e^{-t}=1-\frac{t}{1!}+\frac{t^2}{2!}-\frac{t^3}{3!}+\cdots$, 两式相加得: $e^t+e^{-t}=2\left(1+\frac{t^2}{2!}+\frac{t^4}{4!}+\cdots\right)$, 所以 $e^t+e^{-t}\geqslant 2\left(1+\frac{t^2}{2!}\right)=2+t^2$, 相应地 $e^{\sin x}+e^{-\sin x}\geqslant 2+\sin^2 x$. 将这个不等关系代入 $(*)$ 式可得

$$\begin{aligned}\oint_L xe^{\sin y}dy - ye^{-\sin x}dx &= \iint_D \left(e^{\sin x}+e^{-\sin x}\right) d\sigma \\ &\geqslant \iint_D \left(2+\sin^2 x\right) d\sigma \\ &= \iint_D 2d\sigma + \int_0^{\pi} dy \int_0^{\pi} \sin^2 x dx \\ &= 2\pi^2 + \int_0^{\pi} dy \int_0^{\pi} \frac{1-\cos 2x}{2} dx \\ &= 2\pi^2 + \frac{\pi^2}{2} = \frac{5\pi^2}{2}.\end{aligned}$$

练 1　设函数 $u=u(x,y)$ 在有界闭区域 D 上有二阶连续的偏导数, 且满足 $\frac{\partial^2 u}{\partial x^2}+\frac{\partial^2 u}{\partial y^2}=0, \forall (x,y)\in D$. 用 ∂D 表示 D 的正向边界, 用 $\boldsymbol{n}=\boldsymbol{n}(x,y)$ 表示 ∂D 上 (x,y) 点处的单位外法向量. 若 $u(x,y)=A, \forall (x,y)\in \partial D$.

(1) 求曲线积分 $\oint_{\partial D} u\frac{\partial u}{\partial \boldsymbol{n}} ds$;

(2) 求证: $u(x,y)=A, \forall (x,y)\in D$.

(1) **解**
$$\oint_{\partial D} u\frac{\partial u}{\partial \boldsymbol{n}}\mathrm{d}s=\oint_{\partial D} A\nabla u\cdot \boldsymbol{n}\mathrm{d}s$$
$$=A\oint_{\partial D}\nabla u\cdot(n_x\mathrm{d}s,n_y\mathrm{d}s)=A\oint_{\partial D}\nabla u\cdot(\mathrm{d}y,-\mathrm{d}x)$$
$$=A\oint_{\partial D}\left(\frac{\partial u}{\partial x},\frac{\partial u}{\partial y}\right)\cdot(\mathrm{d}y,-\mathrm{d}x)=A\oint_{\partial D}-\frac{\partial u}{\partial y}\mathrm{d}x+\frac{\partial u}{\partial x}\mathrm{d}y$$
$$=A\iint_D\left(\frac{\partial u_x}{\partial x}-\frac{-\partial u_y}{\partial y}\right)\mathrm{d}x\mathrm{d}y=A\iint_D(u_{xx}+u_{yy})\,\mathrm{d}x\mathrm{d}y$$
$$=A\iint_D 0\mathrm{d}x\mathrm{d}y=0.$$

(2) **证** 由第一问的结论可知:
$$0=\oint_{\partial D} u\frac{\partial u}{\partial \boldsymbol{n}}\mathrm{d}s=\oint_{\partial D} u\left(-\frac{\partial u}{\partial y}\mathrm{d}x+\frac{\partial u}{\partial x}\mathrm{d}y\right)$$
$$=\oint_{\partial D}-uu_y\mathrm{d}x+uu_x\mathrm{d}y$$
$$=\iint_D\left(\frac{\partial uu_x}{\partial x}-\frac{-\partial uu_y}{\partial y}\right)\mathrm{d}x\mathrm{d}y\quad(\text{由格林公式})$$
$$=\iint_D\left(u_x^2+u_y^2+u\left(u_{xx}+u_{yy}\right)\right)\mathrm{d}x\mathrm{d}y$$
$$=\iint_D\left(u_x^2+u_y^2\right)\mathrm{d}x\mathrm{d}y.$$

考虑到 $u_x^2+u_y^2$ 是非负函数, 所以积分为 0 就意味着被积函数是零函数, 即 $u_x^2+u_y^2=0$, 进而 $u_x=u_y=0$, 所以在 D 上, u 是常值函数. 既然在边界 ∂D 上, u 的取值为 A, 那么在整个闭区域 D 上, u 的取值也是 A.

例 5 设函数 $f(t)$ 在 $t\neq 0$ 时一阶连续可导, 且 $f(1)=0$. 求函数 $f\left(x^2-y^2\right)$, 使得曲线积分 $\int_L\left[y\left(2-f\left(x^2-y^2\right)\right)\right]\mathrm{d}x+xf\left(x^2-y^2\right)\mathrm{d}y$ 与路径无关, 其中 L 为任一不与直线 $y=\pm x$ 相交的分段光滑的闭曲线.

解 我们先记 $P(x,y)=y\left(2-f\left(x^2-y^2\right)\right),Q(x,y)=xf\left(x^2-y^2\right)$.
由原积分与路径无关可知 $\dfrac{\partial P}{\partial y}=\dfrac{\partial Q}{\partial x}$, 即 $\dfrac{\partial\left[y\left(2-f\left(x^2-y^2\right)\right)\right]}{\partial y}=\dfrac{\partial\left[xf\left(x^2-y^2\right)\right]}{\partial x}$, 由此可以解出
$$f\left(x^2-y^2\right)+f'\left(x^2-y^2\right)\cdot\left(x^2-y^2\right)=1.$$
若记 $x^2-y^2=t$, 则上面的等式可以化成 $f(t)+tf'(t)=1$. 由初始条件 $f(1)=0$

可得 $f(t)=1-\dfrac{1}{t}$, 进而 $f\left(x^2-y^2\right)=1-\dfrac{1}{x^2-y^2}$.

例 6 设函数 $u=u(x)$ 连续可微, $u(2)=1$, 且 $\int_L (x+2y)u\mathrm{d}x+\left(x+u^3\right)u\mathrm{d}y$ 在右半平面上与路径无关, 求 $u(x)$.

解 记 $P(x,y)=(x+2y)u(x), Q(x,y)=\left(x+u^3(x)\right)u(x)$, 因为积分与路径无关, 所以 $\dfrac{\partial P}{\partial y}=\dfrac{\partial Q}{\partial x}$, 即 $\dfrac{\partial((x+2y)u)}{\partial y}=\dfrac{\partial\left(\left(x+u^3\right)u\right)}{\partial x}$.

求导得 $2u(x)=\left(1+3u^2(x)u'(x)\right)\cdot u(x)+\left(x+u^3(x)\right)\cdot u'(x)$, 整理得

$$u(x)=\left(x+4u^3(x)\right)\cdot u'(x) \text{ 或 } u=\left(x+4u^3\right)\frac{\mathrm{d}u}{\mathrm{d}x},$$

由此可以推出 $u\dfrac{\mathrm{d}x}{\mathrm{d}u}=\left(x+4u^3\right)$.

接下来我们将其整理为 $\dfrac{\mathrm{d}x}{\mathrm{d}u}-\dfrac{x}{u}=4u^2$ (求解时, 将 x 视为函数, 将 u 视为自变量), 可以解得 $x=u\left(2u^2+C\right)$.

将初值条件 $u(2)=1$ 代入得 $x=2u^3, u=\left(\dfrac{x}{2}\right)^{\frac{1}{3}}$.

例 7 设 $\varphi(x)$ 有连续的导函数, 且满足: 在任意围绕原点、分段光滑的简单闭曲线 C 上, 第二类曲线积分 $\oint_C \dfrac{2xy\mathrm{d}x+\varphi(x)\mathrm{d}y}{x^4+y^2}$ 的值为常数.

(1) 设 L 为正向闭曲线 $(x-2)^2+y^2=1$, 求证: $\oint_L \dfrac{2xy\mathrm{d}x+\varphi(x)\mathrm{d}y}{x^4+y^2}=0$;

(2) 求函数 $\varphi(x)$;

(3) 设 C 为围绕原点、光滑的简单闭曲线, 求 $\oint_C \dfrac{2xy\mathrm{d}x+\varphi(x)\mathrm{d}y}{x^4+y^2}$.

(1) **证** 用积分与路径无关的等价条件即可证出.

(2) **解** 记 $P(x,y)=\dfrac{2xy}{x^4+y^2}, Q(x,y)=\dfrac{\varphi(x)}{x^4+y^2}$. 由积分与路径无关可知 $\dfrac{\partial P}{\partial y}=\dfrac{\partial Q}{\partial x}$, 即

$$\begin{aligned}
&\frac{\partial}{\partial y}\left(\frac{2xy}{x^4+y^2}\right)=\frac{\partial}{\partial x}\left(\frac{\varphi(x)}{x^4+y^2}\right)\\
\Rightarrow &\frac{2x\left(x^4+y^2\right)-2y\cdot 2xy}{\left(x^4+y^2\right)^2}=\frac{\varphi'(x)\left(x^4+y^2\right)-4x^3\varphi(x)}{\left(x^4+y^2\right)^2}\\
\Rightarrow &2x^5-x^4\varphi'(x)+4x^3\varphi(x)=\left(\varphi'(x)+2x\right)y^2.
\end{aligned}$$

由于等式左边不含 y, 所以等式右边 y^2 的系数 $\varphi'(x)+2x\equiv 0 \Rightarrow \varphi'(x)=-2x$. 将这个结果代回原方程可得: $2x^5-x^4(-2x)+4x^3\varphi(x)=0\Rightarrow\varphi(x)=-x^2$.

(3) 根据第 (2) 问的结论, $\oint_C \dfrac{2xy\mathrm{d}x+\varphi(x)\mathrm{d}y}{x^4+y^2}=\oint_C \dfrac{2xy\mathrm{d}x-x^2\mathrm{d}y}{x^4+y^2}$. 再注意到, 对于任意围绕原点、光滑的简单闭曲线 C, 上述积分值均为同一个常数, 所以为了简化计算, 我们完全可以把 C 取成一条特殊路径: $x^4+y^2=\delta^2$ (正向). 于是

$$\oint_C \frac{2xy\mathrm{d}x-x^2\mathrm{d}y}{x^4+y^2}=\oint\limits_{x^4+y^2=\delta^2}\frac{2xy\mathrm{d}x-x^2\mathrm{d}y}{x^4+y^2}=\oint\limits_{x^4+y^2=\delta^2}\frac{2xy\mathrm{d}x-x^2\mathrm{d}y}{\delta^2}$$
$$=\frac{1}{\delta^2}\oint\limits_{x^4+y^2=\delta^2}2xy\mathrm{d}x-x^2\mathrm{d}y.$$

记 $x^4+y^2=\delta^2$ 围成的区域为 D, 则根据格林公式

$$\frac{1}{\delta^2}\oint\limits_{x^4+y^2=\delta^2}2xy\mathrm{d}x-x^2\mathrm{d}y=\frac{1}{\delta^2}\iint\limits_D\left[\frac{\partial(-x^2)}{\partial x}-\frac{\partial(2xy)}{\partial y}\right]\mathrm{d}x\mathrm{d}y=\frac{1}{\delta^2}\iint\limits_D -4x\mathrm{d}x\mathrm{d}y.$$

由于 $x^4+y^2=\delta^2$ 关于 y 轴对称, 进而 D 也关于 y 轴对称, 那么根据二重积分的对称性, $\dfrac{1}{\delta^2}\iint\limits_D -4x\mathrm{d}x\mathrm{d}y=0$. 于是对于任意围绕原点、光滑的简单闭曲线 C, 都有 $\oint_C\dfrac{2xy\mathrm{d}x+\varphi(x)\mathrm{d}y}{x^4+y^2}=0$.

例 8 设 Γ 是曲线 $\begin{cases}x^2+y^2+z^2=1,\\ x+z=1,\end{cases}$ $x,y,z\geqslant 0$ 上从 $A(1,0,0)$ 到 $B(0,0,1)$ 的一段, 求曲线积分 $I=\displaystyle\int_\Gamma y\mathrm{d}x+z\mathrm{d}y+x\mathrm{d}z$.

解法 1 假设 Γ_1 是从 B 到 A 的直线路径, 则 Γ_1 的参数式方程可以写成 $\begin{cases}x=t,\\ y=0,\\ z=1-t,\end{cases}$ 其中起点 B 对应的 t 值为 0 , 终点 A 对应的 t 值为 1 , 所以路径 Γ_1 上的积分值

$$I_1=\int_{\Gamma_1}y\mathrm{d}x+z\mathrm{d}y+x\mathrm{d}z=\int_0^1 t\mathrm{d}(1-t)=-\int_0^1 t\mathrm{d}t=-\frac{1}{2}.$$

记 Σ 是以 $\Gamma\cup\Gamma_1$ 为边缘线的平面区域, 再设 Σ 的方向与闭合路径 $\Gamma\cup\Gamma_1$ 的方向符合右手螺旋定则. 则由斯托克斯公式可得

$$\int_{\Gamma\cup\Gamma_1} y\mathrm{d}x+z\mathrm{d}y+x\mathrm{d}z=\iint_{\Sigma}\begin{vmatrix}\mathrm{d}y\mathrm{d}z & \mathrm{d}z\mathrm{d}x & \mathrm{d}x\mathrm{d}y\\ \dfrac{\partial}{\partial x} & \dfrac{\partial}{\partial y} & \dfrac{\partial}{\partial z}\\ y & z & x\end{vmatrix}=-\iint_{\Sigma}\mathrm{d}y\mathrm{d}z+\mathrm{d}z\mathrm{d}x+\mathrm{d}x\mathrm{d}y.$$

注意到 Σ 在 zOx 平面上投影面积为 0 , 所以 $\iint_{\Sigma}\mathrm{d}z\mathrm{d}x=0$.

再注意到 $\Gamma\cup\Gamma_1$ 在 xOy 平面上投影方程是将 $z=1-x$ 代入到 $x^2+y^2+z^2=1(y\geqslant 0)$ 中所得的结果, 即 $x^2+y^2+(1-x)^2=1(y\geqslant 0)$, 整理得 $\dfrac{(x-1/2)^2}{(1/2)^2}+\dfrac{y^2}{(1/\sqrt{2})^2}=1(y\geqslant 0)$. 因此 Σ 在 xOy 平面上投影为 $\dfrac{(x-1/2)^2}{(1/2)^2}+\dfrac{y^2}{(1/\sqrt{2})^2}=1$ 围成的上半椭圆盘, 所以 $\iint_{\Sigma}\mathrm{d}x\mathrm{d}y$ 的结果为上半椭圆盘的面积, 即 $\iint_{\Sigma}\mathrm{d}x\mathrm{d}y=\dfrac{\pi}{4\sqrt{2}}$. 同理可得 $\iint_{\Sigma}\mathrm{d}y\mathrm{d}z=\dfrac{\pi}{4\sqrt{2}}$. 因此

$$\int_{\Gamma\cup\Gamma_1} y\mathrm{d}x+z\mathrm{d}y+x\mathrm{d}z=-\iint_{\Sigma}\mathrm{d}y\mathrm{d}z+\mathrm{d}z\mathrm{d}x+\mathrm{d}x\mathrm{d}y=-\frac{\pi}{2\sqrt{2}}.$$

综上, $\int_{\Gamma} y\mathrm{d}x+z\mathrm{d}y+x\mathrm{d}z=\int_{\Gamma\cup\Gamma_1}-\int_{\Gamma_1}=-\dfrac{\pi}{2\sqrt{2}}+\dfrac{1}{2}$.

解法 2 路径 Γ 的一般式方程为 $\begin{cases}x^2+y^2+z^2=1,\\ x+z=1,\end{cases}$ $x,y,z\geqslant 0$, 如果我们假设 $z=t$, 那么从第二个方程中可以解出 $x=1-t$, 再代入到第一个方程中可得 $(1-t)^2+y^2+t^2=1$, 从中可以解出 $y=\sqrt{2t-2t^2}$. 所以路径 Γ 的参数式方程为 $\begin{cases}x=1-t,\\ y=\sqrt{2t-2t^2},\\ z=t\end{cases}$ (t 从 0 变到 1). 将这组关系代入原曲线积分可得

$$\begin{aligned}I=\int_{\Gamma} y\mathrm{d}x+z\mathrm{d}y+x\mathrm{d}z&=\int_0^1 y\mathrm{d}(1-t)+t\mathrm{d}y+(1-t)\mathrm{d}t\\ &=\int_0^1 -y\mathrm{d}t+t\mathrm{d}y+(1-t)\mathrm{d}t\end{aligned}$$

$$= \int_0^1 -2y\mathrm{d}t + \int_0^1 y\mathrm{d}t + t\mathrm{d}y + \int_0^1 (1-t)\mathrm{d}t$$
$$= \int_0^1 -2y\mathrm{d}t + \int_0^1 \mathrm{d}(yt) + \frac{1}{2}$$
$$= \int_0^1 -2\sqrt{2t-2t^2}\mathrm{d}t + ty\big|_0^1 + \frac{1}{2}$$
$$= \int_0^1 -2\sqrt{2t-2t^2}\mathrm{d}t + t\sqrt{2t-2t^2}\Big|_0^1 + \frac{1}{2}$$
$$= \int_0^1 -2\sqrt{2t-2t^2}\mathrm{d}t + 0 + \frac{1}{2} = -\frac{\pi}{2\sqrt{2}} + \frac{1}{2}.$$

3. 第一型曲面积分

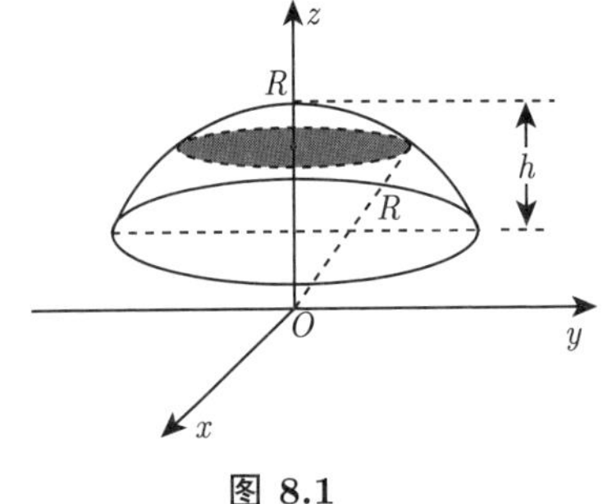

图 8.1

例 9 (2014) 设一球冠高为 h, 所在球半径为 R, 求球冠的体积与表面积.

解 设球面的方程为 $x^2+y^2+z^2=R^2$, 球冠围绕 z 轴. 如图 8.1 所示，易见球冠底面方程为

$$z = R-h, x^2+y^2 \leqslant 2Rh-h^2.$$

$$V_{球冠} = \iint\limits_{x^2+y^2\leqslant 2Rh-h^2} \left[\sqrt{R^2-x^2-y^2}-(R-h)\right]\mathrm{d}x\mathrm{d}y$$
$$= \iint\limits_{x^2+y^2\leqslant 2Rh-h^2} \sqrt{R^2-x^2-y^2}\mathrm{d}x\mathrm{d}y - (R-h)\left(2Rh-h^2\right)\pi$$
$$= \iint\limits_{0\leqslant r\leqslant\sqrt{2Rh-h^2}} \sqrt{R^2-r^2}r\mathrm{d}r\mathrm{d}\theta - (R-h)\left(2Rh-h^2\right)\pi \quad (r^2=x^2+y^2)$$
$$= 2\pi\int_0^{\sqrt{2Rh-h^2}} \sqrt{R^2-r^2}\cdot r\mathrm{d}r - (R-h)\left(2Rh-h^2\right)\pi$$
$$= \frac{\pi}{3}(3R-h)h^2.$$

以下求球冠表面积. 根据曲面面积的计算公式: $S=\iint\limits_{D}\sqrt{1+\left(\dfrac{\partial z}{\partial x}\right)^2+\left(\dfrac{\partial z}{\partial y}\right)^2}\mathrm{d}x\mathrm{d}y$, 其中 D 为球冠到 xOy 平面的投影. 根据前面的分析, 这个投影区域是半径为 $\sqrt{2Rh-h^2}$ 的圆盘. 因为球冠方程为 $z=\sqrt{R^2-x^2-y^2}$, 所以 $\dfrac{\partial z}{\partial x}=\dfrac{-x}{\sqrt{R-x^2-y^2}}$, $\dfrac{\partial z}{\partial y}=\dfrac{-y}{\sqrt{R-x^2-y^2}}$, 进而

$$
\begin{aligned}
S_{\text{球冠}} &= \iint\limits_{D}\sqrt{1+\left(\frac{\partial z}{\partial x}\right)^2+\left(\frac{\partial z}{\partial y}\right)^2}\mathrm{d}x\mathrm{d}y \\
&= \iint\limits_{D}\sqrt{1+\frac{x^2}{R^2-x^2-y^2}+\frac{y^2}{R^2-x^2-y^2}}\mathrm{d}x\mathrm{d}y \\
&= \iint\limits_{D}\sqrt{\frac{R^2}{R^2-x^2-y^2}}\mathrm{d}x\mathrm{d}y=\iint\limits_{D}\frac{R}{\sqrt{R^2-x^2-y^2}}\mathrm{d}x\mathrm{d}y \\
&= \iint\limits_{D}\frac{Rr}{\sqrt{R^2-r^2}}\mathrm{d}r\mathrm{d}\theta=\int_0^{2\pi}\mathrm{d}\theta\int_0^{\sqrt{2Rh-h^2}}\frac{Rr}{\sqrt{R^2-r^2}}\mathrm{d}r \\
&= 2\pi R\int_0^{\sqrt{2Rh-h^2}}\frac{r}{\sqrt{R^2-r^2}}\mathrm{d}r=\pi R\int_0^{\sqrt{2Rh-h^2}}\frac{1}{\sqrt{R^2-r^2}}\mathrm{d}r^2 \\
&= \pi R\int_0^{\sqrt{2Rh-h^2}}\frac{-1}{\sqrt{R^2-r^2}}\mathrm{d}\left(R^2-r^2\right)=\pi R\int_{R^2}^{(R-h)^2}\frac{-1}{\sqrt{t}}\mathrm{d}t=2\pi Rh.
\end{aligned}
$$

另 $S_{\text{球冠}}=\iint\limits_{D}\dfrac{R}{\sqrt{R^2-x^2-y^2}}\mathrm{d}x\mathrm{d}y$. 以下我们用球坐标换元, 设

$$
\begin{cases}
x=R\cos\theta\sin\varphi, \\
y=R\sin\theta\sin\varphi,
\end{cases}
\quad \theta\in[0,2\pi),\varphi\in\left[0,\arccos\frac{R-h}{R}\right],
$$

其中 R 为常数. 则

$$
\frac{R}{\sqrt{R^2-x^2-y^2}}=\frac{R}{\sqrt{R^2\cos^2\varphi}}=\frac{1}{\cos\varphi}. \tag{1}
$$

同时, 根据二重积分面积微元的换元公式: $\mathrm{d}x\mathrm{d}y=\dfrac{J(x,y)}{J(\varphi,\theta)}\mathrm{d}\theta\mathrm{d}\varphi$, 其中雅克比行

列式

$$\frac{J(x,y)}{J(\varphi,\theta)}=\begin{vmatrix}\dfrac{\partial x}{\partial\varphi} & \dfrac{\partial y}{\partial\varphi}\\ \dfrac{\partial x}{\partial\theta} & \dfrac{\partial y}{\partial\theta}\end{vmatrix}=\begin{vmatrix}R\cos\theta\sin\varphi & R\sin\theta\sin\varphi\\ -R\sin\theta\cos\varphi & R\cos\theta\cos\varphi\end{vmatrix}=R^2\sin\varphi\cos\varphi.$$

即

$$\mathrm{d}x\mathrm{d}y=R^2\sin\varphi\cos\varphi\mathrm{d}\varphi\mathrm{d}\theta. \tag{2}$$

接下来, 把 (1), (2) 式代入 $S=\iint\limits_D\dfrac{R}{\sqrt{R^2-x^2-y^2}}\mathrm{d}x\mathrm{d}y$ 可得

$$\begin{aligned}S&=\iint\limits_D\frac{R}{R\cos\varphi}\cdot R^2\sin\varphi\cos\varphi\mathrm{d}\varphi\mathrm{d}\theta=R^2\iint\limits_D\sin\varphi\mathrm{d}\varphi\mathrm{d}\theta\\&=R^2\int_0^{2\pi}\mathrm{d}\theta\int_0^{\arccos\frac{R-h}{R}}\sin\varphi\mathrm{d}\varphi\\&=R^2\cdot2\pi\cdot(-\cos\varphi)\Big|_0^{\arccos\frac{R-h}{R}}=2\pi Rh.\end{aligned}$$

练 2 已知 Σ 是柱面 $x^2+y^2=R^2$ 介于 $z=0$ 和 $z=H(H>0)$ 之间的部分, $r=r(x,y,z)$ 表示柱面上 (x,y,z) 点到原点的距离, 求 $\iint_\Sigma\dfrac{1}{r^2(x,y,z)}\mathrm{d}S$.

解 $r^2=x^2+y^2+z^2=R^2+z^2$, 根据柱面坐标的特点, 有

$$\begin{aligned}\iint_\Sigma\frac{1}{r^2(x,y,z)}\mathrm{d}S&=\iint_\Sigma\frac{1}{R^2+z^2}R\mathrm{d}\theta\mathrm{d}z\\&=R\int_0^{2\pi}\mathrm{d}\theta\int_0^H\frac{1}{R^2+z^2}\mathrm{d}z\\&=R\cdot2\pi\cdot\int_0^H\frac{1}{R^2+z^2}\mathrm{d}z\\&=2\pi\arctan\frac{H}{R}.\end{aligned}$$

4. 第二型曲面积分

例 10 已知 Σ 是球面 $x^2+y^2+z^2=1$ (取外侧), 求 $\oiint\limits_\Sigma\dfrac{2\mathrm{d}y\mathrm{d}z}{x\cos^2x}+\dfrac{\mathrm{d}z\mathrm{d}x}{\cos^2y}-\dfrac{\mathrm{d}x\mathrm{d}y}{z\cos^2z}$.

解 易知球面 $x^2+y^2+z^2=1$ 上 (x,y,z) 点处的单位外法向量 $\boldsymbol{n}=(x,y,z)$, 所以

$$\begin{aligned}
&\oiint_{\Sigma}\frac{2\mathrm{d}y\mathrm{d}z}{x\cos^2 x}+\frac{\mathrm{d}z\mathrm{d}x}{\cos^2 y}-\frac{\mathrm{d}x\mathrm{d}y}{z\cos^2 z}\\
=&\oiint_{\Sigma}\left(\frac{2}{x\cos^2 x},\frac{1}{\cos^2 y},\frac{-1}{z\cos^2 z}\right)\cdot(\mathrm{d}y\mathrm{d}z,\mathrm{d}z\mathrm{d}x,\mathrm{d}x\mathrm{d}y)\\
=&\oiint_{\Sigma}\left(\frac{2}{x\cos^2 x},\frac{1}{\cos^2 y},\frac{-1}{z\cos^2 z}\right)\cdot\mathrm{d}\boldsymbol{S}\\
=&\oiint_{\Sigma}\left(\frac{2}{x\cos^2 x},\frac{1}{\cos^2 y},\frac{-1}{z\cos^2 z}\right)\cdot\boldsymbol{n}\mathrm{d}S\\
=&\oiint_{\Sigma}\left(\frac{2}{x\cos^2 x},\frac{1}{\cos^2 y},\frac{-1}{z\cos^2 z}\right)\cdot(x,y,z)\mathrm{d}S\\
=&\oiint_{\Sigma}\left(\frac{2}{\cos^2 x}+\frac{y}{\cos^2 y}-\frac{1}{\cos^2 z}\right)\mathrm{d}S.
\end{aligned}$$

由轮换对称性可知 $\oiint_{\Sigma}\frac{1}{\cos^2 x}\mathrm{d}S=\oiint_{\Sigma}\frac{1}{\cos^2 y}\mathrm{d}S=\oiint_{\Sigma}\frac{1}{\cos^2 z}\mathrm{d}S$. 又因为 $\frac{y}{\cos^2 y}$ 是关于 y 的奇函数, 球面 $x^2+y^2+z^2=1$ 关于 zOx 平面对称, 所以 $\oiint_{\Sigma}\frac{y}{\cos^2 y}\mathrm{d}S=0$. 综上得

$$\oiint_{\Sigma}\frac{2\mathrm{d}y\mathrm{d}z}{x\cos^2 x}+\frac{\mathrm{d}z\mathrm{d}x}{\cos^2 y}-\frac{\mathrm{d}x\mathrm{d}y}{z\cos^2 z}=\oiint_{\Sigma}\left(\frac{2}{\cos^2 x}+\frac{y}{\cos^2 y}-\frac{1}{\cos^2 z}\right)\mathrm{d}S=\oiint_{\Sigma}\frac{1}{\cos^2 z}\mathrm{d}S.$$

再记 Σ_1 是上半球面 $x^2+y^2+z^2=1, z\geqslant 0$, 则

$$\begin{aligned}
\oiint_{\Sigma}\frac{1}{\cos^2 z}\mathrm{d}S&=2\oiint_{\Sigma_1}\frac{1}{\cos^2 z}\mathrm{d}S\\
&=2\iint\limits_{x^2+y^2\leqslant 1}\frac{1}{\cos^2\sqrt{1-x^2-y^2}}\frac{1}{\sqrt{1-x^2-y^2}}\mathrm{d}x\mathrm{d}y\\
&=2\int_0^{2\pi}\mathrm{d}\theta\int_0^1\frac{1}{\cos^2\sqrt{1-\rho^2}}\cdot\frac{\rho}{\sqrt{1-\rho^2}}\mathrm{d}\rho
\end{aligned}$$

$$
\begin{aligned}
&= -4\pi \int_0^1 \frac{1}{\cos^2 \sqrt{1-\rho^2}} \mathrm{d}\sqrt{1-\rho^2} \\
&= -4\pi \int_1^0 \frac{1}{\cos^2 t} \mathrm{d}t \qquad \left(t = \sqrt{1-\rho^2}\right) \\
&= 4\pi \int_0^1 \frac{1}{\cos^2 t} \mathrm{d}t \\
&= 4\pi \tan 1.
\end{aligned}
$$

例 11 已知 Σ 是曲面 $|x-y+z|+|y-z+x|+|z-x+y|=1$ 外侧, 求

$$
I = \oiint_{\Sigma} (x-y+z)\mathrm{d}y\mathrm{d}z + (y-z+x)\mathrm{d}z\mathrm{d}x + (z-x+y)\mathrm{d}x\mathrm{d}y.
$$

解 记 Σ 围成的几何体体积为 Ω, 则其体积 $V(\Omega) = \iiint\limits_{\Omega} 1\mathrm{d}x\mathrm{d}y\mathrm{d}z$.

记 $\begin{cases} u = x-y+z, \\ v = y-z+x, \\ w = z-x+y, \end{cases}$ 则 Σ 的方程化为 $|u|+|v|+|w|=1$, 这个方程对应正八面体的表面. 而

$\mathrm{d}u\mathrm{d}v\mathrm{d}w = \dfrac{\partial(u,v,w)}{\partial(x,y,z)}\mathrm{d}x\mathrm{d}y\mathrm{d}z$, 其中 $\dfrac{\partial(u,v,w)}{\partial(x,y,z)}$ 为雅克比行列式 $\begin{vmatrix} \dfrac{\partial u}{\partial x} & \dfrac{\partial v}{\partial x} & \dfrac{\partial w}{\partial x} \\ \dfrac{\partial u}{\partial y} & \dfrac{\partial v}{\partial y} & \dfrac{\partial w}{\partial y} \\ \dfrac{\partial u}{\partial z} & \dfrac{\partial v}{\partial z} & \dfrac{\partial w}{\partial z} \end{vmatrix}$.

因为 $\begin{vmatrix} \dfrac{\partial u}{\partial x} & \dfrac{\partial v}{\partial x} & \dfrac{\partial w}{\partial x} \\ \dfrac{\partial u}{\partial y} & \dfrac{\partial v}{\partial y} & \dfrac{\partial w}{\partial y} \\ \dfrac{\partial u}{\partial z} & \dfrac{\partial v}{\partial z} & \dfrac{\partial w}{\partial z} \end{vmatrix} = \begin{vmatrix} 1 & 1 & -1 \\ -1 & 1 & 1 \\ 1 & -1 & 1 \end{vmatrix} = 4$, 所以 $\mathrm{d}u\mathrm{d}v\mathrm{d}w = 4\mathrm{d}x\mathrm{d}y\mathrm{d}z$. 故

$$
V(\Omega) = \iiint\limits_{\Omega} 1\mathrm{d}x\mathrm{d}y\mathrm{d}z = \iiint\limits_{|u|+|v|+|w|\leqslant 1} \frac{1}{4}\mathrm{d}u\mathrm{d}v\mathrm{d}w = \frac{1}{3}.
$$

于是

$$
\begin{aligned}
I &= \oiint_{\Sigma} (x-y+z)\mathrm{d}y\mathrm{d}z + (y-z+x)\mathrm{d}z\mathrm{d}x + (z-x+y)\mathrm{d}x\mathrm{d}y \\
&= \iiint_{\Omega} \left(\frac{\partial(x-y+z)}{\partial x} + \frac{\partial(y-z+x)}{\partial y} + \frac{\partial(z-x+y)}{\partial z} \right) \mathrm{d}V \\
&= \iiint_{\Omega} 3\mathrm{d}V = 1.
\end{aligned}
$$

例 12 设 Σ_t 是圆柱体 $x^2+y^2 \leqslant t^2, 0 \leqslant z \leqslant 1$ 的外侧表面, $P=Q=R=f\left(\left(x^2+y^2\right)z\right)$ 记 $I_t = \oiint_{\Sigma_t} P\mathrm{d}y\mathrm{d}z + Q\mathrm{d}z\mathrm{d}x + R\mathrm{d}x\mathrm{d}y.$

(1) 若 $f(x)$ 有连续的导函数, 求 $\lim\limits_{t\to 0^+} \dfrac{I_t}{t^4}$;

(2) 若 $f(x)$ 仅在 $x=0$ 可导, 在其他点处连续, 求 $\lim\limits_{t\to 0^+} \dfrac{I_t}{t^4}$.

解 (1) 在 $f(x)$ 有连续的导函数这一前提下, $I_t = \oiint_{\Sigma_t} P\mathrm{d}y\mathrm{d}z + Q\mathrm{d}z\mathrm{d}x + R\mathrm{d}x\mathrm{d}y$ 符合高斯公式的前提条件, 所以应用高斯公式可得

$$
\begin{aligned}
I_t &= \oiint_{\Sigma_t} P\mathrm{d}y\mathrm{d}z + Q\mathrm{d}z\mathrm{d}x + R\mathrm{d}x\mathrm{d}y \\
&= \iiint_{\Omega_t} \left(\frac{\partial P}{\partial x} + \frac{\partial Q}{\partial y} + \frac{\partial R}{\partial z} \right) \mathrm{d}V \quad (\Omega_t \text{ 表示} \Sigma_t \text{ 围成的圆柱体}) \\
&= \iiint_{\Omega_t} \left(2xz + 2yz + x^2 + y^2\right) f'\left(\left(x^2+y^2\right)z\right) \mathrm{d}V.
\end{aligned}
$$

由对称性可知 $\iiint_{\Omega_t} 2xzf'\left(\left(x^2+y^2\right)z\right)\mathrm{d}V = \iiint_{\Omega_t} 2yzf'\left(\left(x^2+y^2\right)z\right)\mathrm{d}V = 0.$

所以

$$
\begin{aligned}
I_t &= \iiint_{\Omega_t} \left(x^2+y^2\right) f'\left(\left(x^2+y^2\right)z\right) \mathrm{d}V \\
&= \int_0^1 \mathrm{d}z \int_0^{2\pi} \mathrm{d}\theta \int_0^t \rho^3 f'\left(\rho^2 z\right) \mathrm{d}\rho \\
&= 2\pi \int_0^1 \mathrm{d}z \int_0^t \rho^3 f'\left(\rho^2 z\right) \mathrm{d}\rho
\end{aligned}
$$

$$
\begin{aligned}
&=2\pi\int_0^t \mathrm{d}\rho\int_0^1 \rho^3 f'\left(\rho^2 z\right)\mathrm{d}z\\
&=2\pi\int_0^t \rho\mathrm{d}\rho\int_0^1 f'\left(\rho^2 z\right)\mathrm{d}\rho^2 z\\
&=2\pi\int_0^t \rho\left(f\left(\rho^2\right)-f(0)\right)\mathrm{d}\rho.
\end{aligned}
$$

此处, 由变上限积分的求导公式, 我们可以得出 $I_t'=2\pi t\left(f\left(t^2\right)-f(0)\right)$.

$$
\begin{aligned}
\lim_{t\to0^+}\frac{I_t}{t^4}&=\lim_{t\to0^+}\frac{2\pi\int_0^t\rho\left(f\left(\rho^2\right)-f(0)\right)\mathrm{d}\rho}{t^4}=\lim_{t\to0^+}\frac{2\pi t\left(f\left(t^2\right)-f(0)\right)}{4t^3}\\
&=\frac{\pi}{2}\lim_{t\to0^+}\frac{f\left(t^2\right)-f(0)}{t^2}=\frac{\pi}{2}f'(0).
\end{aligned}
$$

(2) 记 $\Sigma_{上},\Sigma_{下},\Sigma_{侧}$ 分别为 Σ 的上底、下底、侧面. 由于 $\Sigma_{上},\Sigma_{下}$ 到 yOz,zOx 面的投影都是 0 , 所以

$$
\iint_{\Sigma_{上}}P\mathrm{d}y\mathrm{d}z+Q\mathrm{d}z\mathrm{d}x+R\mathrm{d}x\mathrm{d}y=\iint_{\Sigma_{上}}R\mathrm{d}x\mathrm{d}y=\iint_{x^2+y^2\leqslant t^2}f\left(x^2+y^2\right)\mathrm{d}x\mathrm{d}y,
$$

$$
\iint_{\Sigma_{下}}P\mathrm{d}y\mathrm{d}z+Q\mathrm{d}z\mathrm{d}x+R\mathrm{d}x\mathrm{d}y=\iint_{\Sigma_{下}}R\mathrm{d}x\mathrm{d}y=-\iint_{x^2+y^2\leqslant t^2}f(0)\mathrm{d}x\mathrm{d}y=-f(0)\pi t^2,
$$

$\Sigma_{侧}$ 到 xOy 面的投影为 0 , 所以 $\iint_{\Sigma_{侧}}R\mathrm{d}x\mathrm{d}y=0$, 进而

$$
\begin{aligned}
&\iint_{\Sigma_{侧}}P\mathrm{d}y\mathrm{d}z+Q\mathrm{d}z\mathrm{d}x+R\mathrm{d}x\mathrm{d}y\\
&=\iint_{\Sigma_{侧}}P\mathrm{d}y\mathrm{d}z+Q\mathrm{d}z\mathrm{d}x\\
&=\iint_{\Sigma_{侧}}f\left(\left(x^2+y^2\right)z\right)\mathrm{d}y\mathrm{d}z+f\left(\left(x^2+y^2\right)z\right)\mathrm{d}z\mathrm{d}x\\
&=\iint_{\Sigma_{侧}}f\left(t^2z\right)\mathrm{d}y\mathrm{d}z+f\left(t^2z\right)\mathrm{d}z\mathrm{d}x\\
&=\iint_{\Sigma_{侧}}f\left(t^2z\right)\frac{x+y}{t}\mathrm{d}S\\
&=0(\text{由对称性}).
\end{aligned}
$$

$$\text{综上, } I_t=\iint_{\Sigma_{\text{上}}}+\iint_{\Sigma_{\text{下}}}+\iint_{\Sigma_{\text{侧}}}=\iint\limits_{x^2+y^2\leqslant t^2} f\left(x^2+y^2\right)\mathrm{d}x\mathrm{d}y-f(0)\pi t^2$$
$$=\int_0^{2\pi}\mathrm{d}\theta\int_0^t f\left(\rho^2\right)\rho\mathrm{d}\rho-f(0)\pi t^2$$
$$=2\pi\int_0^t f\left(\rho^2\right)\rho\mathrm{d}\rho-f(0)\pi t^2.$$

因此 $I_t'=2\pi t\left(f\left(t^2\right)-f(0)\right)$. 进而

$$\lim_{t\to0^+}\frac{I_t}{t^4}=\lim_{t\to0^+}\frac{I_t'}{4t^3}=\frac{\pi}{2}\lim_{t\to0^+}\frac{f(t^2)-f(0)}{t^2}=\frac{\pi}{2}f'(0).$$

例 13 已知 Σ 是上半椭球面 $z=\sqrt{a^2-2x^2-y^2}(a>0)$ 下侧, 求

$$\iint_\Sigma\frac{x\mathrm{d}y\mathrm{d}z+y\mathrm{d}z\mathrm{d}x+z\mathrm{d}x\mathrm{d}y}{\left(x^2+y^2+z^2\right)^{3/2}}.$$

解 补曲面 $\Sigma_1: z=0, 2x^2+y^2\leqslant a^2, x^2+y^2\geqslant r^2$ (底面椭圆环) 取上侧, $\Sigma_2: z=\sqrt{r^2-x^2-y^2}, x^2+y^2\leqslant r^2$ (球状凸起) 取上侧, 记 Ω 是 Σ,Σ_1,Σ_2 围成的几何体, 易见 P,Q,R 三个函数在 Ω 内有连续的偏导数, 所以由高斯公式可得

$$\oiint\limits_{\Sigma\cup\Sigma_1\cup\Sigma_2}\frac{x\mathrm{d}y\mathrm{d}z+y\mathrm{d}z\mathrm{d}x+z\mathrm{d}x\mathrm{d}y}{\left(x^2+y^2+z^2\right)^{3/2}}=-\iiint\limits_\Omega\left(\frac{\partial P}{\partial x}+\frac{\partial Q}{\partial y}+\frac{\partial R}{\partial z}\right)\mathrm{d}V=0.$$

在 Σ_1 上, $z=0$, 所以 $\iint_{\Sigma_1}\frac{x\mathrm{d}y\mathrm{d}z+y\mathrm{d}z\mathrm{d}x+z\mathrm{d}x\mathrm{d}y}{\left(x^2+y^2+z^2\right)^{3/2}}=0.$

在 Σ_2 上, $x^2+y^2+z^2=r^2$, 所以

$$\iint_{\Sigma_2}\frac{x\mathrm{d}y\mathrm{d}z+y\mathrm{d}z\mathrm{d}x+z\mathrm{d}x\mathrm{d}y}{\left(x^2+y^2+z^2\right)^{3/2}}=\iint_{\Sigma_2}\frac{x\mathrm{d}y\mathrm{d}z+y\mathrm{d}z\mathrm{d}x+z\mathrm{d}x\mathrm{d}y}{r^3}$$
$$=\frac{1}{r^3}\iint_{\Sigma_2}x\mathrm{d}y\mathrm{d}z+y\mathrm{d}z\mathrm{d}x+z\mathrm{d}x\mathrm{d}y$$
$$=2\pi.$$

$$\text{综上, }\iint_\Sigma\frac{x\mathrm{d}y\mathrm{d}z+y\mathrm{d}z\mathrm{d}x+z\mathrm{d}x\mathrm{d}y}{\left(x^2+y^2+z^2\right)^{3/2}}=\oiint\limits_{\Sigma\cup\Sigma_1\cup\Sigma_2}-\iint_{\Sigma_1}-\iint_{\Sigma_2}=0-0-2\pi=-2\pi.$$

练 3 设 Σ 是椭球面 $\dfrac{x^2}{a^2}+\dfrac{y^2}{b^2}+\dfrac{z^2}{c^2}=1,\varphi(x,y,z)$ 表示椭球面上 (x,y,z) 点处的切平面到原点的距离, 求 $\iint_{\Sigma}\varphi(x,y,z)\mathrm{d}S$.

解 我们先对椭球面 Σ 赋予一个方向, 假设取外侧 (远离原点的方向), 使之变成有向曲面。再设 Σ 上 (x,y,z) 点处的单位外法向量为 $\boldsymbol{n}(x,y,z)=(n_x,n_y,n_z)$, 则 (x,y,z) 点处的切平面可以表示为 $n_x(X-x)+n_y(Y-y)+n_z(Z-z)=0$, 在这个等式里 X,Y,Z 表示方程中的变量, (x,y,z) 表示定点的坐标, 即在切平面方程里, x,y,z 是常数. 由点到平面的距离公式可知: $\varphi(x,y,z)=\dfrac{|-xn_x-yn_y-zn_z|}{\sqrt{n_x^2+n_y^2+n_z^2}}$, 由于 $\boldsymbol{n}(x,y,z)=(n_x,n_y,n_z)$ 是单位向量, 所以 $\sqrt{n_x^2+n_y^2+n_z^2}=1$, 进而

$$\varphi(x,y,z)=|-xn_x-yn_y-zn_z|=|xn_x+yn_y+zn_z|=|(x,y,z)\cdot(n_x,n_y,n_z)|.$$

再注意到 $\boldsymbol{n}(x,y,z)=(n_x,n_y,n_z)$ 是外法向量, 指向椭球面外侧, (x,y,z) 可以视为圆心到 (x,y,z) 点所连向量的坐标, 该向量也是指向椭球面外侧. 由于两向量方向相同, 所以点乘的结果非负, 即

$$\varphi(x,y,z)=|(x,y,z)\cdot(n_x,n_y,n_z)|=(x,y,z)\cdot(n_x,n_y,n_z)=(x,y,z)\cdot\boldsymbol{n}(x,y,z).$$

将这个关系代入要算的积分, 可得

$$\begin{aligned}\iint_{\Sigma}\varphi(x,y,z)\mathrm{d}S&=\iint_{\Sigma}(x,y,z)\cdot\boldsymbol{n}(x,y,z)\mathrm{d}S=\iint_{\Sigma}(x,y,z)\cdot\mathrm{d}\boldsymbol{S}\\&=\iint_{\Sigma}x\mathrm{d}y\mathrm{d}z+y\mathrm{d}z\mathrm{d}x+z\mathrm{d}x\mathrm{d}y.\end{aligned}$$

应用高斯公式可得

$$\begin{aligned}\iint_{\Sigma}\varphi(x,y,z)\mathrm{d}S&=\iint_{\Sigma}x\mathrm{d}y\mathrm{d}z+y\mathrm{d}z\mathrm{d}x+z\mathrm{d}x\mathrm{d}y=\iiint_{\Omega}\left(\frac{\partial x}{\partial x}+\frac{\partial y}{\partial y}+\frac{\partial z}{\partial z}\right)\mathrm{d}V\\&=\iiint_{\Omega}3\mathrm{d}V,\end{aligned}$$

其中 Ω 是 Σ 围成的椭球体, 其体积为 $\dfrac{4}{3}abc\pi$, 所以

$$\iint_{\Sigma}\varphi(x,y,z)\mathrm{d}S=\iiint_{\Omega}3\mathrm{d}V=3\cdot\frac{4}{3}abc\pi=4abc\pi.$$

模块三　能力进阶

例 1 (2013)　设 $I_a(r)=\oint_C \frac{y\mathrm{d}x-x\mathrm{d}y}{(x^2+y^2)^a}$, 其中 a 为常数, 曲线 C 是椭圆 $x^2+xy+y^2=r^2$, 方向取正向, 求 $\lim\limits_{r\to+\infty} I_a(r)$.

【思路解析】　解决本题的关键在于计算曲线积分 $I_a(r)$. 考虑到被积式的分母部分为 x^2+y^2，除去经典的先挖圆再用格林公式的方法之外，利用极坐标 $x=\rho\cos\theta, y=\rho\sin\theta$ 换元也是一种行之有效的思路. 在接下来的计算中大家会发现一旦进行了这样的换元，被积式能够化得较为简单，从而有利于后续计算. 此外在本题的求解过程中，我们还需要对积分曲线 C 的形状、大小做出分析, 完成这项工作需要借助线性代数课程中化简二次型的技巧，将 C 方程的左侧化为标准形，这样才能实现对于 C 曲线的尺寸估计.

解　设 $x=\rho\cos\theta, y=\rho\sin\theta$, 此时

$$\begin{aligned}\frac{y\mathrm{d}x-x\mathrm{d}y}{(x^2+y^2)^a}&=\frac{\rho\sin\theta\mathrm{d}(\rho\cos\theta)-\rho\cos\theta\mathrm{d}(\rho\sin\theta)}{(\rho^2)^a}\\&=\frac{\rho\sin\theta(\cos\theta\mathrm{d}\rho-\rho\sin\theta\mathrm{d}\theta)-\rho\cos\theta(\sin\theta\mathrm{d}\rho+\rho\cos\theta\mathrm{d}\theta)}{\rho^{2a}}\\&=\frac{-\rho^2\mathrm{d}\theta}{\rho^{2a}}=-\frac{1}{\rho^{2a-2}}\mathrm{d}\theta,\end{aligned}$$

进而 $\oint_C \frac{y\mathrm{d}x-x\mathrm{d}y}{(x^2+y^2)^a}=-\oint_C \frac{1}{\rho^{2a-2}}\mathrm{d}\theta=-\int_0^{2\pi}\frac{1}{\rho^{2a-2}}\mathrm{d}\theta$. 此处的 ρ 表示椭圆上的点到原点 O 的距离. ρ 是变量, 而非常数, 所以接下来我们估算它的变化范围, 然后借助夹逼准则求出 $\lim\limits_{r\to+\infty} I_a(r)$. 注意到

$$x^2+xy+y^2=(x,y)\begin{pmatrix}1 & 1/2\\ 1/2 & 1\end{pmatrix}\begin{pmatrix}x\\ y\end{pmatrix},$$

借助线性代数的知识可得, 上述二次型经过正交变换

$$\begin{pmatrix}x\\ y\end{pmatrix}=\begin{pmatrix}\sqrt{2}/2 & \sqrt{2}/2\\ \sqrt{2}/2 & -\sqrt{2}/2\end{pmatrix}\begin{pmatrix}u\\ v\end{pmatrix}$$

能化为标准形

$$(u,v)\begin{pmatrix}3/2 & 0\\ 0 & 1/2\end{pmatrix}\begin{pmatrix}u\\ v\end{pmatrix}.$$

即原椭圆方程 $x^2+xy+y^2=r^2$ 经过正交变换可以简化为 $\frac{3}{2}u^2+\frac{1}{2}v^2=r^2$. 由于正交变换保持曲线形状不变, 所以椭圆的长半轴为 $\sqrt{2}r$, 短半轴为 $\sqrt{\frac{2}{3}}r$, 进而 $\sqrt{\frac{2}{3}}r\leqslant\rho\leqslant\sqrt{2}r$. 接下来, 我们分三种情况进行讨论.

情形 1 $a>1$, 此时 $\sqrt{\frac{2}{3}}r\leqslant\rho\leqslant\sqrt{2}r$, 所以

$$\begin{aligned}&\int_0^{2\pi}\frac{1}{2^{a-1}\cdot r^{2a-2}}\mathrm{d}\theta\leqslant\int_0^{2\pi}\frac{1}{\rho^{2a-2}}\mathrm{d}\theta\leqslant\int_0^{2\pi}\frac{3^{a-1}}{2^{a-1}\cdot r^{2a-2}}\mathrm{d}\theta\\ \Rightarrow&\int_0^{2\pi}\frac{1}{2^{a-1}\cdot r^{2a-2}}\mathrm{d}\theta\leqslant-I_a(r)\leqslant\int_0^{2\pi}\frac{3^{a-1}}{2^{a-1}\cdot r^{2a-2}}\mathrm{d}\theta\\ \Rightarrow&\frac{-2\pi\cdot3^{a-1}}{2^{a-1}\cdot r^{2a-2}}\leqslant I_a(r)\leqslant\frac{-2\pi}{2^{a-1}\cdot r^{2a-2}}.\end{aligned}$$

因为 $a>1$, 所以 $\lim\limits_{r\to+\infty}\frac{-2\pi}{2^{a-1}\cdot r^{2a-2}}=\lim\limits_{r\to+\infty}\frac{-2\pi\cdot3^{a-1}}{2^{a-1}\cdot r^{2a-2}}=0$. 根据夹逼准则可得 $\lim\limits_{r\to+\infty}I_a(r)=0$.

情形 2 $a<1$, 此时

$$\begin{aligned}&\int_0^{2\pi}\frac{3^{a-1}}{2^{a-1}\cdot r^{2a-2}}\mathrm{d}\theta\leqslant\int_0^{2\pi}\frac{1}{\rho^{2a-2}}\mathrm{d}\theta\leqslant\int_0^{2\pi}\frac{1}{2^{a-1}\cdot r^{2a-2}}\mathrm{d}\theta\\ \Rightarrow&\int_0^{2\pi}\frac{3^{a-1}}{2^{a-1}\cdot r^{2a-2}}\mathrm{d}\theta\leqslant-I_a(r)\leqslant\int_0^{2\pi}\frac{1}{2^{a-1}\cdot r^{2a-2}}\mathrm{d}\theta\\ \Rightarrow&-2\pi\left(\frac{1}{2}\right)^{a-1}r^{2(1-a)}\leqslant I_a(r)\leqslant-2\pi\left(\frac{3}{2}\right)^{a-1}r^{2(1-a)}.\end{aligned}$$

因为 $a<1$, 所以

$$\lim_{r\to+\infty}-2\pi\left(\frac{3}{2}\right)^{a-1}r^{2(1-a)}=\lim_{r\to+\infty}-2\pi\left(\frac{1}{2}\right)^{a-1}r^{2(1-a)}=-\infty.$$

由夹逼准则 $\lim\limits_{r\to+\infty}I_a(r)=-\infty$.

情形 3 $a=1$, 此时 $I_a(r)=-\oint_C\frac{1}{\rho^{2a-2}}\mathrm{d}\theta=-\int_0^{2\pi}1\mathrm{d}\theta=-2\pi$.

综上, $\lim\limits_{r\to+\infty}I_a(r)=\begin{cases}0, & a>1,\\-2\pi, & a=1,\\-\infty, & a<1.\end{cases}$

例 2 (2022 补)　设 Γ 是曲线 $\begin{cases} x^2+y^2+z^2=2Rx, \\ x^2+y^2=2rx, \end{cases}$ $0<r<R, z\geqslant 0$, 方向与 z 轴正向符合右手螺旋定则, 求曲线积分 $I=\oint_\Gamma (y^2+z^2)\mathrm{d}x+(z^2+x^2)\mathrm{d}y+(x^2+y^2)\mathrm{d}z$.

【思路解析】　本题中的空间曲线为球面与围绕 z 轴的圆柱面的交线, 这是一条封闭曲线, 因此可以直接使用斯托克斯公式. 在使用公式之前，我们可以先把封闭曲线 Γ 视为曲面片 Σ 的边缘线, 这里的 Σ 可以取为球面 $(x-R)^2+y^2+z^2=R^2$ 位于柱面 $(x-r)^2+y^2=r^2$ 内部的部分. 将球面上的一部分视为斯托克斯公式中的曲面片，优势在于曲面片上一点的单位外法向量易求. 这个单位外法向量，就是从球心 $(R,0,0)$ 到球面上一点 (x,y,z) 所连向量 (即半径对应的向量) 再做单位化, 若将这个单位外法向量记作 $\boldsymbol{n}(x,y,z)$, 则 $\boldsymbol{n}(x,y,z)=\dfrac{1}{R}(x-R,y,z)$.

解　记曲面片 Σ 为球面 $(x-R)^2+y^2+z^2=R^2$ 位于柱面 $(x-r)^2+y^2=r^2$ 内部的部分，即 $\Sigma:\begin{cases} x^2+y^2+z^2=2Rx, \\ x^2+y^2\leqslant 2rx, \end{cases}$ $0<r<R, z\geqslant 0$. 考虑到积分路径 Γ 要与 z 轴正向符合右手螺旋定则, 因此 Σ 的方向应该取上侧 (与 z 轴方向一致), 故 Σ 上一点 (x,y,z) 处的单位外法向量应为 $\boldsymbol{n}(x,y,z)=\dfrac{1}{R}(x-R,y,z)$. 此时, 应用斯托克斯公式可得原积分

$$I=\iint_\Sigma \begin{vmatrix} \dfrac{x-R}{R} & \dfrac{y}{R} & \dfrac{z}{R} \\ \dfrac{\partial}{\partial x} & \dfrac{\partial}{\partial y} & \dfrac{\partial}{\partial z} \\ y^2+z^2 & z^2+x^2 & x^2+y^2 \end{vmatrix} \mathrm{d}S = 2\iint_\Sigma (z-y)\mathrm{d}S.$$

注意到积分曲面 Σ 是关于 zOx 平面对称的, 因此 $\iint_\Sigma y\mathrm{d}S=0$, 进而原积分可以简化为 $I=2\iint_\Sigma z\mathrm{d}S$. 根据两类曲面积分微元的转化关系 $\mathrm{d}x\mathrm{d}y=n_z\mathrm{d}S=\dfrac{z}{R}\mathrm{d}S$, 再注意到曲面片 Σ 作为球面被圆柱面所截的部分，其到 xOy 坐标面的投影就是圆柱面在 xOy 平面内截出的圆盘, 这个圆盘可以设为 $D: x^2+y^2\leqslant 2rx, z=0$, 因此原积分又可以转化为二重积分

$$I=2\iint_\Sigma z\mathrm{d}S=2\iint_D R\mathrm{d}x\mathrm{d}y=2R\cdot\pi r^2.$$

例 3 (2019 补) 设函数 $f(x)$ 连续, a,b,c 为常数, Σ 是单位球面 $x^2+y^2+z^2=1$, 记第一类曲面积分 $I=\oiint_{\Sigma} f(ax+by+cz)\mathrm{d}S$, 求证:

$$I=2\pi\int_{-1}^{1} f\left(\sqrt{a^2+b^2+c^2}\cdot u\right)\mathrm{d}u.$$

【思路解析】 求解本题可以考虑借助线性代数中的正交变换, 即形如这样的变换 $(X,Y,Z)^{\mathrm{T}}=\boldsymbol{P}(x,y,z)^{\mathrm{T}}$, 其中 $\boldsymbol{P}$ 是正交矩阵, 将被积函数中 f 内侧复合的算式化简为单一变量. 实现这样的想法必须依靠正交变换, 即上面的矩阵 $\boldsymbol{P}$ 必须为正交矩阵. 只有这样的换元才能确保原坐标系下的面积微元 $\mathrm{d}S$ 在新的坐标系下意义、大小均不改变.

证 设

$$\begin{pmatrix} X \\ Y \\ Z \end{pmatrix}=\begin{pmatrix} \dfrac{a}{r} & \dfrac{b}{r} & \dfrac{c}{r} \\ \dfrac{c}{\sqrt{a^2+c^2}} & 0 & \dfrac{-a}{\sqrt{a^2+c^2}} \\ \dfrac{ab}{r\sqrt{a^2+c^2}} & \dfrac{-a^2-c^2}{r\sqrt{a^2+c^2}} & \dfrac{bc}{r\sqrt{a^2+c^2}} \end{pmatrix}\cdot\begin{pmatrix} x \\ y \\ z \end{pmatrix},$$

其中 $r=\sqrt{a^2+b^2+c^2}$, 容易验证该换元是正交变换. 因此

$$I=\oiint_{\Sigma} f(ax+by+cz)\mathrm{d}S=\oiint_{X^2+Y^2+Z^2=1} f\left(\sqrt{a^2+b^2+c^2}X\right)\mathrm{d}S.$$

再设 $\begin{cases} X=\cos\theta\sin\varphi, \\ Y=\sin\theta\sin\varphi, \theta\in[0,2\pi), \varphi\in[0,\pi] \\ Z=\cos\varphi, \end{cases}$ (由于Σ 是单位球面, 所以$R=1$)

则
$$\begin{aligned}\oiint_{\Sigma} f(kZ)\mathrm{d}S&=\oiint_{\Sigma} f(k\cos\varphi)\sin\varphi\mathrm{d}\varphi\mathrm{d}\theta\\&=\int_0^{2\pi}\mathrm{d}\theta\int_0^{\pi} f(k\cos\varphi)\sin\varphi\mathrm{d}\varphi\\&=2\pi\int_0^{\pi} f(k\cos\varphi)\sin\varphi\mathrm{d}\varphi\\&=-2\pi\int_0^{\pi} f(k\cos\varphi)\mathrm{d}\cos\varphi\\&=-2\pi\int_1^{-1} f(ku)\mathrm{d}u=2\pi\int_{-1}^{1} f(ku)\mathrm{d}u.\quad(\text{设}u=\cos\varphi)\end{aligned}$$

此外, 由轮换对称性, $\oiint_{\Sigma} f(kX)\mathrm{d}S=\oiint_{\Sigma} f(kZ)\mathrm{d}S$, 因此 $\oiint_{\Sigma} f(kZ)\mathrm{d}S$ 也能化为 $2\pi\int_{-1}^{1} f(ku)\mathrm{d}u$. 取 $k=\sqrt{a^2+b^2+c^2}$, 即可得到要证明的等式.

例 4 (2019) 计算二重积分 $I=\int_0^{2\pi}\mathrm{d}\phi\int_0^{\pi}\mathrm{e}^{\sin\theta(\cos\phi-\sin\phi)}\sin\theta\mathrm{d}\theta$.

【思路解析】 本题中需要计算的二重积分，虽然形式明确，但是无法直接计算，所以必须采用一定的技巧. 考虑到二重积分中的两个变量 θ 与 φ, 都与球坐标密切相关，这一特色启发我们：要计算的积分是否为某个球面积分化简之后的结果. 所以为了正确选择入手点, 我们可以反用球坐标换元，将题目中的二重积分化为球面上的第一型曲面积分，从而打开局面.

证 将本题中的 ϕ 换成 θ, 将本题中的 θ 换成 φ, 可得

$$\begin{aligned}
I&=\int_0^{2\pi}\mathrm{d}\theta\int_0^{\pi}\mathrm{e}^{\sin\varphi(\cos\theta-\sin\theta)}\sin\varphi\mathrm{d}\varphi\\
&=\int_0^{2\pi}\left(\int_0^{\pi}\mathrm{e}^{\sin\varphi\cos\theta-\sin\varphi\sin\theta}\sin\varphi\mathrm{d}\varphi\right)\mathrm{d}\theta\\
&=\iint\limits_{x^2+y^2+z^2=1}\mathrm{e}^{x-y}\mathrm{d}S.
\end{aligned}$$

记 $X=\dfrac{x-y}{\sqrt{2}},Y=\dfrac{x+y}{\sqrt{2}},Z=z$, 容易验证, 这样的换元是正交变换且

$$x^2+y^2+z^2=X^2+Y^2+Z^2.$$

所以

$$I=\iint\limits_{x^2+y^2+z^2=1}\mathrm{e}^{x-y}\mathrm{d}S=\iint\limits_{X^2+Y^2+Z^2=1}\mathrm{e}^{\sqrt{2}X}\mathrm{d}S.$$

由轮换对称性: $I=\iint\limits_{X^2+Y^2+Z^2=1}\mathrm{e}^{\sqrt{2}X}\mathrm{d}S=\iint\limits_{X^2+Y^2+Z^2=1}\mathrm{e}^{\sqrt{2}Z}\mathrm{d}S.$

再设: $\begin{cases}X=\cos\theta\sin\varphi,\\Y=\sin\theta\sin\varphi,\\Z=\cos\varphi,\end{cases}$ 此时 $\mathrm{d}S=R^2\sin\varphi\mathrm{d}\varphi\mathrm{d}\theta$, 所以

$$I=\iint\limits_{X^2+Y^2+Z^2=1}\mathrm{e}^{\sqrt{2}Z}\mathrm{d}S=\int_0^{2\pi}\mathrm{d}\theta\int_0^{\pi}\mathrm{e}^{\sqrt{2}\cos\varphi}\sin\varphi\mathrm{d}\varphi$$

$$=2\pi\int_0^{\pi}\mathrm{e}^{\sqrt{2}\cos\varphi}\sin\varphi\mathrm{d}\varphi=\sqrt{2}\pi\left(\mathrm{e}^{\sqrt{2}}-\mathrm{e}^{-\sqrt{2}}\right).$$

例 5 (2012) 设 Σ 是一个光滑封闭曲面, 方向朝外, 给定第二型的曲面积分

$$I=\iint\limits_{\Sigma}\left(x^3-x\right)\mathrm{d}y\mathrm{d}z+\left(2y^3-y\right)\mathrm{d}z\mathrm{d}x+\left(3z^3-z\right)\mathrm{d}x\mathrm{d}y,$$

试确定曲面 Σ, 使得积分 I 的值最小, 并求该最小值.

【思路解析】 本题的思路比较明确，鉴于题目中的积分曲面 Σ 是光滑的封闭曲面，所以可以考虑从高斯公式入手，先将原来的第二型曲面积分化为三重积分. 这样一来，问题就可以化归为我们较为熟悉的情况.

解 我们将 Σ 围成的立体区域记为 Ω, 由高斯公式可得

$$I=3\iiint\limits_{\Omega}\left(x^2+2y^2+3z^2-1\right)\mathrm{d}V,$$

问题转化成: 对于三重积分 $\iiint\limits_{\Omega}\left(x^2+2y^2+3z^2-1\right)\mathrm{d}V$, 立体区域 Ω 如何取, 能使积分值最大. 记

$$\Omega(-):x^2+2y^2+3z^2\leqslant 1\quad(\text{椭球体内部});$$

$$\Omega(+):x^2+2y^2+3z^2>1\quad(\text{椭球体外部}).$$

容易看出, 在 $\Omega(-)$ 上被积函数 $x^2+2y^2+3z^2-1\leqslant 0$; 在 $\Omega(+)$ 上被积函数 $x^2+2y^2+3z^2-1>0$.

假设积分区域 Ω 有一部分位于椭球体内部 (记为 Ω_1), 另一部分位于椭球体外部 (记为 Ω_2). 此时

$$\iiint\limits_{\Omega}\left(x^2+2y^2+3z^2-1\right)\mathrm{d}V=\underbrace{\iiint\limits_{\Omega_1}\left(x^2+2y^2+3z^2-1\right)\mathrm{d}V}_{\leqslant 0}+\underbrace{\iiint\limits_{\Omega_2}\left(x^2+2y^2+3z^2-1\right)\mathrm{d}V}_{>0}$$

$$\geqslant \iiint_{\Omega_1} \left(x^2+2y^2+3z^2-1\right) \mathrm{d}V.$$

由此可知, 如果 Ω 有位于椭球体外部的部分, 那么去掉这一部分之后, 积分值会变小. 所以要想使 $I=3\iiint_{\Omega}\left(x^2+2y^2+3z^2-1\right)\mathrm{d}V$ 达到最小, 那么 Ω 就不能有位于椭球体外部的部分, 即 $\Omega \subseteq \Omega(-)$. 此外还能看出当 Ω 刚好充满椭球体时, 积分值达到最小. 因此, 为使积分 $I=3\iiint_{\Omega}\left(x^2+2y^2+3z^2-1\right)\mathrm{d}V$ 达到最小, Ω 应该取球体 $x^2+2y^2+3z^2-1 \leqslant 0$, 即

$$I_{\min}=3 \iiint_{x^2+2y^2+3z^2 \leqslant 1}\left(x^2+2y^2+3z^2-1\right) \mathrm{d}x\mathrm{d}y\mathrm{d}z.$$

设 $\begin{cases} x=u, \\ y=v/\sqrt{2}, \\ z=w/\sqrt{3}, \end{cases}$ 则三重积分化为 $3 \iiint_{u^2+v^2+w^2 \leqslant 1}\left(u^2+v^2+w^2-1\right) \dfrac{1}{\sqrt{6}} \mathrm{d}u\mathrm{d}v\mathrm{d}w.$

以下用球坐标可以得出

$$I_{\min}=\frac{3}{\sqrt{6}} \int_0^{2\pi} \mathrm{d}\theta \int_0^{\pi} \mathrm{d}\varphi \int_0^1\left(r^2-1\right) r^2 \sin\varphi \mathrm{d}r\mathrm{d}\varphi\mathrm{d}\theta=\frac{-4\sqrt{6}}{15}\pi.$$

例 6 (2014) 设球体 $(x-1)^2+(y-1)^2+(z-1)^2 \leqslant 12$ 被平面 $P: x+y+z=6$ 所截的小球缺为 Ω . 记球缺上的球冠为 Σ (方向指向球体的外部), 请计算 $I=\iint_{\Sigma} x\mathrm{d}y\mathrm{d}z+y\mathrm{d}z\mathrm{d}x+z\mathrm{d}x\mathrm{d}y.$

【思路解析】 本题可以从以下两方面入手. 第一，由于积分曲面 Σ 是球冠，本身不封闭，因此我们可以借鉴补面的思路，补入底面圆盘，使得积分曲面封闭，进而可以使用高斯公式进行后续计算；第二，我们可以借助简单的换元 $x-1=X, y-1=Y, z-1=Z$ 将球面的中心平移至原点，这样也可以使得被积函数得到进一步的简单，从而有利于后续计算.

解 设 $x-1=X, y-1=Y, z-1=Z$, 则问题转化为: 设球体 $X^2+Y^2+Z^2 \leqslant 12$ 被平面 $P: X+Y+Z=3$ 所截的小球缺为 Ω 。记球缺上的球冠为 Σ (方向指向球体的外部), 请计算 $I=\iint_{\Sigma}(X+1)\mathrm{d}Y\mathrm{d}Z+(Y+1)\mathrm{d}Z\mathrm{d}X+(Z+1)\mathrm{d}X\mathrm{d}Y.$ 记球缺的底面圆盘为 Σ' (方向指向球缺外部), 易见 $\Sigma \cup \Sigma'$ 为封闭曲面, 由高斯

公式可得

$$\begin{aligned}&\oiint_{\Sigma\cup\Sigma'}(X+1)\mathrm{d}Y\mathrm{d}Z+(Y+1)\mathrm{d}Z\mathrm{d}X+(Z+1)\mathrm{d}X\mathrm{d}Y\\=&\iiint_{\Omega}\left(\frac{\partial(X+1)}{\partial X}+\frac{\partial(Y+1)}{\partial Y}+\frac{\partial(Z+1)}{\partial Z}\right)\mathrm{d}V=\iiint_{\Omega}3\mathrm{d}V=3V(\Omega).\end{aligned}$$

根据前例题的结论, 球缺体积 $V(\Omega)=\dfrac{\pi}{3}(3R-h)h^2$, 易知球缺的高度 $h=2\sqrt{3}-\sqrt{3}=\sqrt{3}$. 所以

$$\text{原积分}=3V(\Omega)=\pi(6\sqrt{3}-\sqrt{3})(\sqrt{3})^2=15\pi\sqrt{3}.$$

$$\begin{aligned}&\iint_{\Sigma'}(X+1)\mathrm{d}Y\mathrm{d}Z+(Y+1)\mathrm{d}Z\mathrm{d}X+(Z+1)\mathrm{d}X\mathrm{d}Y\\=&\iint_{\Sigma'}(X+1,Y+1,Z+1)\cdot(\mathrm{d}Y\mathrm{d}Z,\mathrm{d}Z\mathrm{d}X,\mathrm{d}X\mathrm{d}Y)\\=&\iint_{\Sigma'}(X+1,Y+1,Z+1)\cdot\mathrm{d}\boldsymbol{S}\\=&\iint_{\Sigma'}(X+1,Y+1,Z+1)\cdot\boldsymbol{n}(X,Y,Z)\mathrm{d}S\\=&\iint_{\Sigma'}(X+1,Y+1,Z+1)\cdot\frac{-1}{\sqrt{3}}(1,1,1)\mathrm{d}S\\=&\frac{-1}{\sqrt{3}}\iint_{\Sigma'}(X+1+Y+1+Z+1)\mathrm{d}S\\=&\frac{-1}{\sqrt{3}}\iint_{\Sigma'}(X+Y+Z+3)\mathrm{d}S\\=&\frac{-1}{\sqrt{3}}\iint_{\Sigma'}6\mathrm{d}S=-2\sqrt{3}S(\Sigma').\end{aligned}$$

由于 Σ' 是圆盘, 半径为 $\sqrt{(2\sqrt{3})^2-(\sqrt{3})^2}=3$, 所以

$$\begin{aligned}&\iint_{\Sigma'}(X+1)\mathrm{d}Y\mathrm{d}Z+(Y+1)\mathrm{d}Z\mathrm{d}X+(Z+1)\mathrm{d}X\mathrm{d}Y=-2\sqrt{3}S(\Sigma')\\=&-2\sqrt{3}\times9\pi=-18\sqrt{3}\pi.\end{aligned}$$

综上, $I=\iint_{\Sigma}=\oiint_{\Sigma\cup\Sigma'}-\iint_{\Sigma'}=15\sqrt{3}\pi-(-18\sqrt{3}\pi)=33\sqrt{3}\pi.$

练 设 Σ 是球面 $x^2+y^2+z^2=1$, 求 $\oiint\limits_{\Sigma}\left(ax^2+by^2+cz^2\right)\mathrm{d}S$.

解法 1(利用轮换对称性) 记 $I=\oiint\limits_{x^2+y^2+z^2=1}\left(ax^2+by^2+cz^2\right)\mathrm{d}S$,
则根据轮换对称性得

$$I=\oiint\limits_{x^2+y^2+z^2=1}\left(ay^2+bz^2+cx^2\right)\mathrm{d}S,\qquad I=\oiint\limits_{x^2+y^2+z^2=1}\left(az^2+bx^2+cy^2\right)\mathrm{d}S.$$

以上三个等式相加得

$$\begin{aligned}3I&=\oiint\limits_{x^2+y^2+z^2=1}(a+b+c)\left(x^2+y^2+z^2\right)\mathrm{d}S\\&=\oiint\limits_{x^2+y^2+z^2=1}(a+b+c)\mathrm{d}S=(a+b+c)\cdot 4\pi,\end{aligned}$$

所以 $I=\dfrac{4}{3}(a+b+c)\pi$.

解法 2 (将其化为第二类曲面积分) 先给 Σ 指定一个方向: 外侧. 用常规方法, 我们可以求出单位球面 Σ 上 (x,y,z) 点处的单位外法向量 $\boldsymbol{n}(x,y,z)=(x,y,z)$, 接下来我们把被积函数拆成某向量和 $\boldsymbol{n}(x,y,z)$ 点乘的结果，即

$$ax^2+by^2+cz^2=(ax,by,cz)\cdot(x,y,z)=(ax,by,cz)\cdot\boldsymbol{n}$$

因此

$$\begin{aligned}I=\oiint\limits_{x^2+y^2+z^2=1}\left(ax^2+by^2+cz^2\right)\mathrm{d}S&=\oiint\limits_{x^2+y^2+z^2=1}(ax,by,cz)\cdot\boldsymbol{n}\mathrm{d}S\\&=\oiint\limits_{\Sigma}(ax,by,cz)\cdot\mathrm{d}\boldsymbol{S}\\&=\oiint\limits_{\Sigma}ax\mathrm{d}y\mathrm{d}z+by\mathrm{d}z\mathrm{d}x+cz\mathrm{d}x\mathrm{d}y.\end{aligned}$$

以下应用高斯公式可得

$$I=\oiint\limits_{\Sigma}ax\mathrm{d}y\mathrm{d}z+by\mathrm{d}z\mathrm{d}x+cz\mathrm{d}x\mathrm{d}y=\iiint\limits_{x^2+y^2+z^2\leqslant 1}(a+b+c)\mathrm{d}V=\frac{4}{3}\pi(a+b+c).$$

以上三个等式相加得

$$3I = \oiint\limits_{x^2+y^2+z^2=1} (a+b+c)\left(x^2+y^2+z^2\right)\mathrm{d}S$$

$$= \oiint\limits_{x^2+y^2+z^2=1} (a+b+c)\mathrm{d}S = (a+b+c)\cdot 4\pi.$$

所以 $I = \dfrac{4}{3}(a+b+c)\pi$.

专题九 级 数

模块一 知识框架

一、数项级数

一般数项级数 $\sum\limits_{n=1}^{\infty} a_n$ 收敛

充要条件: 部分和数列 $\{S_n\}$ 收敛;

必要条件: $\lim\limits_{n\to\infty} a_n = 0$;

充分条件: $\sum\limits_{n=1}^{\infty} |a_n|$ 收敛.

正项级数 $\sum\limits_{n=1}^{\infty} a_n$ 收敛

- 充要条件： 部分和数列 $\{S_n\}$有上界;
- 充分条件： 比较法;
  - 比较法的极限形式;
  - 比值法;
  - 根值法;
  - 积分判别法.

交错级数 $\sum\limits_{n=1}^{\infty}(-1)^n a_n$ 收敛的充分条件: 莱布尼茨判别法.

两个常用级数 $\sum\limits_{n=1}^{\infty} q^n$ (等比级数, 当 $|q| < 1$ 时收敛); $\sum\limits_{n=1}^{\infty} \dfrac{1}{n^p}$ (p 级数, 当 $p > 1$ 时收敛).

二、幂级数

(1) 若 $\lim\limits_{n\to\infty}\left|\dfrac{a_{n+1}}{a_n}\right|=\rho$, 则 $\sum\limits_{n=1}^{\infty}a_nx^n$ 的收敛半径为 $R=\dfrac{1}{\rho}$ (含 $\rho=0,+\infty$).

(2) 若 $\lim\limits_{n\to\infty}\sqrt[n]{|a_n|}=\rho$, 则 $\sum\limits_{n=1}^{\infty}a_nx^n$ 的收敛半径为 $R=\dfrac{1}{\rho}$ (含 $\rho=0,+\infty$).

设幂级数 $\sum\limits_{n=1}^{\infty}a_nx^n$ 的收敛半径为 R, 则下列幂级数的收敛半径也是 R

$$\sum_{n=1}^{\infty}n\,a_n\,x^{n-1},\qquad \sum_{n=1}^{\infty}\frac{a_n}{n+1}x^{n+1},\qquad \sum_{n=1}^{\infty}a_n(x-x_0)^n.$$

设 $\sum\limits_{n=1}^{\infty}a_nx^n$ 的收敛半径为 R, 则 $\sum\limits_{n=1}^{\infty}a_nx^{kn}$ $(k\in\mathbb{Z}^+)$ 的收敛半径为 $\sqrt[k]{R}$.

三、傅里叶级数

若 $f(x)$ 在 $[-l,l]$ 上分段可微且有有限个第一类间断点，则可展开为傅里叶级数。在 $f(x)$ 的连续点处, 有

$$f(x)=\frac{a_0}{2}+\sum_{n=1}^{\infty}\left(a_n\cos\frac{n\pi x}{l}+b_n\sin\frac{n\pi x}{l}\right),$$

其中

$$a_0=\frac{1}{l}\int_{-l}^{l}f(x)\mathrm{d}x,\quad a_n=\frac{1}{l}\int_{-l}^{l}f(x)\cos\frac{n\pi x}{l}\mathrm{d}x,\quad b_n=\frac{1}{l}\int_{-l}^{l}f(x)\sin\frac{n\pi x}{l}\mathrm{d}x.$$

模块二 基础训练

一、数项级数

例 1 级数 $\sum\limits_{n=1}^{\infty}\int_0^{1/n}\dfrac{\sqrt{x}}{1+x^2}\mathrm{d}x$ 的敛散性.

解 易见 $0<\int_0^{1/n}\dfrac{\sqrt{x}}{1+x^2}\mathrm{d}x\leqslant\int_0^{1/n}\sqrt{x}\mathrm{d}x=\dfrac{2}{3}\cdot\dfrac{1}{n^{3/2}}$, 而 $\sum\limits_{n=1}^{\infty}\dfrac{1}{n^{3/2}}$ 收敛. 由比较审敛法知, 原级数也收敛.

例 2 设 $a_n>0,p>1$, 且 $\lim\limits_{n\to\infty} n^p\left(\mathrm{e}^{\frac{1}{n}}-1\right)a_n=1$. 若 $\sum\limits_{n=1}^{\infty}a_n$ 收敛, 求 p 的取值范围.

解 因为 $n\to\infty$ 时, $\mathrm{e}^{1/n}-1\sim\dfrac{1}{n}$, 所以条件可以化为

$$\lim_{n\to\infty} n^{p-1}a_n=1 \text{ 或 } \lim_{n\to\infty}\frac{a_n}{\dfrac{1}{n^{p-1}}}=1.$$

由此可知: $\sum\limits_{n=1}^{\infty}a_n$ 与 $\sum\limits_{n=1}^{\infty}\dfrac{1}{n^{p-1}}$ 同敛散. 因此要保证原级数收敛, 即保证 $\sum\limits_{n=1}^{\infty}\dfrac{1}{n^{p-1}}$ 收敛, 所以 p 的取值范围是 $(2,+\infty)$.

练 1 设 $u_n=1-\cos\dfrac{1}{n^\alpha},(\alpha>0)$. 请判断 $\sum\limits_{n=1}^{\infty}u_n$ 的敛散性.

解 当 $n\to\infty$ 时, $u_n\sim\dfrac{1}{2\,n^{2\alpha}}$, 当且仅当 $2\alpha>1$, 即 $\alpha>\dfrac{1}{2}$ 时, $\sum\limits_{n=1}^{\infty}u_n$ 收敛.

例 3 设 $a_n=\displaystyle\int_0^{\frac{\pi}{4}}\tan^n x\,\mathrm{d}x,n=1,2,\cdots$.

(1) 求 $\sum\limits_{n=1}^{\infty}\dfrac{1}{n}(a_n+a_{n+2})$ 的值;

(2) 试证明: 对任意的常数 $\lambda>0$, 级数 $\sum\limits_{n=1}^{\infty}\dfrac{a_n}{n^\lambda}$ 收敛.

(1) **解** 因为

$$\begin{aligned}\frac{1}{n}(a_n+a_{n+2})&=\frac{1}{n}\int_0^{\frac{\pi}{4}}\tan^n x\left(1+\tan^2 x\right)\mathrm{d}x=\frac{1}{n}\int_0^{\frac{\pi}{4}}\tan^n x\sec^2 x\,\mathrm{d}x\\&=\frac{1}{n}\int_0^{\frac{\pi}{4}}\tan^n x\,\mathrm{d}\tan x=\frac{1}{n(n+1)},\end{aligned}$$

所以 $S_n=\sum\limits_{k=1}^{n}\dfrac{1}{k}(a_k+a_{k+2})=\sum\limits_{k=1}^{n}\dfrac{1}{k(k+1)}=1-\dfrac{1}{n+1}$, 进而 $\sum\limits_{n=1}^{\infty}\dfrac{1}{n}(a_n+a_{n+2})=1$.

(2) **证** $a_n=\displaystyle\int_0^{\frac{\pi}{4}}\tan^n x\,\mathrm{d}x\xlongequal{\tan x=t}\int_0^1\frac{t^n}{1+t^2}\,\mathrm{d}t<\int_0^1 t^n\,\mathrm{d}t=\frac{1}{n+1}$. 从

而有

$$\frac{a_n}{n^\lambda} < \frac{1}{n^\lambda(n+1)} < \frac{1}{n^{\lambda+1}}.$$

由于 $\lambda+1>1$, 知 $\sum\limits_{n=1}^{\infty}\frac{1}{n^{\lambda+1}}$ 收敛, 进而 $\sum\limits_{n=1}^{\infty}\frac{a_n}{n^\lambda}$ 也收敛.

例 4 设 $a>0$, 判别级数 $\sum\limits_{n=1}^{\infty}\frac{a^{\frac{n(n+1)}{2}}}{(1+a)(1+a^2)\cdots(1+a^n)}$ 的敛散性.

解 (1) 设级数一般项 b_n, 考查

$$\lim_{n\to\infty}\frac{b_{n+1}}{b_n}=\lim_{n\to\infty}\frac{\dfrac{a^{\frac{(n+1)(n+2)}{2}}}{(1+a)(1+a^2)\cdots(1+a^n)(1+a^{n+1})}}{\dfrac{a^{\frac{n(n+1)}{2}}}{(1+a)(1+a^2)\cdots(1+a^n)}}$$

$$=\lim_{n\to\infty}\frac{a^{n+1}}{1+a^{n+1}}=\begin{cases}0, a<1,\\ \dfrac{1}{2}, a=1,\\ 1, a>1.\end{cases}$$

由达朗贝尔判别法知道, 当 $a\leqslant 1$ 时级数收敛.

(2) 设 $a>1$, 并记 $a_1=\frac{1}{a}$, 易见在本情况下 $a_1\in(0,1)$, 则

$$b_n=\frac{a^{\frac{n(n+1)}{2}}}{(1+a)(1+a^2)\cdots(1+a^n)}=\frac{1}{(1+a_1)(1+a_1^2)\cdots(1+a_1^n)}.$$

令 $c_n=(1+a_1)\left(1+a_1^2\right)\cdots(1+a_1^n)$, 显然 $\{c_n\}$ 单增. 下证其有界.

由 $x>0, \mathrm{e}^x>1+x$ 可知

$$c_n=(1+a_1)\left(1+a_1^2\right)\cdots(1+a_1^n)<\mathrm{e}^{a_1}\mathrm{e}^{a_1^2}\cdots\mathrm{e}^{{a_1}^n}=\mathrm{e}^{\frac{a_1-{a_1}^{n+1}}{1-a_1}}<\mathrm{e}^{\frac{a_1}{1-a_1}},$$

从而 $\{c_n\}$ 单调有界则其收敛, 且其极限介于 1 与 $\mathrm{e}^{\frac{a_1}{1-a_1}}$ 之间, 从而 $\lim\limits_{n\to\infty}b_n$ 存在, 其值大于 0, 从而原级数发散.

综上所述 $\sum\limits_{n=1}^{\infty}\frac{a^{\frac{n(n+1)}{2}}}{(1+a)(1+a^2)\cdots(1+a^n)}$ 当 $0<a\leqslant 1$ 时收敛, 当 $a>1$ 时发散.

例 5 设 $f(x)$ 在 $x=0$ 处存在二阶导数 $f''(0)$, 且 $\lim\limits_{x\to 0}\dfrac{f(x)}{x}=0$. 证明: 级数 $\sum\limits_{n=1}^{\infty}\left|f\left(\dfrac{1}{n}\right)\right|$ 收敛.

证 由于 $f(x)$ 在 $x=0$ 处连续, 且 $\lim\limits_{x\to 0}\dfrac{f(x)}{x}=0$, 则

$$f(0)=\lim_{x\to 0}f(x)=\lim_{x\to 0}\frac{f(x)}{x}\cdot x=0,\qquad f'(0)=\lim_{x\to 0}\frac{f(x)-f(0)}{x-0}=0.$$

应用洛必达法则, 得

$$\lim_{x\to 0}\frac{f(x)}{x^2}=\lim_{x\to 0}\frac{f'(x)}{2x}=\lim_{x\to 0}\frac{f'(x)-f'(0)}{2(x-0)}=\frac{1}{2}f''(0),$$

所以 $\lim\limits_{n\to 0}\dfrac{\left|f\left(\dfrac{1}{n}\right)\right|}{\dfrac{1}{n^2}}=\dfrac{1}{2}\left|f''(0)\right|$. 由于级数 $\sum\limits_{n=1}^{\infty}\dfrac{1}{n^2}$ 收敛, 从而 $\sum\limits_{n=1}^{\infty}\left|f\left(\dfrac{1}{n}\right)\right|$ 收敛.

例 6 设 $a_n>0$, $S_n=\sum\limits_{k=1}^{n}a_k$, 证明:

(1) 当 $\alpha>1$ 时, 级数 $\sum\limits_{n=1}^{\infty}\dfrac{a_n}{S_n^{\alpha}}$ 收敛;

(2) 当 $\alpha\leqslant 1$, 且 $S_n\to+\infty(n\to\infty)$ 时, 级数 $\sum\limits_{n=1}^{\infty}\dfrac{a_n}{S_n^{\alpha}}$ 发散.

证 令 $f(x)=x^{1-\alpha}, x\in[S_{n-1},S_n]$. 对 $f(x)$ 在区间 $[S_{n-1},\ \mathrm{S}_n]$ 上用拉格朗日中值定理得: 存在 $\xi\in(S_{n-1},S_n)$, 使得

$$f\left(S_n\right)-f\left(S_{n-1}\right)=f'(\xi)\left(S_n-S_{n-1}\right),\qquad \text{即}\ \ S_n^{1-\alpha}-S_{n-1}^{1-\alpha}=(1-\alpha)\xi^{-\alpha}a_n.$$

(1) 当 $\alpha>1$ 时

$$\frac{1}{S_{n-1}^{\alpha-1}}-\frac{1}{S_n^{\alpha-1}}=(\alpha-1)\frac{a_n}{\xi^{\alpha}}\geqslant(\alpha-1)\frac{a_n}{S_n^{\alpha}},$$

显然 $\left\{\dfrac{1}{S_{n-1}^{\alpha-1}}-\dfrac{1}{S_n^{\alpha-1}}\right\}$ 的前 n 项和有界进而收敛, 因此级数 $\sum\limits_{n=1}^{\infty}\dfrac{a_n}{S_n^{\alpha}}$ 也收敛.

(2) 当 $\alpha=1$ 时, 因为 $a_n>0, S_n$ 单调递增, 所以

$$\sum_{k=n+1}^{n+p}\frac{a_k}{S_k}\geqslant\frac{1}{S_{n+p}}\sum_{k=n+1}^{n+p}a_k=\frac{S_{n+p}-S_n}{S_{n+p}}=1-\frac{S_n}{S_{n+p}}.$$

因为 $S_n \to +\infty$, 所以只要 n 取定, 那么总存在着足够大的自然数 P, 使得当 $p \geqslant P$ 时有 $\dfrac{S_n}{S_{n+p}} < \dfrac{1}{2}$, 从而

$$\sum_{k=n+1}^{n+p} \frac{a_k}{S_k} = 1 - \frac{S_n}{S_{n+p}} \geqslant \frac{1}{2}.$$

所以级数 $\sum\limits_{n=1}^{\infty} \dfrac{a_n}{S_n^{\alpha}}$ 发散.

当 $\alpha < 1$ 时, $\dfrac{a_n}{S_n^{\alpha}} \geqslant \dfrac{a_n}{S_n}$. 由 $\sum\limits_{n=1}^{\infty} \dfrac{a_n}{S_n}$ 发散及比较判别法可知, $\sum\limits_{n=1}^{\infty} \dfrac{a_n}{S_n^{\alpha}}$ 发散.

二、幂级数

1. 求收敛域

例 7 求幂级数 $\sum\limits_{n=1}^{\infty} \dfrac{\sin n}{n^2} x^n$ 的收敛域.

解 显然该幂级数的收敛半径大于 0, 不妨设其和函数为 $S(x)$, 则

$$S''(x) = \sum_{n=2}^{\infty} \frac{(n-1)\sin n}{n} x^{n-2},$$

易见

$$\left| \frac{(n-1)\sin n}{n} x^{n-2} \right| \leqslant |x|^{n-2}.$$

而当 $|x| < 1$ 时幂级数 $\sum\limits_{n=2}^{\infty} x^{n-2}$ 绝对收敛. 所以当 $|x| < 1$ 时幂级数 $S''(x)$ 也绝对收敛. 再注意到极限 $\lim\limits_{n\to\infty} \dfrac{(n-1)\sin n}{n}$ 不存在, 所以级数 $\sum\limits_{n=2}^{\infty} \dfrac{(n-1)\sin n}{n}$ 发散, 即当 $x = 1$ 时幂级数

$$\sum_{n=2}^{\infty} \frac{(n-1)\sin n}{n} x^{n-2}$$

是发散的. 于是, 由阿贝尔定理可知, $S''(x)$ 的收敛半径 $R = 1$, 进而 $S(x)$ 的收敛半径 R 也是 1 . 注意到级数

$$\sum_{n=1}^{\infty} \frac{\sin n}{n^2} (\pm 1)^n$$

绝对收敛, 因此 $S(x)$ 的收敛域为 $[-1,1]$.

练 2 求 $\sum\limits_{n=1}^{\infty}\ln n\cdot(x^2-1)^n$ 的收敛域.

解 令 $a_n=\ln n$, 则 $\lim\limits_{n\to\infty}\dfrac{a_n}{a_{n+1}}=1$. 幂级数 $\sum\limits_{n=1}^{\infty}a_nX^n$ 的收敛域为 $(-1,1)$, 即 $|x^2-1|<1$, 故得收敛域为 $(-\sqrt{2},\sqrt{2})$.

2. 求和函数

例 8 求幂级数 $\sum\limits_{n=0}^{\infty}\dfrac{n^3+2}{(n+1)!}(x-1)^n$ 的收敛域与和函数.

解 因为 $\lim\limits_{n\to\infty}\dfrac{a_{n+1}}{a_n}=\lim\limits_{n\to\infty}\dfrac{(n+1)^3+2}{(n+2)(n^3+2)}=0$, 所以收敛半径 $R=+\infty$, 进而收敛域为 $(-\infty,+\infty)$.

由

$$\begin{aligned}\frac{n^3+2}{(n+1)!}&=\frac{(n+1)n(n-1)}{(n+1)!}+\frac{n+1}{(n+1)!}+\frac{1}{(n+1)!}\\&=\frac{1}{(n-2)!}+\frac{1}{n!}+\frac{1}{(n+1)!}\ (n\geqslant 2)\end{aligned}$$

可知

$$\text{原级数}=\sum_{n=2}^{\infty}\frac{1}{(n-2)}(x-1)^n+\sum_{n=0}^{\infty}\frac{1}{n!}(x-1)^n+\sum_{n=0}^{\infty}\frac{1}{(n+1)}(x-1)^n.$$

用 $S_1(x),S_2(x)$ 和 $S_3(x)$ 分别表示上式右边三个幂级数的和函数。依据 e^x 的展开式可得

$$S_1(x)=(x-1)^2\sum_{n=0}^{\infty}\frac{1}{n!}(x-1)^n=(x-1)^2\mathrm{e}^{x-1},S_2(x)=\mathrm{e}^{x-1}.$$

再由

$$(x-1)S_3(x)=\sum_{n=0}^{\infty}\frac{1}{(n+1)!}(x-1)^{n+1}=\sum_{n=1}^{\infty}\frac{1}{n!}(x-1)^n=\mathrm{e}^{x-1}-1$$

得到当 $x\neq 1$ 时, $S_3(x)=(\mathrm{e}^{x-1}-1)/(x-1)$. 又 $S_3(1)=1$. 综合以上讨论, 最终

得到所给幂级数的和函数

$$S_3(x)=\begin{cases}\left(x^2-2x+2\right)\mathrm{e}^{x-1}+\dfrac{\mathrm{e}^{x-1}-1}{x-1}, x\neq 1,\\ 2, x=1.\end{cases}$$

例 9 对于正整数 n, 设 a_n 是曲线 $y=x^n$ 与 $y=x^{n+1}$ 所围成的区域面积, 试求 $S=\sum\limits_{n=1}^{\infty}a_{2n-1}$ 的值.

解 依题意有

$$a_n=\int_0^1\left(x^n-x^{n+1}\right)\mathrm{d}x=\frac{1}{n+1}-\frac{1}{n+2}=\frac{1}{(n+1)(n+2)},$$

因此有

$$S=\sum_{n=1}^{\infty}a_{2n-1}=\sum_{n=1}^{\infty}\frac{1}{2n(2n+1)}.$$

考虑函数

$$f(x)=\sum_{n=1}^{\infty}\frac{1}{2n(2n+1)}x^{2n+1},$$

易知 $f(x)$ 的收敛域为 $[-1,1]$. 对 $f(x)$ 逐项求导, 得到

$$f''(x)=\sum_{n=1}^{\infty}x^{2n-1}=\frac{x}{1-x^2}, x\in(-1,1).$$

对 $f''(x)$ 积分两次, 注意到 $f(0)=f'(0)=0$, 得到

$$f(x)=x-\frac{1}{2}(1+x)\ln(1+x)+\frac{1}{2}(1-x)\ln(1-x),$$

从而有

$$S=\sum_{n=1}^{\infty}\frac{1}{2n(2n+1)}=\lim_{x\to 1^-}f(x)=1-\ln 2.$$

例 10 考虑级数 $a_1+\dfrac{a_2}{1+x}+\dfrac{a_3}{(1+x)^2}+\dfrac{a_4}{(1+x)^3}+\cdots$, 其中 $a_n=2^n\sin\dfrac{n\pi}{2}$, 求此级数的收敛域与和函数.

解 首先注意到, 当 $m=0,1,2,\cdots$ 时有

$$a_n=2^n\sin\frac{n\pi}{2}=\begin{cases}0, & n=4m,\\ 2^n, & n=4m+1,\\ 0, & n=4m+2,\\ -2^n, & n=4m+3,\end{cases}$$

于是, 原级数化为

$$2-\frac{2^3}{(1+x)^2}+\frac{2^5}{(1+x)^4}-\cdots=2\left[1-\frac{2^2}{(1+x)^2}+\frac{2^4}{(1+x)^4}-\cdots\right].$$

显然, 当且仅当 $\left|\dfrac{2}{1+x}\right|<1$ 时, 上述级数收敛, 其和函数为

$$S(x)=2\cdot\frac{1}{1+\left(\dfrac{2}{1+x}\right)^2}=\frac{2(1+x)^2}{(1+x)^2+4},$$

收敛域为

$$\left|\frac{2}{1+x}\right|<1\Longleftrightarrow D=(-\infty,-3)\cup(1,+\infty).$$

例 11 已知函数列 $\{u_n(x)\}$ 满足: 对任意正整数 n, 都有 $u_n'(x)=u_n(x)+x^{n-1}\mathrm{e}^x$ 且 $u_n(1)=\dfrac{\mathrm{e}}{n}$. 求函数项级数 $\sum\limits_{n=1}^{\infty}u_n(x)$ 的和函数 $S(x)$.

解 由条件 $u_n'(x)=u_n(x)+x^{n-1}\mathrm{e}^x$, 利用一阶线性微分方程求解公式, 可以解出 $u_n(x)=\mathrm{e}^x\left(\dfrac{x^n}{n}+C\right)$. 代入初值条件 $u_n(1)=\dfrac{\mathrm{e}}{n}$, 可得 $C=0$, 进而 $u_n(x)=\mathrm{e}^x\dfrac{x^n}{n}$. 由此可得

$$\sum_{n=1}^{\infty}u_n(x)=\mathrm{e}^x\sum_{n=1}^{\infty}\frac{x^n}{n}.$$

若记 $T(x)=\sum\limits_{n=1}^{\infty}\dfrac{x^n}{n}$(容易验证 $\sum\limits_{n=1}^{\infty}\dfrac{x^n}{n}$ 的收敛域为 $[-1,1)$), 则等号两边同时求导可得

$$T'(x)=\sum_{n=1}^{\infty}x^{n-1}=\frac{1}{1-x}.$$

由此可以解出 $T(x)=-\ln(1-x)$. 进而 $S(x)=\mathrm{e}^xT(x)=-\mathrm{e}^x\ln(1-x)$.

练 3 求 $\sum\limits_{n=1}^{\infty}\dfrac{x^n}{n\,(n+1)}$ 的和函数 $s(x)$.

解 易见幂级数的收敛域为 $[-1,1]$.

$$\begin{aligned}s(x)&=\sum_{n=1}^{\infty}\frac{x^n}{n}-\frac{1}{x}\sum_{n=1}^{\infty}\frac{x^{n+1}}{n+1}=\sum_{n=1}^{\infty}\frac{x^n}{n}-\frac{1}{x}\sum_{n=2}^{\infty}\frac{x^n}{n}\\&=\sum_{n=1}^{\infty}\frac{x^n}{n}-\frac{1}{x}\left[\sum_{n=1}^{\infty}\frac{x^n}{n}-x\right]=\left(1-\frac{1}{x}\right)f(x)+1,\end{aligned}$$

其中

$$\begin{aligned}f(x)&=\sum_{n=1}^{\infty}\frac{x^n}{n}=\sum_{n=1}^{\infty}\int_0^x t^{n-1}\,\mathrm{d}t=\int_0^x\left[\sum_{n=1}^{\infty}t^{n-1}\right]\mathrm{d}t\\&=\int_0^x\frac{\mathrm{d}t}{1-t}=-\ln(1-x)\quad(0<|x|<1).\end{aligned}$$

另外, 易知 $s(0)=0$, 而

$$s(1)=\sum_{n=1}^{\infty}\frac{1}{n\,(n+1)}=\lim_{n\to\infty}\left[\left(1-\frac{1}{2}\right)+\left(\frac{1}{2}-\frac{1}{3}\right)+\cdots+\left(\frac{1}{n}-\frac{1}{n+1}\right)\right]=1.$$

因此

$$s(x)=\begin{cases}1+\dfrac{(1-x)\,\ln(1-x)}{x}, & x\in[-1,0)\cup(0,1),\\0, & x=0,\\1, & x=1.\end{cases}$$

3. 幂级数的展开

例 12 已知 $\dfrac{(1+x)^n}{(1-x)^3}=\sum\limits_{i=0}^{\infty}a_ix^i, |x|<1, n$ 为正整数. 求 $\sum\limits_{i=0}^{n-1}a_i$.

解 考虑如下的幂级数展开

$$\frac{(1+x)^n}{(1-x)^3}\cdot\frac{1}{1-x}=\sum_{i=0}^{\infty}a_ix^i\cdot\sum_{i=0}^{\infty}x^i.$$

从等号右侧可以看出, 我们要求的 $\sum\limits_{i=0}^{n-1}a_i$ 恰为 $\dfrac{(1+x)^n}{(1-x)^3}\cdot\dfrac{1}{1-x}$ 展开式中 x^{n-1} 的系数.

而从等号左侧可以看出

$$\frac{(1+x)^n}{(1-x)^4}=\frac{(2-(1-x))^n}{(1-x)^4}=\sum_{i=0}^{n}(-1)^i\mathrm{C}_n^i2^{n-i}(1-x)^{i-4}, \tag{1}$$

其中 x^{n-1} 项系数等于下面这三项

$$2^n(1-x)^{-4}-n2^{n-1}(1-x)^{-3}+\frac{n(n-1)}{2}2^{n-2}(1-x)^{-2}-\frac{n(n-1)(n-2)}{6}2^{n-3}(1-x)^{-1}$$

中 x^{n-1} 的系数. 考虑到上述多项式可以写成如下的形式:

$$\frac{2^n}{3!}\left((1-x)^{-1}\right)'''-\frac{n2^{n-1}}{2!}\left((1-x)^{-1}\right)''+\frac{n(n-1)}{2}2^{n-2}\left((1-x)^{-1}\right)'-\frac{n(n-1)(n-2)}{6}2^{n-3}(1-x)^{-1},$$

所以幂级数 (1) 中 x^{n-1} 项系数等于

$$\frac{2^n}{3!}(n+2)(n+1)n-\frac{n2^{n-1}}{2!}(n+1)n+\frac{n(n-1)}{2}2^{n-2}n-\frac{n(n-1)(n-2)}{6}2^{n-3},$$

故有

$$\sum_{i=0}^{n-1}a_i=\frac{n(n+2)(n+7)}{3}2^{n-4}.$$

模块三　能力进阶

例 1 (2022)　设正项级数 $\sum\limits_{n=1}^{\infty}a_n$ 收敛, 求证: 存在同样收敛的正项级数 $\sum\limits_{n=1}^{\infty}b_n$, 使得 $\lim\limits_{n\to\infty}\dfrac{a_n}{b_n}=0$.

证　记余项 $R_n=\sum\limits_{k=n+1}^{\infty}a_k, n\geqslant 1$, $R_0=\sum\limits_{k=1}^{\infty}a_k$. 由此可知 $a_n=R_{n-1}-R_n$, 继而我们将 b_n 取成

$$b_n=\sqrt{R_{n-1}}-\sqrt{R_n},$$

于是就有 $\dfrac{a_n}{b_n}=\dfrac{R_{n-1}-R_n}{\sqrt{R_{n-1}}-\sqrt{R_n}}=\sqrt{R_{n-1}}+\sqrt{R_n}$. 而数列 $\{b_n\}$ 对应的部分和

$$\tilde{S}_n=\sum_{k=1}^{n}b_k=\sqrt{R_0}-\sqrt{R_n}.$$

根据正项级数收敛的充要条件, $\sum_{n=1}^{\infty} a_n$ 收敛意味着部分和 $\{S_n\}$ 构成的数列有界且单增, 同时也意味着余项 $\{R_n\}$ 构成的数列单调递减且趋于 0. 由此可知，这样定义的数列 $\{b_n\}$ 既满足部分和数列 $\{\tilde{S}_n\}$ 有极限 ($\lim\limits_{n\to\infty} \tilde{S}_n = R_0$.) 即级数 $\sum_{n=1}^{\infty} b_n$ 收敛, 又满足

$$\lim_{n\to\infty} \frac{a_n}{b_n} = \lim_{n\to\infty} (\sqrt{R_{n-1}} + \sqrt{R_n}) = 0.$$

评注 本题的结论可以这样理解: 对于正项级数 $\sum_{n=1}^{\infty} a_n$ 而言，如果它收敛，那么单项比它大很多的正项级数 $\sum_{n=1}^{\infty} b_n$ 仍然有可能收敛. 本题就是通过构造的方法给出了这个想法的一种证明,b_n 的构造十分巧妙. 这个构造思路对于读者或许有一定的难度，但是我们相信读懂这个证明并记住它, 对未来的学习一定会有裨益.

例 2 (2012) 设 $\sum_{n=1}^{\infty} a_n$ 与 $\sum_{n=1}^{\infty} b_n$ 为正项级数, 求证:

(1) 若 $\lim\limits_{n\to\infty} \left(\dfrac{a_n}{a_{n+1}b_n} - \dfrac{1}{b_{n+1}}\right) > 0$, 则 $\sum_{n=1}^{\infty} a_n$ 收敛;

(2) 若 $\lim\limits_{n\to\infty} \left(\dfrac{a_n}{a_{n+1}b_n} - \dfrac{1}{b_{n+1}}\right) < 0$ 且 $\sum_{n=1}^{\infty} b_n$ 发散, 则 $\sum_{n=1}^{\infty} a_n$ 发散.

【思路解析】 本题第一问的证法很有特点，由于已知条件中的极限关系较为复杂，所以常规的审敛法失效，我们转为考虑更基本的判别法即正项级数收敛的充要条件: 部分和 $\{S_n\}$ 构成的数列有上界. 想到这一层，那么接下来处理已知条件中的 $\dfrac{a_n}{a_{n+1}b_n} - \dfrac{1}{b_{n+1}}$ 时候，就可以考虑通过如下方式将分母中的 a_{n+1} 单独剥离出，即

$$\frac{a_n}{a_{n+1}b_n} - \frac{1}{b_{n+1}} = \frac{1}{a_{n+1}}\left(\frac{a_n}{b_n} - \frac{a_{n+1}}{b_{n+1}}\right).$$

证 (1) 设 $\lim\limits_{n\to\infty} \left(\dfrac{a_n}{a_{n+1}b_n} - \dfrac{1}{b_{n+1}}\right) = 2\delta > \delta > 0$, 则存在 $N \in \mathbb{N}$, 对于任意的 $n \geqslant N$, 都有 $\dfrac{a_n}{a_{n+1}}\dfrac{1}{b_n} - \dfrac{1}{b_{n+1}} > \delta$, 经整理可得 $a_{n+1} < \dfrac{1}{\delta}\left(\dfrac{a_n}{b_n} - \dfrac{a_{n+1}}{b_{n+1}}\right), \forall n \geqslant N$.

因此有

$$\sum_{n=N}^{m} a_{n+1} \leqslant \frac{1}{\delta}\sum_{n=N}^{m}\left(\frac{a_n}{b_n}-\frac{a_{n+1}}{b_{n+1}}\right) \leqslant \frac{1}{\delta}\left(\frac{a_N}{b_N}-\frac{a_{m+1}}{b_{m+1}}\right) \leqslant \frac{1}{\delta}\frac{a_N}{b_N}.$$

因而, $\sum\limits_{n=1}^{\infty} a_n$ 的部分和有上界, 从而 $\sum\limits_{n=1}^{\infty} a_n$ 收敛.

(2) 若 $\lim\limits_{n\to\infty}\left(\dfrac{a_n}{a_{n+1}}\dfrac{1}{b_n}-\dfrac{1}{b_{n+1}}\right)<\delta<0$, 则存在 $N\in\mathbb{N}$, 对于任意的 $n\geqslant N$ 都有 $\dfrac{a_n}{a_{n+1}}<\dfrac{b_n}{b_{n+1}}$. 由此可以推出

$$a_{n+1} > \frac{b_{n+1}}{b_n}a_n > \cdots > \frac{b_{n+1}}{b_n}\frac{b_n}{b_{n-1}}\cdots\frac{b_{N+1}}{b_N}a_N = \frac{a_N}{b_N}b_{n+1},$$

于是由 $\sum\limits_{n=1}^{\infty} b_n$ 发散可以推出 $\sum\limits_{n=1}^{\infty} a_n$ 发散.

例 3 (2013) 判断级数 $\sum\limits_{n=1}^{\infty}\dfrac{1+\frac{1}{2}+\dots+\frac{1}{n}}{(n+1)(n+2)}$ 的敛散性, 若收敛, 求其和.

【思路解析】 本题的分子部分 $1+\dfrac{1}{2}+\cdots+\dfrac{1}{n}$ 为经典的调和级数的前 n 项之和. 所以估计分子部分的上界可以借鉴讨论调和级数敛散性的相关做法，将 $1+\dfrac{1}{2}+\cdots+\dfrac{1}{n}$ 的范围控制在 0 和 $\ln n+C$ 之间. 又由于当 n 充分大时, $\sqrt{n}$ 会远远大于 $\ln n+C$，所以分子的取值范围可以化为我们较为熟悉的 $\sqrt{n}$. 这样一来，整体的敛散性就变得容易判断. 至于后面的求和我们采取的是先对数列中的单项进行裂项的思路，具体做法还是源自于经典的裂项技巧:$\dfrac{1}{(k+1)(k+2)}=\dfrac{1}{k+1}-\dfrac{1}{k+2}$.

解 记 $a_n=1+\dfrac{1}{2}+\cdots+\dfrac{1}{n}, u_n=\dfrac{a_n}{(n+1)(n+2)}$, 因为 n 充分大时有

$$0<a_n=1+\frac{1}{2}+\cdots+\frac{1}{n}<1+\int_1^n\frac{1}{x}\mathrm{d}x=1+\ln n<\sqrt{n},$$

所以 $u_n \leqslant \dfrac{\sqrt{n}}{(n+1)(n+2)} < \dfrac{1}{n^{3/2}}$. 而 $\sum\limits_{n=1}^{\infty} \dfrac{1}{n^{3/2}}$ 收敛, 所以 $\sum\limits_{n=1}^{\infty} u_n$ 也收敛.

$$
\begin{aligned}
S_n &= \sum_{k=1}^{n} \frac{1+\frac{1}{2}+\cdots+\frac{1}{k}}{(k+1)(k+2)} = \sum_{k=1}^{n} \frac{a_k}{(k+1)(k+2)} = \sum_{k=1}^{n}\left(\frac{a_k}{k+1}-\frac{a_k}{k+2}\right) \\
&= \left(\frac{a_1}{2}-\frac{a_1}{3}\right)+\left(\frac{a_2}{3}-\frac{a_2}{4}\right)+\cdots+\left(\frac{a_{n-1}}{n}-\frac{a_{n-1}}{n+1}\right)+\left(\frac{a_n}{n+1}-\frac{a_n}{n+2}\right) \\
&= \frac{1}{2}a_1+\frac{1}{3}(a_2-a_1)+\frac{1}{4}(a_3-a_2)+\cdots+\frac{1}{n+1}(a_n-a_{n-1})-\frac{1}{n+2}a_n \\
&= \left(\frac{1}{1\cdot 2}+\frac{1}{2\cdot 3}+\frac{1}{3\cdot 4}+\cdots+\frac{1}{n\cdot(n-1)}\right)-\frac{1}{n+2}a_n \\
&= 1-\frac{1}{n}-\frac{1}{n+2}a_n.
\end{aligned}
$$

因为 $0 < a_n < 1+\ln n$, 所以

$$
0 < \frac{a_n}{n+2} < \frac{1+\ln n}{n+2}.
$$

再注意到 $\lim\limits_{n\to\infty} \dfrac{1+\ln n}{n+2} = 0$, 由夹逼准则知 $\lim\limits_{n\to\infty} \dfrac{a_n}{n+2} = 0$. 于是

$$
S = \lim_{n\to\infty} S_n = \lim_{n\to\infty}\left(1-\frac{1}{n}-\frac{a_n}{n+2}\right) = 1.
$$

例 4 (2022 补) 求证: 方程 $x = \tan\sqrt{x}$ 有无穷多个正根, 且所有正根可以按照递增的顺序排列为 $0 < r_1 < r_2 < \cdots < r_n < \cdots$, 并讨论级数 $\sum\limits_{n=1}^{\infty} (\cot\sqrt{r_n})^{\lambda}$ 的敛散性, 其中 λ 为正的常数.

【思路解析】 我们可以在数轴的正半轴上加入下列节点

$$
a_n = \left(n\pi - \frac{\pi}{2}\right)^2, n = 1, 2, \cdots,
$$

并用这些节点将数轴正半轴划分成若干区间段, 继而证明每个区间段内都唯一存在方程 $x = \tan\sqrt{x}$ 的实根. 这个证明基本上是在沿用求证方程 $x = \tan x$ 有无穷多个实根的证明思路，这个思路读者应该是比较熟悉的. 一旦这个结论得以证实, 那么方程第 n 个正实根 r_n 得取值范围就能确定, 这就为讨论级数的敛散性奠定

了基础. 在讨论级数敛散性的过程中, 我们还可以采用这样的恒等变形技巧, 对单项表达式进行化简:

$$\sum_{n=1}^{\infty}(\cot\sqrt{r_n})^{\lambda}=\sum_{n=1}^{\infty}(\tan\sqrt{r_n})^{-\lambda}=\sum_{n=1}^{\infty}r_n^{-\lambda}.$$

证 记 $f(x)=\tan\sqrt{x}-x, a_n=\left(n\pi-\dfrac{\pi}{2}\right)^2, n=1,2,\cdots$, 易见 $f(x)$ 在每个定义区间上均为连续函数且满足

$$\lim_{x\to a_n+0}f(x)=-\infty,\ \lim_{x\to a_{n+1}-0}f(x)=+\infty,$$

因此 $f(x)$ 在每个开区间 (a_n,a_{n+1}) 中均有零点. 再注意到

$$f'(x)=\frac{1}{2\sqrt{x}}(\tan^2\sqrt{x}+1)-1>\frac{1}{2\sqrt{x}}(x+1)-1=\frac{(\sqrt{x}-1)^2}{2\sqrt{x}}\geqslant 0,$$

因此 $f(x)$ 在每个开区间 (a_n,a_{n+1}) 中有且只有一个零点. 其后再注意到由于 $f(x)$ 在区间 $[0,a_1)$ 上也是严格单增的 (证明同上), 所以 $f(x)$ 在区间 $[0,a_1)$ 上只有唯一的零点即 $x=0$, 而这个零点并非正根. 综合上述情况，我们可以看出 $f(x)$ 的第 n 个正根 $r_n\in(a_n,a_{n+1})$. 至此命题的前半部分: 方程 $x=\tan\sqrt{x}$ 有无穷多个正根, 且所有正根可以按照递增的顺序排列为 $0<r_1<r_2<\cdots<r_n<\cdots$, 得以证明.

接下来我们讨论级数 $\sum\limits_{n=1}^{\infty}(\cot\sqrt{r_n})^{\lambda}$ 的敛散性, 由于原级数可以化简为 $\sum\limits_{n=1}^{\infty}r_n^{-\lambda}$, 而 $r_n\in(a_n,a_{n+1})=\left(\dfrac{\pi^2}{4}\left(n-\dfrac{1}{2}\right)^2,\dfrac{\pi^2}{4}\left(n+\dfrac{1}{2}\right)^2\right)$. 由 r_n 的取值范围结合夹逼准则可以推出 $\lim\limits_{n\to\infty}\dfrac{r_n}{n^2}=\dfrac{\pi^2}{4}$, 进而 $\lim\limits_{n\to\infty}\dfrac{r_n^{-\lambda}}{n^{-2\lambda}}=\dfrac{4^{\lambda}}{\pi^{2\lambda}}$. 于是级数 $\sum\limits_{n=1}^{\infty}r_n^{-\lambda}$ 的敛散性可以转化为 $\sum\limits_{n=1}^{\infty}\dfrac{1}{n^{2\lambda}}$ 的敛散性. 由 p-级数敛散性的经典结论, 当 $\lambda>1/2$ 时,$\sum\limits_{n=1}^{\infty}\dfrac{1}{n^{2\lambda}}$ 收敛, 进而 $\sum\limits_{n=1}^{\infty}(\cot\sqrt{r_n})^{\lambda}$ 收敛; 而当 $\lambda\leqslant 1/2$ 时,$\sum\limits_{n=1}^{\infty}\dfrac{1}{n^{2\lambda}}$ 发散, 进而 $\sum\limits_{n=1}^{\infty}(\cot\sqrt{r_n})^{\lambda}$ 发散.

例 5 (2019) 设 $f(x)$ 是仅有正实根的多项式函数, 满足

$$\frac{f'(x)}{f(x)}=-\sum_{n=0}^{\infty}c_nx^n.$$

求证: $c_n>0(n\geqslant 0)$ 时, 极限 $\lim\limits_{n\to\infty}\dfrac{1}{\sqrt[n]{c_n}}$ 存在, 且等于 $f(x)$ 的最小根.

【思路解析】 本题的已知条件中特别指出了 $f(x)$ 是多项式函数且只有正的实根, 为了把这个特色鲜明的条件利用好, 我们要将 $f(x)$ 设成多项式的形式, 而且为了突出 $f(x)$ 的实根, 多项式最好能表示为如下的形式:

$$f(x)=A(x-a_1)^{r_1}(x-a_2)^{r_2}\cdots(x-a_k)^{r_k},$$

然后将其代入已知条件, 这样一来以下的推导就顺理成章.

证 根据条件 $f(x)$ 仅有正实根, 所以不妨设 $f(x)$ 的全部根为$0<a_1<a_2<\cdots<a_k$, 即

$$f(x)=A\left(x-a_1\right)^{r_1}\cdots\left(x-a_k\right)^{r_k},$$

其中 r_i 为对应根 a_i 的重数 $(i=1,2,\cdots,k,r_k\geqslant 1)$. 由此可得

$$f'(x)=Ar_1\left(x-a_1\right)^{r_1-1}\cdots\left(x-a_k\right)^{r_k}+\cdots+Ar_k\left(x-a_1\right)^{r_1}\cdots\left(x-a_k\right)^{r_k-1}.$$

整理可得

$$\begin{aligned}-\frac{f'(x)}{f(x)}&=\frac{r_1}{a_1-x}+\cdots+\frac{r_k}{a_k-x}\\&=\frac{r_1}{a_1}\cdot\frac{1}{1-\dfrac{x}{a_1}}+\cdots+\frac{r_k}{a_k}\cdot\frac{1}{1-\dfrac{x}{a_k}}.\end{aligned}$$

若 $|x|<a_1$, 则

$$\begin{aligned}-\frac{f'(x)}{f(x)}&=\frac{r_1}{a_1}\sum_{n=0}^{\infty}\left(\frac{x}{a_1}\right)^n+\cdots+\frac{r_k}{a_k}\cdot\sum_{n=0}^{\infty}\left(\frac{x}{a_k}\right)^n\\&=\sum_{n=0}^{\infty}\left(\frac{r_1}{a_1^{n+1}}+\cdots+\frac{r_k}{a_k^{n+1}}\right)x^n.\end{aligned}$$

对照题目的假设 $-\dfrac{f'(x)}{f(x)}=\sum\limits_{n=0}^{\infty}c_nx^n$, 可知

$$c_n=\frac{r_1}{a_1^{n+1}}+\cdots+\frac{r_k}{a_k^{n+1}}>0.$$

因此 $\dfrac{r_1}{a_1^{n+1}}<c_n<\dfrac{r_1+r_2+\cdots+r_k}{a_1^{n+1}}$, 由夹逼准则可以推出 $\lim\limits_{n\to\infty}\sqrt[n]{c_n}=\dfrac{1}{a_1}$, 即 $\lim\limits_{x\to\infty}\dfrac{1}{\sqrt[n]{c_n}}=a_1$.

例 6 (2016) 设 $f(x)$ 在 $(-\infty,+\infty)$ 上可导, 且

$$f(x)=f(x+2)=f(x+\sqrt{3}),$$

用傅里叶级数理论证明 $f(x)$ 为常数.

【思路解析】 傅里叶级数在数学竞赛中属于出现频率相对较低的知识点，所以命题者在条件中明确提示考生要用傅里叶级数理论解决本题. 考虑到已知条件实际上是在暗示我们函数 $f(x)$ 有两个周期 2 与 $\sqrt{3}$, 所以我们可以先将 $f(x)$ 视为以 2 为周期的函数，对其进行傅里叶展开, 然后再将 $\sqrt{3}$ 这个周期代入上述展开式中, 进而分析出展开式当中系数 a_n 与 b_n 的特点.

证 由 $f(x)=f(x+2)=f(x+\sqrt{3})$ 可知, f 是以 $2,\sqrt{3}$ 为周期的函数, 所以周期 2 对应的傅里叶系数为

$$a_n=\int_{-1}^{1}f(x)\cos n\pi x\mathrm{d}x,\qquad b_n=\int_{-1}^{1}f(x)\sin n\pi x\mathrm{d}x.$$

由于 $f(x)=f(x+\sqrt{3})$, 所以

$$\begin{aligned}a_n&=\int_{-1}^{1}f(x)\cos n\pi x\mathrm{d}x=\int_{-1}^{1}f(x+\sqrt{3})\cos n\pi x\mathrm{d}x\\&=\int_{-1+\sqrt{3}}^{1+\sqrt{3}}f(t)\cos n\pi(t-\sqrt{3})\mathrm{d}t\\&=\int_{-1+\sqrt{3}}^{1+\sqrt{3}}f(x)[\cos n\pi x\cos\sqrt{3}n\pi+\sin n\pi x\sin\sqrt{3}n\pi]\mathrm{d}x\\&=\cos\sqrt{3}n\pi\int_{-1+\sqrt{3}}^{1+\sqrt{3}}f(x)\cos n\pi x\mathrm{d}x+\sin\sqrt{3}n\pi\int_{-1+\sqrt{3}}^{1+\sqrt{3}}f(x)\sin n\pi x\mathrm{d}x\\&=\cos\sqrt{3}n\pi\int_{-1}^{1}f(x)\cos n\pi x\mathrm{d}x+\sin\sqrt{3}n\pi\int_{-1}^{1}f(x)\sin n\pi x\mathrm{d}x,\end{aligned}$$

因此 $a_n = a_n \cos\sqrt{3}n\pi + b_n \sin\sqrt{3}n\pi$; 同理可得 $b_n = b_n \cos\sqrt{3}n\pi - a_n \sin\sqrt{3}n\pi$. 两式联立可得

$$\begin{cases} a_n = a_n \cos\sqrt{3}n\pi + b_n \sin\sqrt{3}n\pi, \\ b_n = b_n \cos\sqrt{3}n\pi - a_n \sin\sqrt{3}n\pi. \end{cases}$$

解得 $a_n = b_n = 0, \forall n \in \mathbb{N}^+$. 再注意到 f 可导, 其傅里叶级数处处收敛于 $f(x)$, 因此

$$f(x) = \frac{a_0}{2} + \sum_{n-1}^{\infty}(a_n \cos nx + b_n \sin nx) = \frac{a_0}{2},$$

其中 $a_0 = \int_{-1}^{1} f(x)\mathrm{d}x$ 为常数.

参 考 文 献

[1] 同济大学数学系. 高等数学 [M]. 7 版. 北京：高等教育出版社，2014.
[2] 陈兆斗，等. 大学生数学竞赛习题精讲 [M]. 3 版. 北京：清华大学出版社，2020.
[3] 蒲和平. 大学生数学竞赛教程 [M]. 北京：电子工业出版社，2014.
[4] 张天德，等. 全国大学生数学竞赛辅导指南 [M]. 3 版. 北京：清华大学出版社，2019.
[5] 国防科学技术大学大学数学竞赛指导组. 大学数学竞赛指导 [M]. 北京：清华大学出版社，2009.